Walther Birkmayer
Peter Riederer

Die Parkinson-Krankheit

Biochemie, Klinik, Therapie

Zweite, neubearbeitete Auflage

Springer-Verlag Wien GmbH

Prof. Dr. Walther Birkmayer
Konsulent des Evangelischen Krankenhauses, Wien

Prof. Dr. Peter Riederer
Leiter der Arbeitsgruppe Neurochemie, Ludwig Boltzmann-
Institut für Klinische Neurobiologie, Wien

Das Werk ist urheberrechtlich geschützt.
Die dadurch begründeten Rechte, insbesondere die der Übersetzung,
des Nachdruckes, der Entnahme von Abbildungen,
der Funksendung, der Wiedergabe auf photomechanischem
oder ähnlichem Wege und der Speicherung in Datenverarbeitungsanlagen,
bleiben, auch bei nur auszugsweiser Verwertung, vorbehalten.
© 1980 and 1985 by Springer-Verlag Wien
Ursprünglich erschienen bei Springer-Verlag/Wien 1985
Softcover reprint of the hardcover 2nd edition 1985

Die Wiedergabe von Gebrauchsnamen, Handelsnamen, Warenbezeichnungen usw.
in diesem Buch berechtigt auch ohne besondere Kennzeichnung nicht zu der
Annahme, daß solche Namen im Sinne der Warenzeichen- und Markenschutz-
Gesetzgebung als frei zu betrachten wären und daher von jedermann benutzt
werden dürften

Mit 57 Abbildungen (davon 1 farbig)

CIP-Kurztitelaufnahme der Deutschen Bibliothek

Birkmayer, Walther:
Die Parkinson-Krankheit: Biochemie, Klinik,
Therapie / Walther Birkmayer; Peter Riederer. – 2.,
neubearb. Aufl. – Wien; New York: Springer, 1985.
   Engl. Ausg. u.d.T.: Birkmayer, Walther:
Parkinson's disease
   ISBN 978-3-7091-2263-1

NE: Riederer, Peter:

ISBN 978-3-7091-2263-1   ISBN 978-3-7091-2262-4 (eBook)
DOI 10.1007/978-3-7091-2262-4

*Arvid Carlsson, Göteborg,
dem Induktor der modernen Parkinson-Forschung,
gewidmet*

Geleitwort

In die vorliegende zweite Auflage des Buches von Birkmayer und Riederer über die Parkinson-Krankheit ist viel Neues und Interessantes zur biochemischen Pharmakologie und zu den daraus resultierenden Behandlungsstrategien eingegangen. Dennoch ist dieses Werk erfreulicherweise in seiner Art und seiner Absicht unverändert geblieben, entstammt es doch den lebenslangen, mit Nachdruck und Erfolg betriebenen forschenden Bemühungen der Autoren, die, aus ihrer unvergleichlichen klinischen Erfahrung schöpfend, in der von wissenschaftlichem Geist und kritischem Denken getragenen Tradition der Wiener medizinischen Schule ihre Deutung des nach wie vor rätselhaften Morbus Parkinson vorstellen.

Mit erfrischender Klarheit, an der es umfangreichen Sammelbänden meist mangelt, besprechen sie ausführlich die Biochemie, Klinik und Therapie dieser auch heute noch ungeklärten Erkrankung. Glücklicherweise gelingt es ihnen dabei, hinter der orthodoxen Lehrmeinung der Schulmedizin immer wieder ihre ganz persönliche, individuelle Sicht der Dinge hervortreten zu lassen – der Leser wird es ihnen zu danken wissen. In zum Nachdenken anregenden Überlegungen nehmen sie zu den organischen Bezügen der Psychiatrie Stellung, wobei sie auf eine Kritik der Psychoanalyse als der „modernen Ersatzreligion" nicht verzichten, und gehen auf die Grundlagen der Sucht und auf den Hirnstamm als Modell menschlichen Verhaltens ein. Daß all dies in knappster und klarster Form in einem kleinen Band dargestellt werden konnte, ist allein der Erfahrung und dem Können der Autoren zuzuschreiben. Dafür schulden ihnen Kliniker ebenso wie Wissenschaftler, die mit der häufigsten aller Erkrankungen der Stammganglien des Menschen befaßt sind, besonderen Dank.

London, im Mai 1985 G. Stern

Aus dem Vorwort zur ersten Auflage

Bei der Überfülle an Fachliteratur muß man sich die Frage vorlegen, ob zur Abfassung eines Buches eine Notwendigkeit besteht.

Meine 25jährige Beschäftigung mit dem Hauptthema „Parkinson" brachte wohl ein großes Krankengut (4000 Fälle), was aber noch keine Berechtigung zur Veröffentlichung eines Buches gibt. Die Entscheidung zur Abfassung bestand in der Notwendigkeit, die Erkenntnisse der letzten 20 Jahre, an denen beide Verfasser beteiligt sind, zusammengefaßt darzustellen. Diese neuen Forschungsergebnisse liegen vorwiegend auf dem biochemischen Sektor, was die Darstellung in einem eigenen Kapitel rechtfertigt. Gerade diese biochemischen Forschungsergebnisse ergaben die Grundlage für eine neue Therapie der Parkinson-Krankheit. Die erarbeiteten Richtlinien stellen wesentliche Hilfen für alle interessierten Ärzte dar.

Die Parkinson-Krankheit ist die erste neurologische Krankheit, bei der spezifisch chemische Defekte aufgezeigt wurden, was eine gezielte biochemische Substitution zur Folge hatte.

Diese begrenzte Thematik soll anzeigen, daß kein Handbuchartikel mit mehr oder weniger vollständiger Literatur geboten wird, sondern ein persönlicher Erfahrungsbericht über den besagten Zeitraum. Neben dem Therapieschwerpunkt für Ärzte glauben wir aber, Anregungen zur Fortsetzung der Grundlagenforschung gegeben zu haben. Die Parkinson-Krankheit eignet sich derzeit wie keine andere Erkrankung dazu, dem Phänomen der progressiven Degeneration auf die Spur zu kommen. Als Modell könnte dieser Forschungsweg bei der Erforschung anderer Systematrophien wegweisend werden.

Vorwort zur zweiten Auflage

In den fünf Jahren, die seit dem Erscheinen der ersten Auflage dieses Buches im Jahre 1980 vergangen sind, konnten neue, grundlegende Erkenntnisse zur Parkinson-Krankheit gewonnen werden; neue Forschungsergebnisse haben wegweisende Möglichkeiten, die Pathogenese dieser Erkrankung auf biochemischem Wege zu erklären, aufgezeigt, während pharmakologische Untersuchungen auf neue Aspekte zum Wirkmechanismus von Anti-Parkinson-Medikamenten hinweisen. Mehr denn je – wie das besondere Interesse an neuen experimentellen Modellen (MPTP) und die Zahl der Teilnehmer am 8. Internationalen Parkinson-Symposium (New York 1985) gezeigt haben – trägt die Parkinson-Krankheit als Modell zur Erforschung anderer Systematrophien entscheidend bei.

Die Notwendigkeit, eine neue Auflage – der 1983 eine bearbeitete und erweiterte Übersetzung ins Englische vorausgegangen ist – vorzubereiten, gab uns die Möglichkeit, eine gründliche Überarbeitung des Buches vorzunehmen; viele Kapitel wurden neu geschrieben oder neu gegliedert, andere durch Berichte über persönliche Erfahrungen, gekoppelt mit aktuellen klinischen und therapeutischen Fragestellungen, ergänzt, so daß die vorliegende zweite deutsche Auflage einer Neufassung gleichkommt.

An dieser Stelle möchten wir allen pharmazeutischen Firmen, die sich mit Anti-Parkinson-Therapie befassen, in erster Linie der Firma Hoffmann-La Roche für die 25jährige Zusammenarbeit und Förderung, danken. Unser besonderer Dank gilt auch der Firma Sandoz, namentlich Herrn A. Haslinger für seine unentbehrliche Mitarbeit beim Erstellen des Sachverzeichnisses und bei der sprachlichen Ausformung des Textes.

Dem Springer-Verlag in Wien danken wir für die hervorragende Ausstattung des Buches, Frau Dr. E. Handerek und Frau I. Riederer für die sorgfältige Herstellung des Manuskriptes.

Wien, im Juni 1985 **W. Birkmayer** und **P. Riederer**

Inhaltsverzeichnis

Abkürzungen	XIV
Verzeichnis der Präparatenamen und „Generic Names"	XVI
Einleitung	1
Zur Nomenklatur	2
Biochemie des Hirnstamms	8
Allgemeine Prinzipien der biochemischen Transmission	10
Einleitung	10
Acetylcholin (ACH)	10
Biosynthese und Freisetzung von Katecholaminen	13
Katabolismus von Katecholaminen	15
Wirkung auf prä- und postsynaptische Rezeptoren	15
Falsche Neurotransmitter	16
Dopamin (DA)	18
Noradrenalin (NA)	21
Serotonin (5-HT)	22
Gamma-Aminobuttersäure (GABA)	24
Substanz P	26
Dopaminerge Neurotransmission und Neuropeptide	26
Neuronale Kompensationsmechanismen	29
Biochemische Veränderungen bei der Parkinson-Krankheit	29
Dopamin	29
Das Konzept der multiplen Dopaminrezeptoren	36
Autorezeptoren	37
Biochemische Aspekte dopaminerger Agonisten	37
D1-Rezeptor-Aktivität	39
Denervierungsüberempfindlichkeit oder Subsensitivität von Dopaminrezeptoren	43
Beeinflussung serotonerger und adrenerger Systeme durch dopaminerge Agonisten	45
Neuropeptide	52
GABA	53
Das cholinerge System	56
Zusammenfassung der biochemischen Veränderungen bei der Parkinson-Krankheit	56
Huntingtons Chorea	56

Klinik 60
  Tremor 60
  Rigor 65
  Akinesie 73
  Dokumentationsbogen für Parkinson-Kranke 85
  Bewertungsskala nach Birkmayer und Neumayer 89
  Untergruppen von Gerstenbrand, Poewe und Ransmayer 92
  Lechner-Ott-Syndrom 92
  Einige Termini technici 93
    Die Balance der Neurotransmitter als Voraussetzung unseres
    Verhaltens 93
    Freezing-Effekt 94
    Paradoxe Kinesie 94
    On-off-Phänomen 95
    Akinetische Krisen 95
    Yo-yoing 95
  Vegetative Dekompensationen 96
  Psychische Dekompensationen 101
    Depressionen 101
  Pharmakotoxische Psychosen, Bradyphrenie und Demenz 112
  Biochemische und morphologische Aspekte der Demenz 116

Therapie 119
  Anticholinerge Therapie 119
  L-Dopa-Therapie 122
  Kombinationsbehandlung L-Dopa plus Benserazid bzw. Carbidopa
  (Madopar® bzw. Nacom® [Sinemet®]) 127
  L-Dopa-Release-Präparate 136
  Amantadin 137
  Kombinierte Behandlung mit Madopar® oder Sinemet® (Nacom®)
  plus Deprenyl (Jumex®) 138
    Welche Eigenschaften soll ein MAO-Hemmer haben? 141
    Überprüfung des Wirkerfolges bzw. der Einnahme von MAO-
    Hemmern 142
    Pharmakologische Aspekte des Deprenyls 146
    Klinische Erfahrungen mit selektiven MAO-Hemmern 147
    Pathochemische Aspekte zur Erklärung der erhöhten Lebenserwar-
    tung nach MAO-B-Hemmung 150
  Dopamin-Agonisten 155
    Das „slow-and-low"-Konzept 163
    Das „Optimal- statt Maximal"-Prinzip 164
    Auswirkung von Bromocriptin und Lisurid auf Plasma-Katechol-
    amine und Harnmetaboliten 166
  Domperidon 166
  MIF (Melanostatin) 166

β-Blocker.. 166
Tetrahydrobiopterin 166
DL-3,4-Threo-Dihydroxylphenylserin (DOPS) 167
„Überempfindlichkeit" von Parkinson-Kranken gegenüber Antiparkinsonmedikamenten?.. 168
Therapie der vegetativen Funktionsstörungen 169
Therapie der psychischen Funktionsstörungen (Depression, bradyphrene Denkstörung)... 171
Praktische Durchführung der Parkinson-Therapie 172
  „Drug-Holidays" 176
Bewegungstherapie... 176
Nebenwirkungen 179
  Periphere Nebenwirkungen................................... 181
  Kardiale Nebenwirkungen.................................... 182
  Motorische Nebenwirkungen 184
  Streckspasmen 187
  Schlafstörungen 188
  Depressionen 188
  Pharmakotoxische Psychosen 190
  Sucht 196
  Behandlung der Nebenwirkungen............................. 197

Krankheitsverlauf 198

Betrachtungen über das menschliche Verhalten 205

Literatur 211

Sachverzeichnis 244

Abkürzungen

A	= Adrenalin
ACE	= Acetylcholinesterase
Ach	= Acetylcholin
ADP	= Adenosindiphosphat
ATP	= Adenosintriphosphat
cAMP	= 3′,5′-zyklisches Adenosinmonophosphat
CAT	= Cholinacetyltransferase
CCK-8	= Cholecystokinin-8 (Cholecystokininoktapeptid)
COMT	= Katechol-O-Methyltransferase
DA	= Dopamin
DD	= Dopadekarboxylase
DβH	= Dopamin-β-Hydroxylase
DHPE	= Dihydroxyphenylethanol
DHPG	= 3,4-Dihydroxyphenylethylenglykol
DOBA	= 3,4-Dihydroxybenzoesäure
DOMA	= 3,4-Dihydroxymandelsäure
DOPA	= 3,4-Dihydroxyphenylalanin
DOPAC	= 3,4-Dihydroxyphenylessigsäure
DOPS, L-DOPS	= Dihydroxyphenylserin (D,L-Threo-3,4-dihydroxyphenylserin)
GABA	= γ-Aminobuttersäure
GAD	= Glutaminsäuredekarboxylase
GABA-T	= GABA-Transaminase
GHBA	= γ-Hydroxybuttersäure
GLU	= Glutamat
5-HIAA (5-HIES)	= 5-Hydroxyindolessigsäure
HMPE	= 4-Hydroxy-3-methoxyphenylethanol
5-HT	= 5-Hydroxytryptamin
5-HTP	= 5-Hydroxytryptophan
HVA	= 4-Hydroxy-3-methoxyphenylessigsäure (Homovanillinsäure)
MAO	= Monoaminoxidase
MHPG	= 3-Methoxy-4-hydroxyphenylglykol
MN	= Metanephrin
MPTP	= 1-Methyl-4-phenyl-1,2,3,6-tetrahydropyridin
NA	= Noradrenalin

Abkürzungen

NAD+	= Nicotinsäureamid-adenin-dinucleotid (positiv geladene Form)
NADH	= Nicotinsäureamid-adenin-dinucleotid (reduzierte Form des Pyridinteils im Coenzym)
NADP	= Nicotinsäureamid-adenin-dinucleotidphosphat
NADPH	= Nicotinsäureamid-adenin-dinucleotidphosphat (reduzierte Form des Pyridinteils im Coenzym)
NM, NMN	= Normetanephrin
α-OKG	= α-Oxoketoglutarat
PCPA	= p-Chlorphenylalanin
PHE	= Phenylalanin
PNMT	= Phenylethanolamin-N-Methyltransferase
3-PPP	= 3-Hydroxyphenyl-N-n-propylpiperidin
SSA-D	= Bernsteinsäuresemialdehyddehydrogenase
TH	= Tyrosinhydroxylase
TRY-OH	= Tryptophanhydroxylase
TYR	= Tyrosin
VA	= 4-Hydroxy-3-methoxybenzoesäure (Vanillinsäure)
VMA	= 4-Hydroxy-3-methoxymandelsäure (Vanillylmandelsäure)

Verzeichnis der Präparatenamen und „Generic Names"

Amantadin	Contenton
	PK-Merz
	Symmetrel
Amitriptylin	Pantrop
	Saroten
	Tryptizol
Amitriptylin + Chlordiazepoxid	Limbitrol
Benserazid	Madopar (+ L-Dopa)
Benzatropin	Cogentin
	Cogentinol (BRD)
Biperiden	Akineton
Bornaprin	Sormodren
Bromazepam	Lexotanil
Bromocriptin	Parlodel
	Pravidel (BRD)
	Umprel
Carbidopa	Nacom (+ L-Dopa) (BRD)
	Sinemet (+ L-Dopa)
Chlorprothixen	Taractan
	Truxal
Clopenthixol	Ciatyl (BRD)
	Cisordinol
Clozapin	Leponex
Deprenyl (Selegilin)	Jumex
Desipramin	Pertofran
Diazepam	Tranquo
	Valium
Dibenzepin	Noveril
Dicloferac	Tratul
	Voltaren
Dihydroergotamin	Dihydergot
Dihydroergotamin + Etilefrin	Dihydergot plus (BRD)
	Hypodyn
N-Dipropylacetat (Valproinsäure)	Convulex
	Ergenyl
	Leptilan

Verzeichnis der Präparatenamen und „Generic Names" XVII

Dimenhydrinat	Dramamine (BRD)
	Emedyl
	Novomina (BRD)
	Solbrin
	Travelin
	Vertirosan
	Vomex A (BRD)
Domperidon	Motilium
L-Dopa + Benserazid	Madopar
L-Dopa + Carbidopa	Nacom (BRD)
	Sinemet
Flunitrazepam	Rohypnol
Fluphenazin	Dapotum
	Lyogen
	Omca (BRD)
Flupentixol	Fluanxol
Haloperidol	Haldol
5-Hydroxytryptophan	Levothym (BRD)
Imipramin	Tofranil
Indometacin	Amuno (BRD)
	Indo
	Indocid
Levomepromazin	Neurocil (BRD)
	Nozinan-„Specia"
Lorazepam	Merlit
	Tavor (BRD)
	Temesta
Maprotilin	Ludiomil
Melitracen	Dixeran
	Trausabun (BRD)
Metoclopramid	Paspertin
Mianserin	Tolvin (BRD)
	Tolvon
Nomifensin	Alival
Nortriptylin	Nortrilen
Orphenadrin	Norflex
Oxprenolol	Trasicor
Piracetam	Nootrop (BRD)
	Nootropil
	Normabrain (BRD)
Procyclidin	Kemadrin
	Osnervan (BRD)

Pyritinol	Encephabol
Thiethylperazin	Torecan
Thioridazin	Melleril
Tiaprid	Delpral
	Tiapridex (BRD)
Tranylcypromin	Parnate (BRD)
Triamcinolon	Delphicort
	Extracort (BRD)
	Volon A
Trihexyphenidyl	Artane
Tryptophan	L-Tryptophan (BRD)

Einleitung

Es gibt wohl kaum ein Buch über die Parkinson-Krankheit, in dem nicht schon im ersten Satz darauf hingewiesen wird, daß James Parkinson 1817 in seinem „Essay on the shaking palsy" die erste Beschreibung dieser Funktionsstörung gegeben hat. Als ersten entscheidenden Schritt in der Therapie möchten wir die Behandlung mit Nachtschattengewächsen (Solanaceen), entdeckt durch *Charcot* (1892), anführen. Diese Medikation von Atropa Belladonna blieb bis zur Einführung synthetischer anticholinergischer Drogen (*Sigwald* 1946) praktisch als einzige Therapie verfügbar. Die Neuropathologie brachte als ersten Autopsiebefund eine postapoplektische Zyste im rechten Thalamus (*Oppolzer* 1861). Entscheidend war – unserer Ansicht nach – die Beschreibung eines Falles von Parkinson-Krankheit mit einem Tuberkulom in der Substantia nigra durch *Blocq* und *Marinesco* (1894).

Die Berichte von *Tretiakoff* (1919) bestätigten die Substantia nigra als Ort der Pathogenese des Parkinson-Defekts. Er berichtete über 9 idiopathische und 3 postenzephalitische Parkinson-Fälle, bei denen er einen Pigmentverlust in der Substantia nigra demonstrieren konnte. Schließlich bestätigte *Hassler* (1938) das Betroffensein der Substantia nigra sowohl beim idiopathischen als auch beim postenzephalitischen Parkinson. Er war der erste, der ein somatotopisches Befallensein aus den divergierenden Befallsmustern der Substantia nigra schloß. Das war besonders für den Kliniker bedeutungsvoll, da wir alle Fälle kennen, bei denen bevorzugt die unteren Extremitäten befallen sind, jedoch die oberen Extremitäten und die Sprache relativ frei sind. Und vice versa gibt es Fälle (allerdings seltener), bei denen die Aphonie im Vordergrund steht, die fast störungsfrei gehen können.

Die von *Lewy* (1912) entdeckten Einschlußkörperchen im Hirnstamm wurden von allen Nachuntersuchern bestätigt. Eine Zuordnung zu einem spezifisch pathophysiologischen Funktionswandel steht noch aus. In jüngster Zeit hat *Stochdorph* (1979) Lewysche Körperchen in peripheren sympathischen Ganglien gezeigt. Die in den gleichen Regionen gefundenen Alzheimer-Fibrillen sind gleichfalls unspezifische Zeichen eines degenerativen Prozesses. Das Befallensein des Hirnstammes weist sowohl auf die motorischen Defekte als auch auf die vegetativen und psychopathologischen Störungen bei der Parkinson-Krankheit hin.

Obwohl die meisten dopaminergen Nervenenden des Striatums degenerieren und das Putamen meist stärker betroffen ist als der Nucleus caudatus, sind nur wenige Anhaltspunkte für strukturelle Abnormitäten der synaptischen Organisation des Putamens nachgewiesen worden. In Übereinstimmung damit ist der Grad der Gliose im Putamen vergleichsweise gering zur Glianeubildung in der Substantia nigra. Ferner werden keine Hinweise für Veränderungen synaptischer Membranproteine als Marker neuronaler Membranen nachgewiesen (*Forno* und *Norville* 1979, *Jørgensen et al.* 1982). Möglicherweise ist als Folge der Denervierung neuronale „Sprossung" bzw. Reinnervierung für diese Beobachtungen maßgebend. Reinnervierung wäre damit ein wichtiger Kompensationsmechanismus denervierender Neuronen. Trotzdem scheint biochemischen Untersuchungen zufolge vor allem die Speicherkapazität degenerierender Neuronen im Verlauf der Erkrankung abzunehmen. Ob daher der Verlust an Vesikeln oder deren Kapazität zur Speicherung von Dopamin pathophysiologisch Bedeutung zukommt, muß durch weitere histologische Untersuchungen abgeklärt werden.

Zur Nomenklatur

Seit der Entdeckung der Encephalitis lethargica durch *Economo* (1929), der als erster die Symptome des postenzephalitischen Parkinson beschrieben hat, ist es üblich, zwischen dem Syndrom des postenzephalitischen Parkinson und dem des idiopathischen Parkinson zu unterscheiden. Zu diesen zwei Arten kommt noch der sogenannte arteriosklerotische Parkinson hinzu (*Critchley* 1929), dessen Existenz von zahlreichen Autoren nicht anerkannt wird. Es ist eine noch immer verbreitete Unsitte der praktischen Ärzte, ein Parkinson-Syndrom, das um das 70. Lebensjahr beginnt, grundsätzlich als arteriosklerotischen Parkinson zu bezeichnen. In einer übersichtlichen Studie an 12 postenzephalitischen Parkinson-Fällen, an 39 Fällen von idiopathischem Parkinson und an 7 Fällen von arteriosklerotischem Parkinson konnten vom Neuropathologen (*Jellinger*), von Biochemikern (*Hornykiewicz* und *Bernheimer*) und vom Kliniker (*Birkmayer*) charakteristische Befunde der einzelnen Gruppen aufgezeigt werden (*Bernheimer et al.* 1973). Das Alter der Patienten beim Auftreten der ersten klinischen Symptome des postenzephalitischen Parkinson schwankte von 32 bis zu 68 Jahren (Durchschnitt 42,3 ± 5,5), beim idiopathischen Parkinson vom 47. bis zum 82. Jahr (Durchschnitt 67,6 ± 1,3), beim arteriosklerotischen Parkinson vom 62. bis zum 83. Jahr (Durchschnitt 74,7 ± 3,6).

Die Krankheitsdauer beim postenzephalitischen Parkinson betrug 3–45 Jahre (Durchschnitt 20,6 ± 3,7), beim idiopathischen Parkinson 1–27 Jahre (Durchschnitt 9,3 ± 0,9) und beim arteriosklerotischen

Parkinson 1–4 Jahre (Durchschnitt 2,7 ± 0,16). Bemerkenswert ist, daß diese Durchschnittszahlen von den Ergebnissen einer Untersuchungsreihe aus dem Jahr 1965 kaum abweichen (*Birkmayer* 1965).

Der arteriosklerotische Parkinson ist eine Arteriosclerosis cerebri mit Erweichungs- und Blutungsherden in der Substantia nigra, daher die Parkinson-Symptome. Die Substantia-nigra-Herde sind natürlich nicht solitär, sondern im gesamten Zerebrum bestehen Erweichungs- und Blutungsherde und daher zusätzliche Symptome einer Arteriosklerose (spastische Symptome, Koordinationsstörungen und vor allem Verwirrtheitszustände und Demenz).

Ein Parkinson-Syndrom kann neben der Systematrophie mit kortikalen Prozessen korreliert sein (*Jacob* 1978). *Selby* (1968) zeigte durch Luftfüllungen kortikale Atrophien, die mit einer Reduktion der intellektuellen Funktion gekoppelt waren. 81% der idiopathischen Parkinson-Kranken weisen eine leichte bis schwere Demenz auf (*Jellinger* 1974). *Schneider et al.* (1978) zeigten mit computertomographischen Bildern hochgradige Atrophien, bei denen vor allem die kortikalen Windungen betroffen waren.

Umfangreiche histologische und neuropathologische Untersuchungen zeigen aber, daß die Parkinson-Krankheit keine erhöhte Prävalenz zu Gehirnatrophie aufweist. Ebenso besteht kein Zusammenhang für eine signifikante Häufung von Parkinsonscher Krankheit und seniler Demenz vom Alzheimer-Typ (SDAT) (*Grisold* und *Jellinger* 1982). Aufgrund neuropathologischer Befunde wurden folgende Formen der Parkinson-Krankheit konzeptionell festgelegt:

1. Assoziation von Parkinson-Krankheit mit schwerer Demenz, basierend auf subkortikalen Läsionen bei der Parkinson-Krankheit und kortikalen Veränderungen bei SDAT oder Morbus Alzheimer;

2. schwere Alzheimer-Veränderungen mit geringer Ausprägung subkortikaler Parkinson-Läsionen. Die morphologischen Veränderungen sind auf den Hirnstamm begrenzt, mit geringen oder gar keinen extranigralen sowie Alzheimer-Veränderungen. Demenz ist mit diesem Typ nicht assoziiert;

3. schwere Alzheimer-Veränderungen, assoziiert mit Lewy-Körpern in einem Demenz-Parkinson-Syndrom (*Grisold* und *Jellinger* 1982). Eine Überlappung der drei Formen wird nicht ausgeschlossen.

Die maximale Zelldichte im Nucleus basalis Meynert (NbM) ist bei dementem M. Parkinson mit 35,4% der Kontrollen niedriger als bei nichtdementem M. Parkinson (57,1% der Kontrollen). Die Gesamtzellzahl weist mit 30,7% der Kontrollen bei dementem M. Parkinson gegenüber 51,7% bei nichtdementem M. Parkinson eine ähnliche Tendenz auf. Der cholinergen NbM-Kortex-Innervierung kommt damit bei der Entwicklung der Demenz eine bedeutende Rolle zu, wobei der

Schwellenwert zur Manifestation der Demenz im Bereich zwischen 50% Nervenzellausfall im NbM (keine Demenz) und 70% (ausgeprägte Demenz) liegt. Die Empfindlichkeit des cholinergen Systems gegenüber degenerativen Einschlüssen bzw. die Kompensationsfähigkeit zur Aufrechterhaltung der Funktion bei Denervierung dürfte daher in ähnlichen Grenzen verlaufen, wie sie für die Degeneration der nigro-striären Bahnen (~ 66% Nervenzellverlust bei Beginn der Erkrankung) angenommen wird (*Riederer* und *Jellinger* 1985).

Poewe et al. (1983) beschrieben aufgrund klinischer Beobachtungen drei Hauptformen der Parkinson-Krankheit:

1. den RAT-Typ (**R**igor-**A**kinese-**T**remor-Typ, wobei die drei Kardinalsymptome äquivalent ausgeprägt sind),

2. den RA-Typ (**R**igor-**A**kinese-Typ), wobei der Tremor nicht oder nur schwach ist) und

3. den T-Typ (**T**remordominanz).

Eine Subgruppe des Parkinsonismus wird von *Lechner* und *Ott* (*Ott et al.* 1983) als „haemodynamic high risk (HHR-)Parkinsonismus" beschrieben. Es konnte gezeigt werden, daß Patienten mit dieser Form auf Antiparkinsontherapie erst nach hämodynamischer Therapie ansprechen. Eine Verbesserung der Nutrition des Gehirns durch hämodynamische Maßnahmen scheint dafür verantwortlich zu sein.

Fischer beschreibt zur Klinik des Parkinson-Syndroms eine Form, welche zusätzlich zu Akinese, Rigor, Tremor, Bradyphrenie und vegetativen Störungen weitere Symptome, wie z.B. psychoorganische Syndrome, extranigrale Hirnbefunde und allgemeine Hirnfunktionsstörungen, aufweisen und bezeichnet diese Formen als „Parkinson plus" (*Fischer et al.* 1983).

Die neben den typischen Parkinson-Symptomen (Tremor, Rigor, Akinesie) bestehende Reduktion der intellektuellen Fähigkeit ist durch diese Hirnatrophie hinreichend erklärt. Darüber gibt es – unserer Meinung nach – aber keinen Zweifel, daß der idiopathische Parkinson eine Systematrophie im Sinn von *Spatz* (1927) darstellt. Ein Funktionssystem, nämlich die Substantia nigra, ist isoliert betroffen, was zu einem typischen Symptomenbild und zu einem charakteristischen Verlauf führt. Natürlich kommen Parkinson-Symptome vereinzelt bei der olivopontozerebellaren Atrophie, beim Morbus Alzheimer und auch im Rahmen einer senilen Demenz vor. Das ändert aber nichts daran, daß die idiopathische Parkinson-Krankheit eine Entität *per se* darstellt.

Die Differentialdiagnose „postenzephalitischer Parkinson" und „idiopathischer Parkinson" ist heute bedeutungslos, da es kaum noch Fälle von postenzephalitischem Parkinson gibt. Das einzige sichere Symptom, das für den postenzephalitischen Parkinson spezifisch zu sein scheint, sind okulogyrische Blickkrämpfe. Vegetative und affektive

Dekompensationsphasen überwiegen beim postenzephalitischen Parkinson. Sie sind aber nicht spezifisch, da sie auch beim idiopathischen Parkinson aufscheinen. In unserem großen Material sind rund 90% dem idiopathischen Parkinson zuzuordnen, was mit den Untersuchungen von *Duvoisin* und *Yahr* (1962) übereinstimmt, die 85% ihres Materials dem idiopathischen Formenkreis zuordneten.

Obwohl die Ursache des „postenzephalitischen Parkinson" viralen Ursprungs ist (*Economo* 1929), ist die Ätiologie des „idiopathischen Parkinson-Syndroms" nicht geklärt. Verschiedene Hypothesen schließen ein Virus, eine altersbedingte Dysfunktion des Immunsystems, einen genetischen Faktor, Neurotoxine etc. nicht aus. Eine Übersichtsarbeit von viralen Hypothesen weist auf die bis dato negativen Ergebnisse dieser Forschungsarbeiten hin (*Elizan* und *Casals* 1983).

In der Parkinson-Literatur werden mit besonderer Akribie verschiedene pathogenetische Formen beschrieben. In mehr als 25jähriger Tätigkeit konnten wir bei der Autopsie nicht einen einzigen Fall von Mangan-Parkinson oder von Kohlenmonoxid-Parkinson sicherstellen. Parkinson-Syndrome bei Hirntumoren sind insbesondere bei Meningeomen mit frontaler Lokalisation bekannt. Als Pathogenese wird ein mechanischer Druck auf die basalen Ganglien diskutiert. Die Annahme von *Siegfried* (1968), der eine chemische Ursache in Form einer Blockade der Dopamin-Synthese annimmt, scheint uns einleuchtender. Eine weitere Ursache, die in vielen Publikationen besprochen wird, ist die posttraumatische Genese des Parkinson-Syndroms. Nach *Kehrer* (1930) ist in der gesamten Literatur über den Ersten Weltkrieg kein einziger Fall mitgeteilt. Auch wir konnten unter etwa 3000 Hirnverletzten aus dem Zweiten Weltkrieg keinen Fall mit Parkinson-Syndrom beobachten (*Birkmayer* 1951). *Walker* und *Jablon* (1961) konnten bei 739 Hirnverletzten aus dem Zweiten Weltkrieg ebenfalls kein Parkinson-Syndrom beobachten. Daß je nach der Lokalisation des traumatischen Defekts einzelne Symptome aufscheinen, soll nicht geleugnet werden, aber ein Kausalzusammenhang zwischen Schädel-Hirn-Trauma und Parkinson-Krankheit, das heißt einem progredienten Leiden, scheint uns nicht gegeben. Als Auslöser der Parkinson-Krankheit kann man jedoch nicht selten die längere Narkose, einen schweren Virusinfekt oder den Aufenthalt in Höhen mit Sauerstoffmangel, aber auch schwere psychische Traumen aufzeigen.

Schließlich wird das Auftreten von Parkinson-Symptomen nach neuroleptischer Behandlung mehrfach beschrieben (*Steck* 1954). Vielfach wird von einem Parkinsonoid gesprochen. Das typische Bild der Parkinson-Krankheit, mit Akinesie, Tremor, Rigor und fortschreitender Verschlechterung, kann allerdings nie festgestellt werden. Man sollte daher dieses pharmakologische Parkinson-Syndrom als extrapyramidale Nebeneffekte einer neuroleptischen Therapie bezeichnen. Die Blockade der Dopamin-Rezeptoren und die gleichzeitige Entleerung des biogenen Transmitters Dopamin führen zu Akathisie, zu Torsionsdystonie und zu choreatisch-athetotischen Zwangsbewegungen (*Haase* 1955). Nach Sistieren der Medikation treten diese Symptome in den meisten Fällen zurück. Nur bei sehr langem Gebrauch bilden sich – besonders bei alten Patienten – tardive Dyskinesien (*Ayd* 1961).

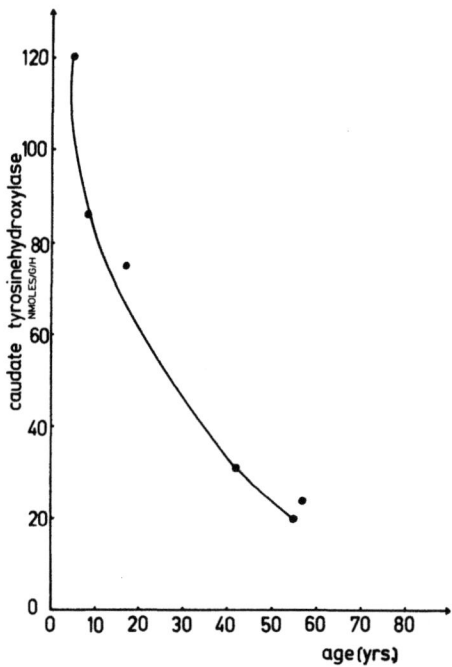

Abb. 1. Post-mortem-Aktivität der Tyrosinhydroxylase im Nucleus caudatus des Menschen in Abhängigkeit vom Lebensalter (n = 6). Aus *McGeer et al.* 1971a

Die Anfälligkeit älterer Menschen liefert – unserer Meinung nach – einen Hinweis auf die Pathogenese der Parkinson-Krankheit. Es kommt nämlich mit zunehmendem Alter zu einem Absinken der Tyrosinhydroxylase-Aktivität, die am zentralen Punkt der Katecholamin-Synthese wirksam ist (*McGeer et al.* 1971a und Abb. 1).

Die enzymatische Potenz ist sicher genetisch bestimmt. Durch verschiedene Faktoren des individuellen Lebens kommt es früher oder später zu einer enzymatischen Dekompensation und damit zum Auftreten von Parkinson-Symptomen. Die Parkinson-Krankheit an sich ist – nach unseren Daten – genetisch nicht determiniert. In unserem Krankengut von 4000 Patienten gaben nur 0,5% ein Befallensein von Blutsverwandten an. Nun eignet sich aber unser Großstadtmaterial keineswegs für genetische Untersuchungen. Das Verfolgen von Stammbäumen ist infolge der geographischen Verzweigtheit schwierig. Andererseits besteht in Wien, im Rückblick auf die nationalsozialistische Ära, die Tendenz, alle Fragen nach dem Vorkommen einer gleichen Krankheit in der Familie zu verneinen. Die Ergebnisse von *Scarpalezos* (1948), der bei 40% von 626 Fällen eine hereditäre Belastung fand, wie auch die Ergebnisse von *Mjönes* (1949), der bei 41% von 326 Fällen idiopathischen Parkinson fand, weisen auf eine hereditäre Komponente hin. Die Zunahme der Streßfaktoren im modernen Leistungsleben könnte die Zunahme der Parkinson-Krankheit und vor allem ihr vorzeitiges Auftreten (unser jüngster Fall war am Beginn der Krankheit erst 32 Jahre) in der ganzen Welt erklären. Eine Zunahme, die in gleicher Weise für die Depression gilt. Es scheint uns jedenfalls bemerkenswert, daß ein biogenes Aminmangelsyndrom (Parkinson und Depression) durch Milieufaktoren ausgelöst werden kann, wogegen eine Schizophrenie durch Milieustressoren keineswegs in größerer Anzahl in Erscheinung tritt.

Durch die Medikation einer chemischen Substanz MPTP (1-Methyl-4-phenyl-1,2,3,6-tetrahydropyridin) wurden Parkinson-Syndrome erzeugt. Bei den typischen Symptomen konnte vor allem durch L-Dopa, DA-Agonisten und Deprenyl-Medikation eine Symptomverbesserung erreicht werden. Auch die charakteristischen Nebenwirkungen dieser Drogen, wie Hyperkinesen am Höhepunkt der Wirkung, On-off-Phänomene und auch psychiatrische Dekompensationen, konnten durch die obige Droge ausgelöst werden; allerdings viel früher als beim idiopathischen Parkinson. Ob diese Defektsymptome mit der typischen Parkinson-Krankheit identisch sind, kann erst durch längere Verlaufsbeobachtungen entschieden werden (*Langston et al.* 1984).

Biochemie des Hirnstamms

Der Aufschwung, den die gesamte Forschung auf dem Gebiet der Neurologie und Psychiatrie seit 1960 genommen hat, beruht auf einem entscheidenden Experiment und dessen Bestätigung bei einer neurologischen Erkrankung, dem Morbus Parkinson.

Brodie et al. hatten Mitte der fünfziger Jahre die Entdeckung gemacht, daß Reserpin Serotonin freisetzen kann und damit eine Entleerung der Speicher von diesem biogenen Amin bewirkt (*Brodie et al.* 1955). Man nahm damals an, daß dieser Effekt mit der antipsychotischen Wirkungsweise des Reserpins korreliert sein könnte. Reserpin zeigt dieselben Eigenschaften aber auch im katecholaminergen System (*Carlsson et al.* 1957). Zusätzlich konnte *Carlsson* den Nachweis erbringen, daß Dopa (3,4-Dihydroxyphenylalanin), die unmittelbare Vorstufe der Katecholamine, das reserpinbedingte Verhalten der Tiere aufzuheben imstande ist. Nachfolgende Untersuchungen zeigten, daß Dopamin in den Stammganglien und Noradrenalin besonders im Hirnstamm angereichert ist (*Carlsson et al.* 1958, *Bertler* und *Rosengren* 1959), und es wurde die Vermutung geäußert, daß speziell Dopamin mit der extrapyramidalen Motorik korreliert sei.

Birkmayer erkannte als interessierter Kliniker die Bedeutung der Befunde von *Brodie* und *Carlsson* und wollte die vegetativen und affektiven Krisen von Patienten mit Morbus Parkinson biochemisch objektivieren. Auf Empfehlung von Prof. *Lindner* (Institut für experimentelle Pathologie der Universität Wien) kam es zu einer Zusammenarbeit mit *Hornykiewicz*, wobei es nicht nur gelang, Defizite verschiedener Neurotransmitter in einzelnen Strukturen des Gehirns nachzuweisen, sondern auch therapeutische Konsequenzen zu ziehen, die in der bis heute anwendbaren Dopa-Therapie gipfelten (*Ehringer* und *Hornykiewicz* 1960, *Birkmayer* und *Hornykiewicz* 1961).

Unabhängig von der Wiener Gruppe hatten in Kanada zur selben Zeit *Barbeau*, *Murphy* und *Sourkes* eine verminderte Ausscheidung von Katecholaminen im Harn Parkinson-Kranker nachgewiesen und durch Dopa-Gaben eine Besserung von Rigor und Tremor erreicht (*Barbeau et al.* 1961, 1962).

Die Erkenntnis, daß eine neurologische Erkrankung wie der Morbus Parkinson ein biochemisches Korrelat hat und daß diese Störung durch Medikamente zwar nicht heilbar, doch zumindest beeinflußbar und zu bessern ist, war revolutionierend und stimulierte bzw. intensivierte in der Folge die biochemisch-pharmakologische Gehirnforschung.

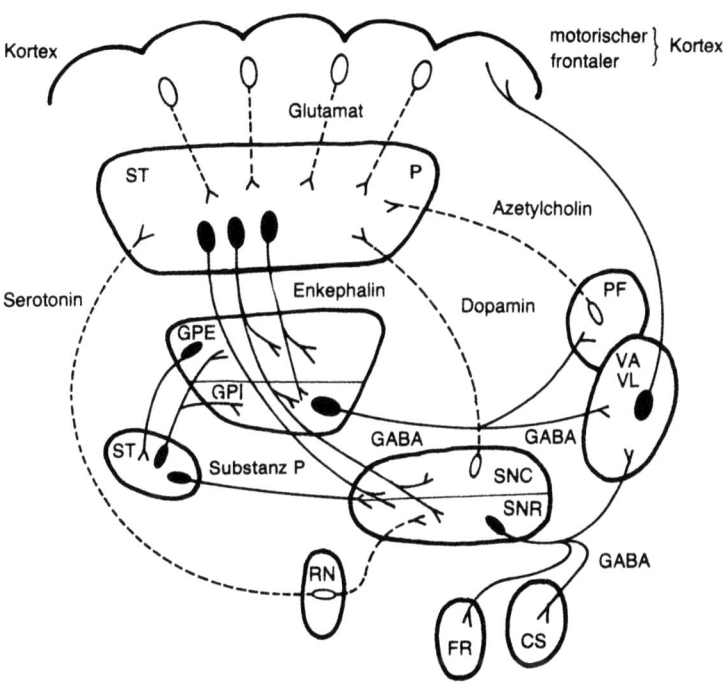

Abb. 2. Kortikale und subkortikale Verbindungen der Stammganglien. Anatomie der Basalganglien. *ST* Corpus striatum, *P* Putamen, *GPE* und *GPI* Globus pallidus externus und internus, *PF* Nucleus parafascicularis, *VA* und *VL* Nucleus ventralis anterior und lateralis, *SNC* und *SNR* Substantia nigra compacta und reticulata, *RN* Raphe nuclei, *FR* Formatio reticularis, *CS* Collicus superior. Aus: Selecta. Mit Genehmigung des Verlages Sociomedico, Gräfelfing, BRD

Obwohl das Parkinson-Syndrom hauptsächlich (aber nicht nur) durch ein Defizit von Dopamin im Striatum gekennzeichnet ist, soll in der Folge Dopamin nicht isoliert betrachtet werden, da das Verhalten des Menschen durch ein koordiniertes Zusammenspiel vieler Neurotransmitter garantiert wird und daher die degenerative Störung in einem System degenerative bzw. funktionelle Störungen in anderen neuronalen Systemen zur Folge haben kann (siehe dazu Abb. 2).

Allgemeine Prinzipien der biochemischen Transmission
Einleitung

Das Verhalten des Menschen ist durch Drogen, z. B. Psychotomimetika, welche Halluzinationen und andere Manifestationen von Psychosen hervorrufen, durch Tranquilizer, welche die verschiedensten psychiatrischen Symptome dämpfend beeinflussen, durch Antidepressiva, welche Antrieb, Gemüt und damit Interesse positiv beeinflussen, sowie durch Neuroleptika, welche eine stark sedierende Wirkung auf Antrieb und Psyche haben, beeinflußbar.

Für diese Substanzen sind Veränderungen der neuronalen Transmission, einschließlich Synthese und Metabolismus, in Tierexperimenten in vitro und in vivo untersucht und nachgewiesen worden. Sie finden ihre Bestätigung in den klinischen und experimentellen Ergebnissen, welche bei extrapyramidalen und psychiatrischen Erkrankungen des Menschen erhalten wurden.

Biochemische, pharmakologische und histochemische Untersuchungsverfahren haben den Beweis erbracht, daß Dopamin, Noradrenalin, Azetylcholin und Serotonin Transmittersubstanzen sind.

In der Folge sollen daher die wichtigsten Transmittersubstanzen kurz beschrieben werden.

Azetylcholin (ACH)

Biosynthese und Metabolismus dieses Neurotransmitters sowie dessen Wirkungsmechanismus sind in den Abb. 3 und 4 dargestellt. Cholin wird durch die Zellmembran in das Zytoplasma aufgenommen.

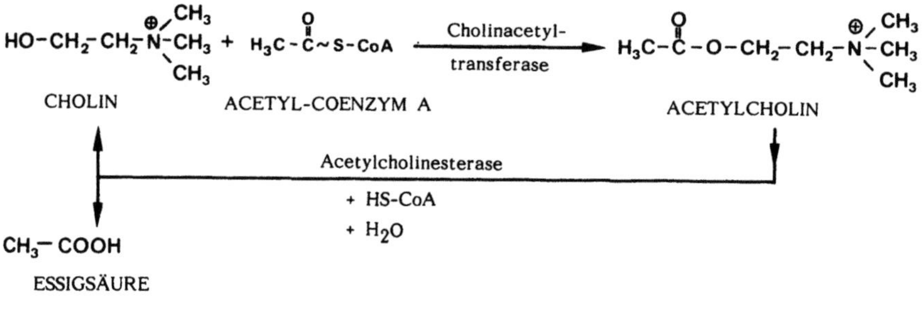

$$HO-CH_2-CH_2-\overset{\oplus}{N}(CH_3)_3 + H_3C-\overset{O}{\overset{\|}{C}}\sim S\text{-}CoA \xrightarrow{\text{Cholinacetyltransferase}} H_3C-\overset{O}{\overset{\|}{C}}-O-CH_2-CH_2-\overset{\oplus}{N}(CH_3)_3$$

CHOLIN   ACETYL-COENZYM A   ACETYLCHOLIN

Acetylcholinesterase
+ HS-CoA
+ H$_2$O

CH$_3$—COOH
ESSIGSÄURE

Abb. 3. Biosynthese und Abbau von Azetylcholin

Azetylcholintransferase katalysiert die Synthese von Azetylcholin aus Cholin und aktivem Azetat. Der synthetisierte Transmitter wird in synaptischen Nervenenden cholinerger Neuronen in Vesikeln gespeichert und durch einen Nervenimpuls aus den Nervenenden freigesetzt. Diese

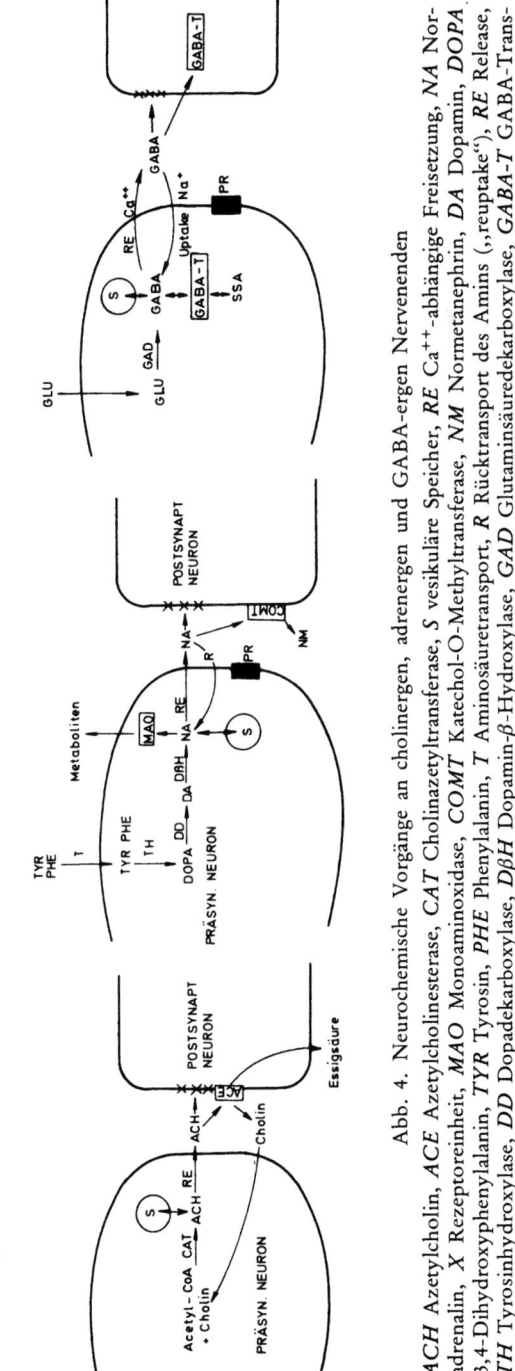

Abb. 4. Neurochemische Vorgänge an cholinergen, adrenergen und GABA-ergen Nervenenden

ACH Azetylcholin, *ACE* Azetylcholinesterase, *CAT* Cholinazetyltransferase, *S* vesikuläre Speicher, *RE* Ca^{++}-abhängige Freisetzung, *NA* Noradrenalin, *X* Rezeptoreinheit, *MAO* Monoaminoxidase, *COMT* Katechol-O-Methyltransferase, *NM* Normetanephrin, *DA* Dopamin, *DOPA* 3,4-Dihydroxyphenylalanin, *TYR* Tyrosin, *PHE* Phenylalanin, *T* Aminosäuretransport, *R* Rücktransport des Amins („reuptake"), *RE* Release, *TH* Tyrosinhydroxylase, *DD* Dopadekarboxylase, *DβH* Dopamin-β-Hydroxylase, *GAD* Glutaminsäuredekarboxylase, *GABA-T* GABA-Transaminase, *GABA* γ-Aminobuttersäure, *GLU* Glutamat, *α-OKG* α-Oxoketoglutarat, *SSA* Sukzinatsemialdehyd

Freisetzung von ACH ist an das Vorhandensein von Kalziumionen gebunden.

In der Folge kann ACH durch Azetylcholinesterase hydrolysiert werden. In cholinergen Nervenenden ist nur Azetylcholinesterase in hohen Konzentrationen vorhanden, während andererseits eine Reihe von Esterasen im Organismus (einschließlich der Pseudocholinesterase des Blutes) in der Lage sind, Azetylcholin zu hydrolysieren. Bei der „Wiederaufnahme" (Reuptake) wird die Vorstufe (Präkursor) Cholin und nicht der Transmitter selbst zurückgeholt.

Die Bestimmung von ACH im Gehirn des Menschen ist wegen des raschen postmortalen Metabolismus nicht möglich. Tierexperimente zeigen aber, daß die ACH-Konzentrationen im Gehirn parallel der Aktivität von Cholinazetyltransferase und Azetylcholinesterase sind. Dadurch ist es möglich, auch im Menschengehirn eine Verteilung von ACH indirekt zu bestimmen. Die höchsten Aktivitäten dieser beiden Enzyme wurden im Striatum gemessen.

Azetylcholinesterase ist aber nicht nur in cholinergen Neuronen, sondern auch in der Glia zu finden.

Cholinerge Neuronen aszendieren von der Formatio reticularis, wobei Axone den Thalamus, den Hypothalamus, den Hippocampus, die Basalganglien und den Neokortex innervieren.

Von besonderem Interesse ist dabei die cholinerge Innervierung des Kortex durch Neuronen, deren Zellkörper im Nucleus basalis Meynert lokalisiert sind (siehe dazu S. 116).

Dieses System dürfte ein Teil des sogenannten aszendierenden retikulären aktivierenden Systems sein und mit „Arousal" und dem Wachheitszustand verknüpft sein.

Azetylcholin ist der exzitatorische Transmitter der Basalganglien, während Dopamin der inhibitorische ist. Durch den Balanceverlust zwischen cholinerger und dopaminerger Aktivität in diesen Gehirnarealen, bedingt durch den Ausfall der dopaminergen inhibierenden Funktion, ist die akinetische Symptomatik des Parkinson-Kranken geprägt.

Das Konzept, daß dopaminerge Afferente zum Striatum inhibierende Synapsen mit Dendriten cholinerger Interneuronen bilden und die cholinergen Interneuronen Synapsen mit anderen striären Interneuronen und/oder Projektionsneuronen (wahrscheinlich GABA als Transmitter) bilden, welche wieder auf die dopaminergen Nigraneuronen projizieren, ist neuerdings aufgrund biochemischer, pharmakologischer und elektrophysiologischer Befunde in Zweifel gestellt und modifiziert worden. Demnach formen dopaminerge Afferente im Striatum Synapsen mit Dendriten von mittelgroßen Neuronen (GABA?), nur selten aber mit Dendriten der großen cholinergen Interneuronen (nur 1–2% aller striären Neuronen). Die Modulierung der Azetylcholinfreisetzung durch Dopamin ist diesem Modell entsprechend keine synaptische Neurotransmission, sondern eine nichtsynaptische Neuromodulation cholinerger Nervenenden. Letztere projizieren auf das GABA-System (*Lehmann* und *Langer* 1983).

Biosynthese und Freisetzung von Katecholaminen

Dopamin, Noradrenalin und Adrenalin werden durch Hydroxylierung und nachfolgende Dekarboxylierung aus der Präkursor-Aminosäure Tyrosin synthetisiert (Abb. 5). Tyrosin wird in adrenerge Neuronen durch einen aktiven Transportmechanismus eingeschleust. Es erfolgt die Umwandlung in 3,4-Dihydroxyphenylalanin mittels Tyrosinhydroxylase. Im Zytoplasma der Neuronen wird Dopa durch eine aromatische Aminosäuredekarboxylase (Dopadekarboxylase) zu Dopamin dekarboxyliert. Dopamin wird in granulierten Vesikeln aufgenommen, in denen es in noradrenergen Neuronen mittels Dopamin-β-Hydroxylase zu Noradrenalin umgewandelt wird. Die hohe intravesikuläre Konzentration von Noradrenalin wird durch einen Mg^{++}- und ATP-abhängigen Transportmechanismus gewährleistet (Abb. 4). Der die Geschwindigkeit bestimmende Schritt in der Synthese von Katecholaminen liegt in der Umwandlung von Tyrosin zu Dopa. Tyrosinhydroxylase unterliegt einer Rückkoppelungs-(Feedback-)Regulation durch die Konzentration von Dopamin und auch Noradrenalin. Die Synthese von Katecholaminen in der Medulla der Nebennieren verläuft ähnlich derjenigen in Neuronen. Hier besteht innerhalb der granulären Einheiten allerdings die Möglichkeit der Umwandlung von Noradrenalin zu Adrenalin durch Phenylethanolamin-N-Methyltransferase (PNMT). Die Amine werden in den granulären Vesikeln mittels eines aktiven Transportsystems aufgenommen und gespeichert und liegen teils in gebundener Form (ATP, Protein gebunden) vor. Reserpin inhibiert dieses aktive Transportsystem.

In autonomen Neuronen und in der Medulla der Nebennieren werden Katecholamine (einschließlich ATP, Bindungseiweiß und Dopamin-β-Hydroxylase) durch Exozytose freigesetzt. Plasma-Dopamin-β-Hydroxylase hat eine längere Halbwertszeit als zirkulierende Katecholamine, so daß die Bestimmung der Plasma-Aktivität dieses Enzyms kein gutes Maß für die tatsächliche sympathische Aktivität gibt.

Im Anschluß an die Freisetzung (Release) und die postsynaptische Erregung wird ein Großteil der Katecholamine aus dem synaptischen Spalt wieder in das präsynaptische Nervenende durch einen aktiven Wiederaufnahme-(Reuptake-)Mechanismus eingeschleust.

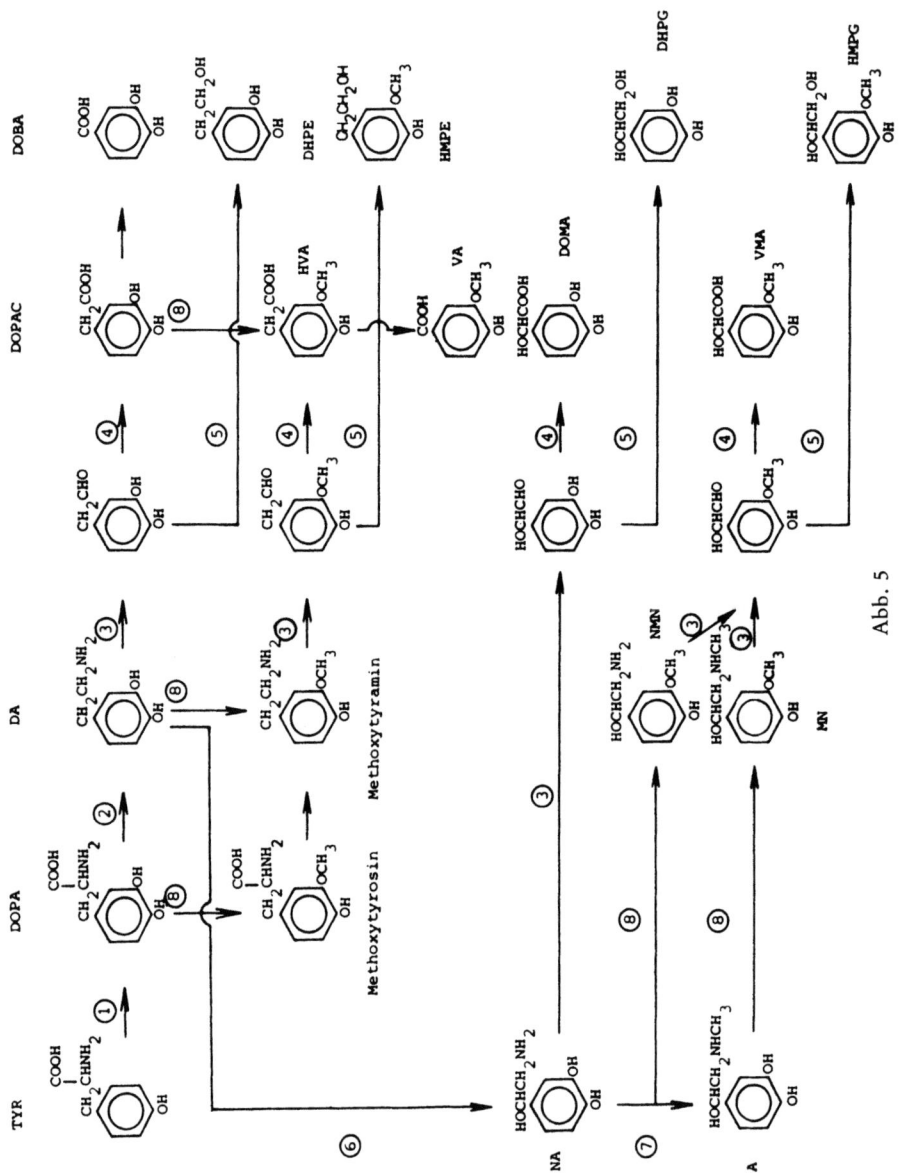

Abb. 5

Katabolismus von Katecholaminen

Dopamin, Noradrenalin und Adrenalin werden durch Oxidation und Methylierung zu inaktiven Produkten umgewandelt. Die beiden entscheidenden Enzyme sind Monoaminoxidase (oxidative Desaminierung) und Katechol-O-methyltransferase (COMT) (Abb. 5). Monoaminoxidase (MAO) ist an Mitochondrien gebunden und daher im Organismus weit verbreitet. Während MAO in Mitochondrien adrenerger Neuronen mit hohen Aktivitäten nachweisbar ist, ist COMT in adrenergen Nervenenden nicht nachweisbar. O-methylierte Produkte des Plasmas werden als solche oder nach Oxidation zu Vanillylmandelsäure ausgeschieden.

In adrenergen Neuronen werden Noradrenalin, Adrenalin und Dopamin vorwiegend durch MAO oxidativ desaminiert, wobei 3,4-Dihydroxymandelsäure und das entsprechende Glykol Hauptmetaboliten darstellen. Diese werden in der Zirkulation mit großer Wahrscheinlichkeit durch COMT zu methylierten Endprodukten umgewandelt. Die meisten dieser Metaboliten werden als Sulfate oder Glukuronide in eine gebundene Form übergeführt und teils in freier, teils in gebundener Form ausgeschieden.

Degeneration der präsynaptischen Neuronen bewirkt unter anderem, daß der Hauptmechanismus zur Entfernung biogener Transmitter aus dem synaptischen Spalt, der „Wiederaufnahme"-(Reuptake-)Mechanismus, nicht mehr oder immer schlechter funktioniert, wodurch eine vermehrte Synthese von Transmittern notwendig wäre, um ein nichtdegeneriertes postsynaptisches Neuron im selben Ausmaß zu stimulieren.

Wirkung auf prä- und postsynaptische Rezeptoren

Ein Transmitter, z.B. Dopamin, welcher in den synaptischen Spalt freigesetzt wurde, hat mehrere Möglichkeiten der Wirkentfaltung (Abb. 6):

Abb. 5. Biosynthese und Metabolismus katecholaminerger Transmitter. *1* Tyrosinhydroxylase, *2* Dekarboxylase, *3* Monoaminoxidase (oxidative Desaminierung), *4* Aldehyddehydrogenase (Oxidation), *5* Alkoholdehydrogenase (Reduktion), *6* Dopamin-β-Hydroxylase, *7* N-Methyltransferase, *8* Katechol-O-Methyltransferase

TYR Tyrosin, *DOPA* 3,4-Dihydroxyphenylalanin, *DA* Dopamin, *DOPAC* 3,4-Dihydroxyphenylessigsäure, *DOBA* 3,4-Dihydroxybenzoesäure, *DOMA* 3,4-Dihydroxymandelsäure, *HVA* 4-Hydroxy-3-methoxyphenylessigsäure (Homovanillinsäure), *VA* 4-Hydroxy-3-methoxybenzoesäure (Vanillinsäure), *VMA* 4-Hydroxy-3-methoxymandelsäure (Vanillylmandelsäure), *DHPE* 3,4-Dihydroxyphenylethanol, *HMPE* 4-Hydroxy-3-methoxyphenylethanol, *MHPF* 4-Hydroxy-3-methoxyphenylethylenglykol, *DHPG* 3,4-Dihydroxyphenylethylenglykol, *NMN* Normetanephrin, *MN* Metanephrin, *NA* Noradrenalin, *A* Adrenalin

Amine, Säuren und Alkohole werden als Sulfate und/oder Glukuronide zum Teil gebunden und ausgeschieden. DA, Methoxytyramin, NMN können N-azetyliert werden

1. Er wirkt postsynaptisch auf Adenylatzyklase-abhängige Rezeptoren (von einigen nicht als Rezeptoren anerkannt, sondern nur als Enzymwirkung eingestuft). Die physiologische Funktion dieser Bindungsstellen ist derzeit Gegenstand intensiver Forschung.
2. Wirkung auf postsynaptische D2-Rezeptoren, welche Adenylatzyklase-unabhängig sind und funktionell korreliert werden können (siehe dazu S. 43).
3. Wirkung auf präsynaptische Autorezeptoren durch Stimulierung. Eine Hemmung der Neurotransmittersynthese ist die Folge.
4. Wirkung als Hormon oder Neuromodulator, das heißt, die Bindungsstelle ist weiter entfernt vom Ort der Freisetzung.

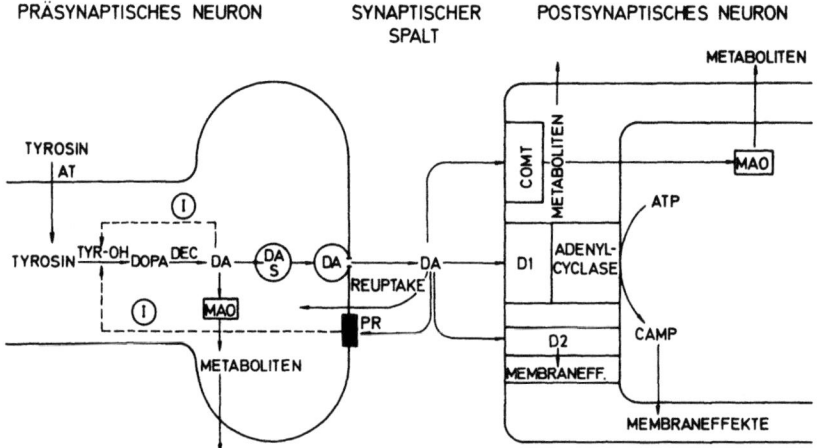

Abb. 6. Physiologische Prozesse prä- und postsynaptischer dopaminerger Neuronen. *AT* Aminosäuretransport, *TH* Tyrosinhydroxylase, *DEC* Dopa-Dekarboxylase, *S* vesikuläre Speicher, *I* Rückkopplungsmechanismen, *PR* präsynaptische Auto-Rezeptoren, *D1* adenylzyklaseabhängiger postsynaptischer DA-Rezeptor, *D2* adenylzyklaseunabhängiger postsynaptischer DA-Rezeptor, *DA* Dopamin, *ATP* Adenosintriphosphat, *CAMP* 3'5'-zyklisches Adenosinmonophosphat

Falsche Neurotransmitter

In adrenergen Nervenenden können auch Verbindungen synthetisiert werden (z.B. Oktopamin, Abb. 7), die Dopamin oder Noradrenalin in den granulären Einheiten ersetzen können. Diese sogenannten „falschen Neurotransmitter" werden statt Dopamin und Noradrenalin freigesetzt und üben entweder ihrerseits biochemisch-pharmakologische Effekte auf die postsynaptischen Membranen aus oder sind nur schwach wirksam bis inaktiv. Im letzteren Fall wird die Transmission des natürlichen Transmitters (Dopamin, Noradrenalin) erschwert.

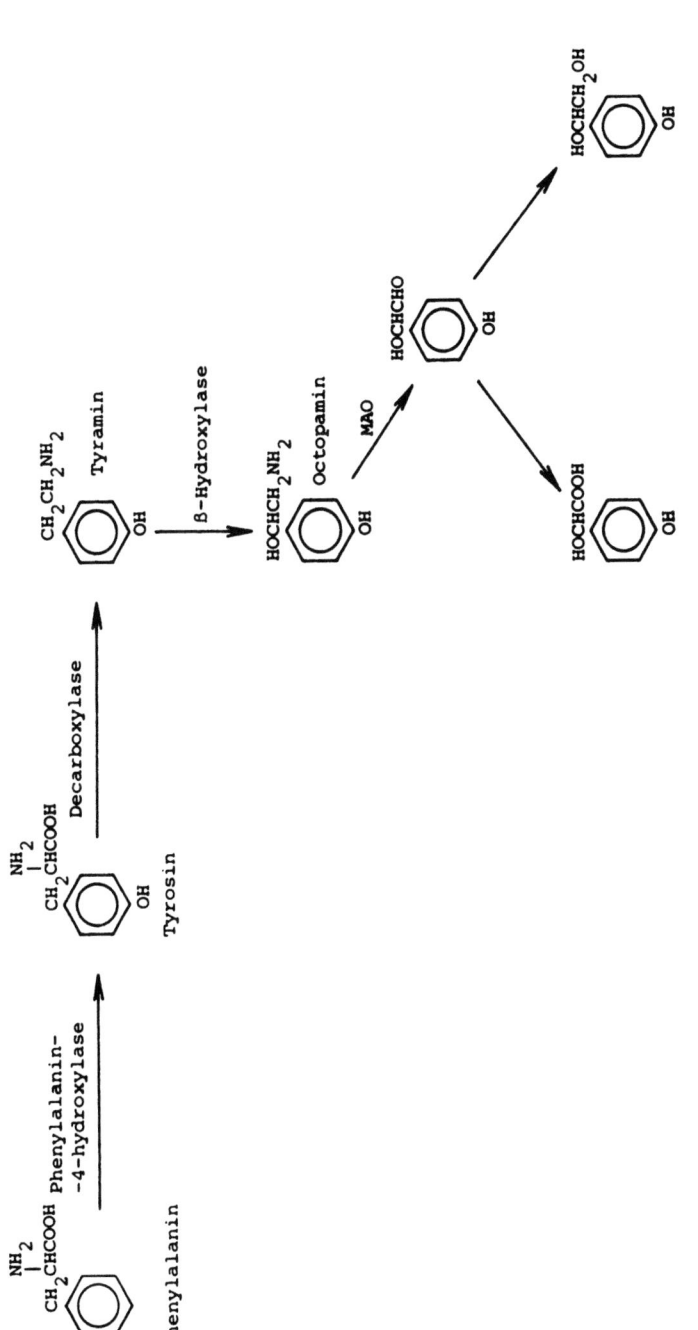

Abb. 7. Biosynthese von Oktopamin

Dopamin (DA)

Die Verteilung von Dopamin und Noradrenalin im Gehirn des Menschen ist unterschiedlich. Tab. 1 zeigt, daß Dopamin speziell in striären Kernstrukturen angereichert ist, während Noradrenalin (Tab. 2) vor allem im Nucleus accumbens und im Hypothalamus hohe Konzentrationen aufweist. Dopamin-β-Hydroxylase, welche die Umwandlung von Dopamin zu Noradrenalin katalysiert, zeigt ebenfalls und in Einklang mit den Werten des Noradrenalins eine verschiedenartige Aktivität in den einzelnen Arealen des Gehirns.

Die Inaktivierung von Dopamin und Noradrenalin erfolgt durch die abbauende Enzyme MAO und COMT (Abb. 5). Viele dopaminerge Neuronen haben ihre Zellkörper im Mittelhirn. Sie projizieren von der Substantia nigra zum Striatum (nigro-striäres System). Andere Teile des Mittelhirns projizieren zum Tuberculum olfactorium, zum Nucleus accumbens und anderen limbischen Systemen (mesolimbisches System). Ein drittes dopaminerges System (tubero-infundibuläres System) projiziert von den Zellkörpern des Nucleus arcuatus zu der externen Schicht der Eminentia mediana des Hypothalamus. Im zerebralen Kortex findet sich ebenfalls eine dopaminerge Innervierung. Das dopaminerge System ist mit der Motorfunktion eng verknüpft. Als klassisches Beispiel einer

Tabelle 1. *Der Dopamin-Gehalt in verschiedenen Arealen des Gehirns bei Morbus Parkinson*

Gehirnareale	Dopamin (ng/g)		
	Morbus Parkinson mit „Akinetischer Krise" (n = 4)	Morbus Parkinson (n = 6)	Kontrollen (n = 9)
Nucleus caudatus	90 ± 25	401 ± 59	3 843 ± 539
Putamen	40 ± 15	170 ± 44	4 183 ± 742
Substantia nigra	40 ± 10	96 ± 12	582 ± 103
Globus pallidus	55 ± 13	83 ± 10	846 ± 195

Mittelwerte ± SEM pro Gramm Frischgewicht.
n = Anzahl der Patienten.
Disability während akinetischer Krisen: 80–100 (bettlägerig).
Histologie: Kompletter Verlust dopaminerger Neuronen bei Parkinson-Kranken mit akinetischem Endstadium. Kein therapeutischer Effekt mit Anticholinergika, L-Dopa-Präparaten, dopaminergen Agonisten (Bromocriptin), Amantadin und MAO-Hemmern.
Aus: *Birkmayer* und *Riederer* (1975a).

Tabelle 2. *Noradrenalin bei Kontrollen und Morbus Parkinson*

Gehirnareale	Noradrenalin (nmol/g)		
	Kontrollen (11)	Morbus Parkinson	
		ohne L-Dopa (5)	mit L-Dopa (4)
Basalganglien			
N. caudatus	0,57 ± 0,11	0,26 ± 0,04*	0,29 ± 0,05*
Putamen	0,27 ± 0,06	0,15 ± 0,065**	0,20 ± 0,07
Gl. pallidus	0,24 ± 0,05	0,19 ± 0,08	0,22 ± 0,03
Diencephalon			
Thalamus	1,49 ± 0,15	1,04 ± 0,09**	1,15 ± 0,11
Hypothalamus	6,20 ± 0,68	2,31 ± 0,25*	2,68 ± 0,3*
C. mamillare	1,83 ± 0,27	0,71 ± 0,06*	0,85 ± 0,08*
Hirnstamm			
S. nigra	0,65 ± 0,13	0,2 ± 0,04*	0,31 ± 0,05*
N. ruber	1,43 ± 0,25	0,47 ± 0,05*	0,55 ± 0,07*
Raphe + Form. ret.	0,19 ± 0,065	0,07 ± 0,02*	0,09 ± 0,022**
Limbische Strukturen			
G. cinguli	0,27 ± 0,065	0,13 ± 0,05**	0,14 ± 0,05**
N. amygdalae	4,73 ± 0,83	1,42 ± 0,19*	1,95 ± 0,2*
N. accumbens	5,83 ± 0,68	3,61 ± 0,41*	4,2 ± 0,45**

Anzahl der Patienten in Klammer.
Mittelwerte ± s.e.
Der Trend zu höheren Werten bei Patienten, die mit Madopar® (3 × 250 mg täglich) behandelt worden waren, war im Vergleich zu unbehandelten Parkinson-Kranken nicht signifikant verschieden.
Letzte Therapie vor dem Tod: 4—11 Stunden.
* $p < 0{,}01$ ⎫ im Vergleich zu Kontrollen; alle anderen Werte waren
** $p < 0{,}05$ ⎭ nicht signifikant unterschiedlich.
Aus: *Riederer et al., J. Neural Transm.* 41, 241 (1977).

Störung des nigro-striären Dopamin-Systems gilt die Parkinson-Krankheit.

Dopamin ist aber auch an der Kontrolle der Prolaktin-Synthese beteiligt. Dopamin wirkt direkt auf den Vorderlappen der Hypophyse und hemmt dort die Prolaktin-Sekretion. Dopamin könnte daher als inhibierendes Hormon der hypothalamischen Prolaktin-Sekretion bezeichnet werden. Dopa-Gaben (Präkursor) hemmen die Prolaktin-Sekretion und wurden bei der Behandlung der Galaktorrhöe eingesetzt. Anderseits bewirken auch Dopamin-Agonisten, speziell 2-Brom-α-ergokryptin und Lisurid, eine Hemmung und damit eine erfolgreiche Behandlung dieser Erkrankung.

Ergänzend soll darauf hingewiesen werden, daß Reserpin, welches eine Entleerung aller Speicher von biogenen Aminen bewirkt, diese hormonellen Störungen provoziert.

Allerdings zeigen neuere Befunde, daß zusätzlich auch Polypeptide an dieser Steuerung beteiligt sind.

Dopamin dürfte auch an einigen Symptomen der Schizophrenie beteiligt sein. Hinweise dafür wurden, experimentellen Untersuchungen zufolge, durch Amphetamingaben erzielt, welche Dopamin freisetzen und eine Psychose verursachen, die in manchem schizophrene Zustände simulieren soll. Zusätzlich sind einige Derivate des Dopamins halluzinogene Substanzen. Unterstützt werden diese Befunde noch durch die experimentellen Ergebnisse bestimmter Neuroleptika, welche verschiedene Symptome der Schizophrenie günstig beeinflussen und deren antipsychotische Aktivität bis zu einem gewissen Grad mit der Blockade der Dopamin-Rezeptoren korrelieren.

In dopaminergen Neuronen besteht eine Rückkoppelungs-(Feedback-)Kontrolle der präsynaptisch lokalisierten Synthese, des Freisetzungs-(Release-)Vorgangs und auch des Metabolismus durch Rezeptoren. Werden diese Rezeptoren blockiert (Neuroleptika), werden Synthese, Freisetzung (Release) und Metabolismus angeregt. Eine Aktivierung dopaminerger Rezeptoren (z.B. durch Apomorphin) bewirkt das Gegenteil. Prä- und postsynaptische Rezeptoren dürften für die Rückkoppelungs-(Feedback-)Regulation in Frage kommen. Die präsynaptischen Rezeptoren sind nicht nur an den Nervenenden, sondern auch an den Zellkörpern und Dendriten lokalisiert (daher ist der Begriff „Autorezeptor", besser als „präsynaptischer Rezeptor"). Apomorphin z.B. stimuliert dopaminerge Autorezeptoren nur bei kleiner Dosierung und bedingt dadurch eine Hemmung der Dopamin-Synthese. Stereotypie ist bei dieser Dosierung noch nicht zu beobachten. Kleine Dosen hemmen die motorische Aktivität, große stimulieren sie. Wird das Striatum experimentell zerstört, bewirkt Apomorphin durch Aktivierung dopaminerger Rezeptoren eine Drehung des Tieres in Richtung der Läsion, während Blockade eine Drehung in die andere Richtung bewirkt. Bei der Parkinson-Krankheit dürfte Apomorphin wegen der vorwiegend präsynaptischen Degeneration daher eher postsynaptisch wirken.

MAO-Hemmer bewirken einen Anstieg der Dopamin-Konzentration. Dies zeigt sich in einer Abnahme der Rate der Tyrosinhydroxylierung. Blockade der postsynaptischen Rezeptoren durch Haloperidol hebt diesen Effekt nicht auf, so daß auf eine direkte präsynaptische Endprodukthemmung geschlossen werden kann (*Carlsson et al.* 1976).

Die dopaminerge Neurotransmission wird aber auch durch andere Transmitter beeinflußt. GABA-erge Nervenenden sitzen auf Dopamin-Neuronen der Substantia nigra, wo sie eine inhibierende Wirkung haben. Die GABA-Neuronen haben ihren Zellkörper im Striatum.

Ein Kandidat für eine exzitatorische Wirkung auf Dopamin-Neuronen der Substantia nigra ist die Substanz P, welche in dieser Region die höchsten Werte aufweist (*Lembeck* und *Zettler* 1971). Die zelluläre Verteilung weist auf einen Transmitterkandidaten hin (*Duffy et al.* 1975, *Hökfelt et al.* 1975).

Intrazerebroventrikulär injizierte Substanz P stimuliert die Umwandlung von Tyrosin zu Dopa in allen Gehirnregionen der Ratte (*Magnusson et al.* 1976). Hemmt man die Synthese von biogenen Aminen, wird durch Verabreichung von Substanz P die Abnahme der Dopamin-, Noradrenalin- und Serotonin-Konzentration aktiviert. Auch diese Daten sprechen dafür, daß Substanz P ein exzitatorischer Transmitter ist.

Nach *Hökfelt* und anderen besteht zwischen den klassischen Neurotransmittern und verschiedenen Neuropeptiden ein enger funktioneller Zusammenhang. So enthalten z. B. kleine Striatumvesikel nur Dopamin, während größere neben Dopamin auch das Neuropeptid CCK-8 enthalten, welches die Freisetzung von Dopamin hemmt. Diese Koexistenz gestaltet somit eine weitere Steuerungsmöglichkeit für Kurz- und Langzeitaktion dopaminerger Neuronen (*Hökfelt* und *Markstein* 1984). Es ist daher bemerkenswert, daß CCK-8 bei der Parkinson-Krankheit in der Substantia nigra (pars compacta) um 35% verringert ist, im Nucleus caudatus jedoch keine signifikanten Veränderungen zeigt (*Javoy-Agid* 1982).

Noradrenalin (NA)

Die Verteilung von Noradrenalin im Gehirn ist ähnlich derjenigen von Serotonin. Die Zellkörper der Noradrenalin enthaltenden Neuronen sind zum größeren Teil im Locus caeruleus und anderen Kernen von Pons und Medulla lokalisiert. Axone deszendieren in das Rückenmark (gesamte graue Substanz), und einige reichen bis in das Zerebellum, andere wieder innervieren das dorsale „Bündel" und damit den dorsalen Hypothalamus, limbische Kerne und den Neokortex (siehe dazu *Riederer et al.* 1977).

Noradrenalin ist mit verschiedenen Funktionen des Verhaltens der Menschen verknüpfbar. Abgesehen von den unspezifischen Veränderungen im Noradrenalin-Stoffwechsel durch Reserpin, das auch eine Entleerung serotonerger Speicher bewirkt, und dem daraus resultierenden depressiven Verhalten sowie den Beeinflussungen des noradrenergen Systems durch unspezifische MAO-Hemmer kann durch spezifische biochemisch-pharmakologische Manipulationen die Verfügbarkeit von Noradrenalin an postsynaptischen Rezeptoren erhöht werden, so daß ein Anstieg der noradrenergen Neurotransmission zu einer Verbesserung der Psychodynamik führt und ein Defizit depressive Symptomatik provoziert. Die Anwendung trizyklischer Antidepressiva, z. B. Desipramin, führt durch Blockade der Wiederaufnahme zu einer gesteigerten noradrenergen Aktivität.

Noradrenerge Neuronen des Hypothalamus sind bei der Sekretionsregulation von Vorderlappenhormonen der Hypophyse beteiligt. Sie scheinen die Sekretion von Vasopressin und Oxytocin zu hemmen, und es gibt Hinweise dafür, daß Noradrenalin an der Kontrolle der Nahrungsaufnahme und „Selbststimulierung" beteiligt ist. Die Regulation der Körpertemperatur dürfte unter anderem von noradrenergen und serotonergen Neuronen gesteuert werden. Noradrenalin hat wahrscheinlich auch inhibierenden Effekt auf die autonome Entladung des Rückenmarks. Obwohl es PNMT-(Phenylethanolamin-N-Methyltransferase-)enthaltende Neuronen in der Medulla gibt, welche offenbar zum Hypothalamus projizieren, ist die Frage der funktionellen Bedeutung eines adrenergen Systems derzeit noch unklar.

Serotonin (5-HT)

Serotonin wird aus der essentiellen Präkursor-Aminosäure Tryptophan durch Hydroxylierung (Tryptophanhydroxylase) zu 5-Hydroxytryptophan und anschließender Dekarboxylierung synthetisiert (Abb. 8). Der Hauptmetabolit ist 5-Hydroxyindol-3-essigsäure. Diese Substanz wird durch oxidative Desaminierung (MAO) und anschließende Oxidation (Aldehyddehydrogenase) aus Serotonin metabolisiert. Die Melatonin-Synthese ist praktisch in der Zirbeldrüse (Glandula pinealis) lokalisiert. Von den Derivaten des Tryptamins und des 5-Hydroxytryptamins, welche psychotomimetische Wirkungen haben, sind besonders Psilocybin bzw. Bufotenin zu erwähnen. Psilocybin ist in verschiedenen Pilzarten nachgewiesen worden.

Reserpin bewirkt eine Freisetzung von Serotonin aus den Speichern. Durch geeignete Maßnahmen ist dieser Vorgang hemmbar, so daß Reserpin seine tranquilisierenden Eigenschaften verliert. Damit ist aber ein Hinweis darauf gegeben, daß eben diese Entleerung die biochemischpharmakologischen Eigenschaften von Reserpin bewirkt. Da Reserpin aber auch eine Ausschüttung von Dopamin und Noradrenalin bewirkt, ist die Frage, welche von den erwähnten Transmittersubstanzen primär die nachgewiesenen Effekte von Reserpin bewirkt, schwer zu erklären. Am offensichtlichsten ist noch der von *Carlsson et al.* (1957) beschriebene Effekt auf den Antrieb von Ratten, wobei nach Reserpin-Gaben ein

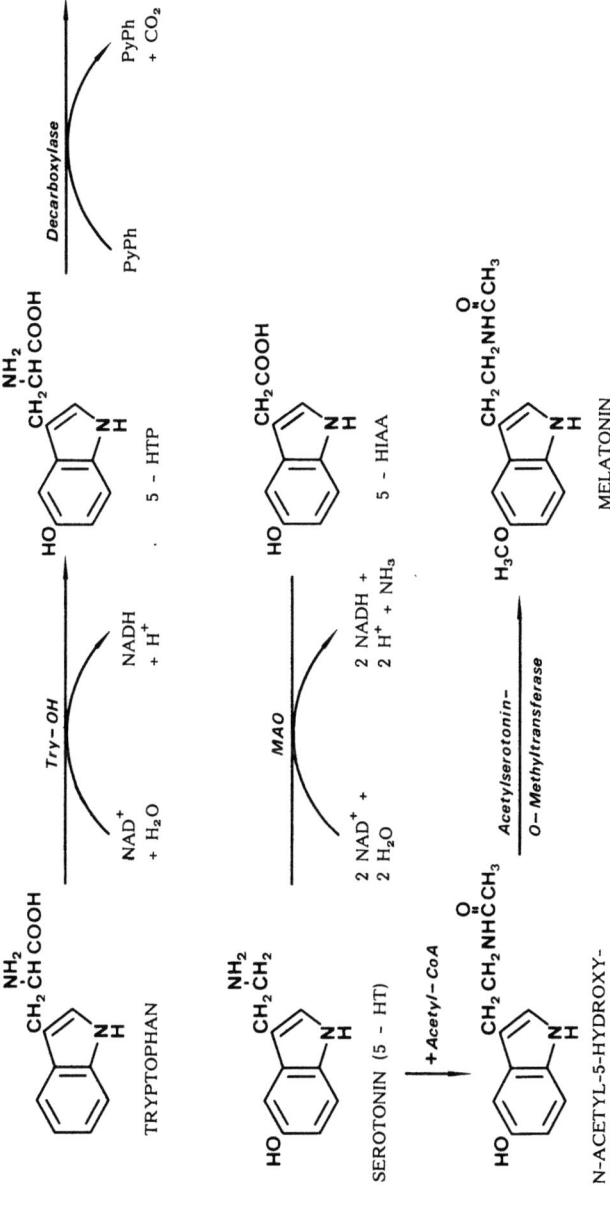

Abb. 8. Biosynthese von Serotonin und Melatonin

TRY-OH Tryptophanhydroxylase, *5-HTP* 5-Hydroxytryptophan, *5-HT* 5-Hydroxytryptamin, *5-HIAA* 5-Hydroxyindolessigsäure

akinetischer Zustand eintrat und dieser durch Gaben von Dopa reversibel aufhebbar war.

Die Beeinflussung von MAO durch verschiedene Hemmsubstanzen ist an anderer Stelle genau beschrieben. In diesem Zusammenhang soll nur darauf verwiesen werden, daß MAO selektiv gehemmt werden kann und damit spezifische Effekte einzelner biogener Neurotransmitter nachgewiesen werden können. Eine selektive Entleerung von Serotonin im Gehirn kann durch Verabreichung von p-Chlorphenylalanin (PCPA), einer Verbindung, welche die Umwandlung von Tryptophan zu 5-HTP blockiert, erreicht werden. Die Folge ist lang anhaltende Wachheit der Tiere, so daß im Konnex mit den von *Maeda et al.* (1973) durchgeführten Untersuchungen an Katzen (Läsion der retikulären Formation) deutliche Hinweise darauf vorliegen, daß Serotonin an der Regulation des Schlafes beteiligt ist. PCPA hat allerdings selbst in größeren Dosen keine entscheidende und entsprechende Wirkung beim Menschen. Im Gehirn ist es in spezifischen serotoninergen Neuronen lokalisiert, speziell in Arealen der Raphe.

Serotonin ist in der Peripherie vorwiegend in den enterochromaffinen Zellen des Gastrointestinaltrakts lokalisiert. Es ist aber auch in allen anderen Organen in zum Teil beachtlichen Mengen nachweisbar (Leber, Lunge, Niere). Die Bedeutung des Serotonins für die Steigerung des peristaltischen Reflexes ist nicht hundertprozentig geklärt, da Reserpin-Gaben die Darmtätigkeit nur wenig beeinflussen. Hyperperistaltik und Diarrhöen wurden nur während einer akuten Freisetzung beobachtet. Die gesteigerte Darmtätigkeit beim Karzinoidsyndrom ist auf eine Serotonin-Überproduktion zurückzuführen, da diese durch Serotonin-Antagonisten hemmbar ist. Andererseits sind diese Antagonisten bei anderen charakteristischen Symptomen des Karzinoidsyndroms, wie z.B. „Flush"-Attacke und Spasmen, wirkungslos.

Gamma-Aminobuttersäure (GABA)

GABA wird durch Dekarboxylierung von Glutaminsäure synthetisiert. Der GABA-Stoffwechsel ist ein Nebenweg des Zitronensäurezyklus. Das synthetisierende Enzym Glutaminsäuredekarboxylase (GAD) ist immunzytochemischen Untersuchungen zufolge in Nervenenden lokalisiert (Abb. 9). GABA ist ein inhibitorischer Transmitter im Gehirn und ein Mediator präsynaptischer Hemmung im Rückenmark.

Albers und *Brady* (1959) wiesen regionale Unterschiede von GAD in Gehirnen von Rhesusaffen nach. Hohe Aktivitäten konnten dabei in der grauen Substanz, geringere in der weißen gemessen werden. Diese Ergebnisse wurden von *Müller* und *Langemann* (1962) auch im Menschengehirn festgestellt. Die GAD-Aktivität ist besonders in den Purkinje-Zellen des Zerebellums lokalisiert (*Kurijama et al.* 1966). 70-80% der Aktivität sind in Synaptosomen nachweisbar (*Balazs et al.* 1966, *Bowen et al.* 1976, *Neal* und *Iversen* 1969, *Salganicoff* und *DeRobertis* 1965).

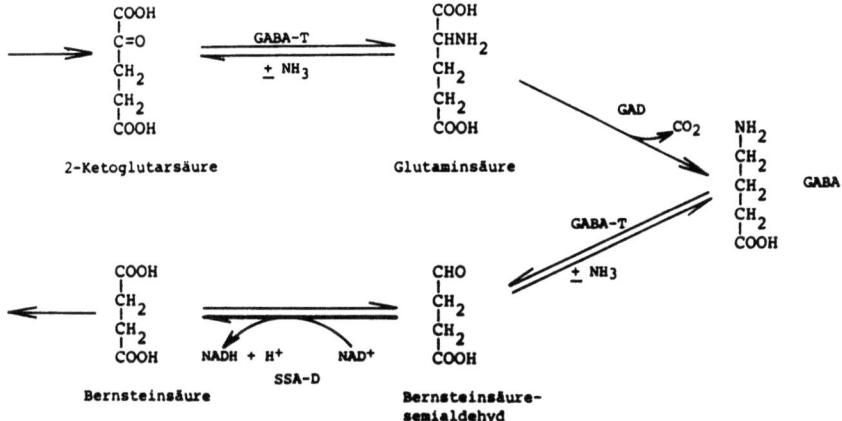

Abb. 9. Biosynthese und Metabolismus von GABA
GAD Glutamatdekarboxylase, *GABA-T* GABA-Transaminase, *SSA-D* Bernsteinsäuresemialdehyddehydrogenase

Der Hauptmetabolismus der GABA wird durch GABA-Transaminase (GABA-T) gesteuert, wobei Bernsteinsäuresemialdehyd entsteht. Diese Reaktion ist reversibel (*Waksman* und *Roberts* 1965). Die nachfolgende Oxidation zu Bernsteinsäure wird durch das Enzym Bernsteinsäuresemialdehyddehydrogenase (SSAD) katalysiert (*Miller* und *Pitts* 1967, *Sheridan et al.* 1967). Neuere Untersuchungen zeigen aber, daß auch diese Reaktion reversibel ist.

Die Umwandlung von Bernsteinsäuresemialdehyd zu Gammahydroxybuttersäure (GHBA) durch Milchsäuredehydrogenase wurde ebenfalls beschrieben. GHBA hat ebenso wie die unmittelbare Vorstufe, Gammabutyrolakton, die Eigenschaft, die neuronale Aktivität des ZNS herabzusetzen. Im Tierexperiment führt GHBA zu einem Anstieg der Dopamin-Konzentration (*Laborit* 1964, *Walters* und *Roth* 1972). GABA-T und SSAD zeigen in verschiedenen Gehirnregionen etwa dieselbe Verteilung und sind vorzugsweise in den Mitochondrien lokalisiert. In synaptosomalen Fraktionen wurden nur geringe Mengen nachgewiesen.

Der größte Gehalt an GABA akkumuliert in synaptischen Vesikeln der Nervenenden. Die inhibierenden GABA-Neuronen sind mit einem spezifischen Aufnahmemechanismus ausgestattet (*Iversen* und *Johnston* 1971).

Stimulation inhibierender synaptischer Transmission bedingt eine verstärkte Freisetzung (Outflow) von GABA, wobei die freigesetzte Menge proportional dem gesetzten Stimulus ist und die Gegenwart von Kalziumionen erfordert (*Otsuka et al.* 1966). Die GABA-Synthese scheint durch Hydrazinverbindungen gehemmt zu werden, da die GABA-Konzentration nach Verabreichung derartiger Verbindungen abnimmt. Die konvulsiven Eigenschaften von Hydrazinverbindungen wurden daher mit der Abnahme der GABA-Konzentration korreliert (*Balzer et al.* 1960, *Maynert* und *Kaji* 1962).

Es fehlt daher nicht an Versuchen, Substanzen zu entwickeln, die eine Konzentrationserhöhung von GABA bewirken. Dazu gehören Hemmer der GABA-T wie Aminooxyessigsäure, Zykloserin usw. (*Baxter* und *Roberts* 1959, *Dann* und *Carter* 1964, *Gelder* 1966, *Wallach* 1961) sowie direkte GABA-Rezeptorstimulatoren, wie z. B. Progabid.

Substanz P

Dieses Polypeptid wurde in beträchtlicher Menge im Intestinum nachgewiesen, wo es ein Mediator myenterischer Reflexe sein dürfte. Im Nervensystem wurden hohe Konzentrationen in der dorsalen Wurzel des Rückenmarks und im Hypothalamus sowie in der Substantia nigra nachgewiesen. Synthese und Metabolismus sind noch Gegenstand von Untersuchungen.

Substanz-P-immunofluoreszierende Bahnen sind in mehreren Kernen des extrapyramidalen Systems nachgewiesen worden. Ein dichtes Netzwerk derartiger Bahnen wurde in der Substantia nigra, im Nucleus subthalamicus und im Nucleus interpeduncularis nachgewiesen (*Hökfelt et al.* 1975, *Nilsson et al.* 1974). Substanz-P-positive Zellkörper befinden sich im Nucleus caudatus, im Putamen und im Globus pallidus (*Kanazawa et al.* 1977). Diese Zellkörper sind der Ursprung für Substanz-P-Bahnen in der Substantia nigra (*Hong et al.* 1977, *Kanazawa* 1977).

Dopaminerge Neurotransmission und Neuropeptide

Die endogene Synthese von Enkephalinen und verschiedenen Neuropeptiden ist für das zentrale Nervensystem nachgewiesen worden (*Elde et al.* 1976, *Simantow* und *Snyder* 1976). Physiologische Funktionen und Auswirkungen auf das Verhalten stehen erst am Beginn der Aufklärung. Einige Untersuchungen weisen allerdings auf die eminente Rolle dieser Neuropeptide bei der Verhaltenssteuerung hin.

Intraventrikuläre Verabreichung von β-Endorphin, nicht aber anderer opiatartiger Neuropeptide, führt im Tierexperiment zu einem Zustand der Immobilisation und zu muskulärer Rigidität (*Bloom et al.* 1976, *Izumi et al.* 1977).

Die Tiere reagieren in relativ kurzer Zeit mit einem Verhalten, das dem Schütteln nasser Hunde sehr ähnlich ist, mit totalem Muskelrigor und einem akinetischen Zustand (Katatonie). Dieser Effekt ist dosisabhängig: Bei niedrigen Dosierungen überwiegt der Muskelrigor, die Bewegung der Tiere kann aber durch äußere Reize noch stimuliert werden. Die Intensität des Rigors ist während der Nachtstunden, das heißt in der Zeit, in der die Tiere nachweisbar aktiver sind, nicht so stark ausgeprägt.

β-Endorphin ist aber kein „endogenes Neuroleptikum", da vergleichende Untersuchungen mit Haloperidol eine gute Differenzierung der tierexperimentellen Ergebnisse erlauben (*Bloom et al.* 1978). Naloxon hat z. B. keinen Einfluß auf durch Haloperidol bedingte Verhaltensänderungen, hebt aber die β-Endorphin-Wirkung vollständig auf. Diese ausgeprägten Effekte von β-Endorphin ließen die Vermutung aufkommen, daß diese Neuropeptide als ätiologischer Faktor bei Geisteskrankheiten in Frage kommen (*Bloom et al.* 1976) und daß Opiatantagonisten therapeutische Möglichkeiten zur Behandlung derartiger Krankheiten darstellen könnten. Die Ergebnisse klinischer Studien sind aber widersprechend. Während *Gunne et al.* (1977) gute Erfolge mit Naloxon bei der Behandlung von Gehörshalluzinationen beschrieben, konnten andere Autoren diese Befunde nicht verifizieren (*Davis et al.* 1977, *Janowsky et al.* 1977, *Volavka et al.* 1977).

Andere Untersuchungen weisen auf eine Korrelation von streßinduzierter Analgesie und vermehrter opiatähnlicher Aktivität im Gehirn hin (*Akil et al.* 1976, *Madden et al.* 1977), ein Befund, der von *Fratta et al.* (1977) nicht bestätigt wurde. Andererseits wurde bei Untersuchungen von Lumballiquor ein Defizit an endogenem Opiatkonzentrat nachgewiesen (*Akil et al.* 1978, *Terenius* und *Wahlström* 1975).

Daß endogene opiatähnliche Substanzen bei der Schizophrenie vermehrt werden, konnte die Gruppe um *Terenius* (siehe dazu *Gunne et al.* 1977) durch Messung derartiger Substanzen in der CSF von Patienten nachweisen. Die überwiegend negativen Erfolge mit Naloxon sind wahrscheinlich auf eine zu niedrige Dosierung des Antagonisten bzw. auf die Kürze des Effekts zurückzuführen (*Bloom et al.* 1978, *Akil et al.* 1978). Tatsächlich konnten *Akil et al.* (1978) den Nachweis erbringen, daß hohe Dosen von Naloxon signifikante Effekte auf Halluzinationen und Angstzustände, nicht jedoch auf andere Symptome der Schizophrenie ausüben. Naltrexon, ein Antagonist mit längerer Wirkungsdauer, zeigt ähnliche Effekte. Die klinischen Untersuchungen ergeben bis dato, daß Opiatantagonisten nur bei ausgewählten Patientengruppen und bei hoher Dosierung wirksam sind.

Verschiedene Untersuchungen an Tieren zeigen, daß Enkephaline das „Feuern" der Neuronen vermindern (*Frederickson* und *Morris* 1976) und β-Endorphin keine Hemmung des Dopamin-release-Vorgangs bewirkt (*Loh et al.* 1976).

Zwei unabhängige Feedback-loops scheinen die nigro-striären dopaminergen Bahnen und eine efferente Bahn, welche zwei Bahnen vom Nucleus caudatus zum Globus pallidus einschließt, zu regulieren (*Costa et al.* 1978). Der eine dürfte GABA-erg, der andere enkephalinerg sein.

Die beiden Loops, die dopaminerge Neuronen regulieren, sind:
1. der strio-nigrale Loop, der die Erregung der dopaminergen Zellkörper steuert, und
2. ein kurzer axonaler Loop im Striatum, der auf den dopaminergen Nervenenden aufsitzt und enkephalinerge Neuronen einschließt. Dieser Loop reguliert die Menge an Dopamin, die von den nigro-striären Nervenenden freigesetzt wird, über Opiatrezeptoren, die auf dopaminergen axonalen Enden sitzen. Dieser Loop reguliert daher unabhängig von einer Veränderung der „Feuer"-Rate dopaminerger Neuronen den Dopamin-release von Nervenenden. Enkephalinerge Synapsen hemmen transsynaptisch den GABA-Metabolismus, modulieren aber nicht jenen cholinerger Neuronen. Wahrscheinlich haben Enkephaline auch hemmenden Einfluß auf dopaminerge Neuronen (*Schwartz et al.* 1978).

GABA-erge, cholinerge und enkephalinerge Neuronen werden aber nicht nur durch dopaminerge, sondern auch durch einen stimulierenden afferenten Input des Kortex (glutaminerg) gesteuert.

Experimente bezüglich des Verhaltens von MET-Enkephalinen und Morphin auf die Stimulierbarkeit der dopaminsensitiven Adenylatzyklase haben keine Veränderung der Basalaktivität und keine Beeinflussung der Stimulierbarkeit durch Dopamin ergeben (*Racagni et al.* 1978). Enkephaline üben einen stimulierenden Effekt auf den Dopamin-Umsatz (Turnover) im Striatum und in limbischen Regionen aus, wobei der Effekt auf letztere Regionen stärker ist. Haloperidol führt zu einer Konzentrationserhöhung von Enkephalinen im Striatum.

Die durch β-Endorphin auslösbare Akinesie kann durch Apomorphin und Naloxon verhindert werden. α-Methyl-p-Tyrosin verstärkt die Wirkung von β-Endorphin.

Ein Zusammenhang zwischen serotonergem System und β-Endorphin ist durch eine Verstärkung der Akinesie mittels 5-HTP augenscheinlich. β-Endorphin erhöht den Serotonin-Spiegel besonders im Mittelhirn (Raphe). Das Mittelhirn enthält hohe Konzentrationen von Opiatrezeptoren.

Met- und Leu-Enkepahlin sowie CCK-8 (Cholecystokinin-8) sind in Regionen angereichert, in welcher auch Dopamin konzentriert ist (z. B. den Basalganglien). Es bestehen daher mögliche funktionelle Verbindungen zwischen biogenen Aminen und Neuropeptiden. Diese Annahme (siehe auch S. 52) wird durch direkte Verschaltung derartiger Systeme untermauert. Zum Beispiel ist CCK-8 in Dopamin-/CCK-Koexistenz-Regionen an der Regulierung der Dopaminfreisetzung beteiligt (*Markstein* und *Hökfelt* 1984). Opiatrezeptoren sind sowohl an dopaminergen Nervenenden als auch an dopaminergen Zellkörpern der Substantia nigra lokalisiert. Opiate verstärken die Motoraktivität bei Injektion in die Substantia nigra und das ventrale Tagmentum. Veränderungen der Neuropeptidmodulatoren bei der Parkinson-Krankheit sind auf S. 52 beschrieben.

Neuronale Kompensationsmechanismen

Dem Neuron stehen für physiologische und pathophysiologische Einflüsse mehrere Mechanismen zur Erhaltung eines dynamischen Gleichgewichtszustandes zur Verfügung:

1. *intraneuronale* Rückkopplungsfunktionen, z. B. Steuerung der Tyrosinhydroxylaseaktivität durch Autorezeptorstimulation mit verstärkter Hemmung der Enzymaktivität bei erhöhter Rezeptoraktivität;

2. *interneuronale* Steuerung, z. B. Steuerung der nigro-striären dopaminergen Aktivität über Beeinflussung cholinerger, GABA-erger, peptiderger Neuronen im strio-nigralen System;

3. bei degenerativen Prozessen zusätzliche Kompensationsmöglichkeit über *neuronale Sprossung;*

4. durch eine beachtliche *Reservekapazität von Neuronen,* wobei ein Verlust von etwa zwei Drittel der Dopaminneuronen in der Substantia nigra zu klinischer Manifestation der Parkinson-Krankheit führt oder etwa ein Zweidrittelverlust cholinerger Nucleus-basalis-Meynert-Neuronen zur Demenz entscheidend beiträgt. Eine Reservekapazität von rund zwei Drittel der Neuronen dürfte daher von allgemeingültiger Gesetzmäßigkeit sein und ein wichtiges Fundament langwährender Aufrechterhaltung von Verhaltensweisen darstellen. Der Ausfall von Neuronen wird dabei lange Zeit von artgleichen Neuronen funktionell durch erhöhte Aktivität ausgeglichen.

Biochemische Veränderungen bei der Parkinson-Krankheit
Dopamin

Es gilt als gesichert, daß beim Parkinson-Syndrom des Menschen eine sehr charakteristische Veränderung im Chemismus bestimmter Kerne des extrapyramidal-motorischen Systems vorliegt. Die Konzentration von Dopamin ist im Striatum und in der Substantia nigra signifikant vermindert (*Ehringer* und *Hornykiewicz* 1960). Dieser Dopamin-Mangel ist für das Parkinson-Syndrom offenbar besonders charakteristisch, da ein ähnlich starker Abfall dieses Neurotransmitters bei anderen Erkrankungen des extrapyramidal-motorischen Systems, z. B. bei der Chorea Huntington, nicht vorliegt. Obwohl auch andere als die angegebenen Kerne ein Defizit an Dopamin aufweisen (Abb. 10), kann

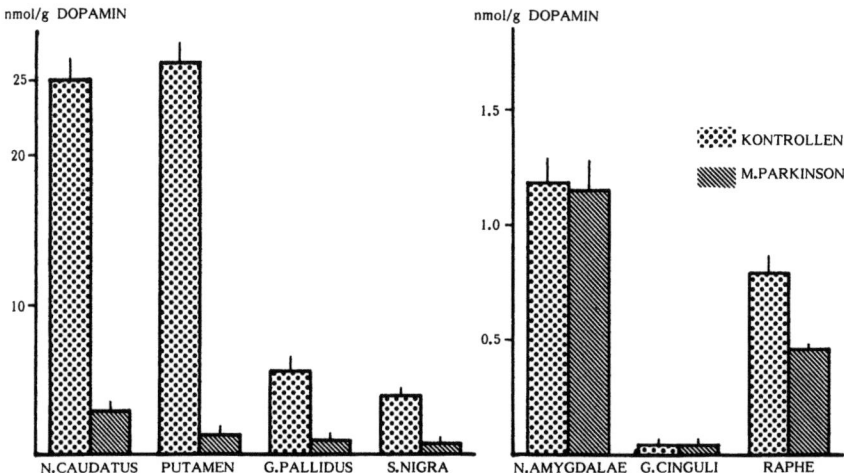

Abb. 10. Dopamin-Defizit bei der Parkinson-Krankheit in verschiedenen Arealen des Gehirns. 1. Säule: Kontrollen, 2. Säule: M. Parkinson. Aus: *Birkmayer, W., Jellinger, K., Riederer, P.;* in: Psychobiology of the Striatum. Elsevier/North-Holland. 1977

man doch sagen, daß die extreme Verminderung an Dopamin auf die angegebenen Kerne beschränkt ist, wodurch die von *Carlsson et al.* (1958) wie auch die von *Bertler* und *Rosengren* (1959) aufgestellte Hypothese, daß Dopamin eine physiologische Bedeutung für das extrapyramidal-motorische System hat, wahrscheinlich wird. Das Symptom Akinesie kann mit dem Dopamin-Mangel im Corpus striatum und in der Substantia nigra korreliert werden, während Rigor und Tremor, bedingt durch ihre schlechte Beeinflußbarkeit durch L-Dopa, noch andere biochemische Störungen beinhalten.

Abb. 11 zeigt den Zeitverlauf der Dopamin-Abnahme im Nucleus caudatus einer Kontrollgruppe im Vergleich zu zwei Parkinson-Gruppen, die sich prinzipiell nur durch den verschiedenen Krankheitsbeginn unterscheiden (*Riederer* und *Wuketich* 1976). Die Abb. 11 zeigt einerseits, daß auch die Kontrollgruppe einem mit zunehmendem Alter merklichen Dopamin-Verlust unterliegt. Diese Abnahme liegt im Durchschnitt bei etwa 13% pro Dezennium. Die Parkinson-Patienten, die in jeder Gruppe mit etwa gleichem Alter die ersten Symptome der Krankheit zeigten, dann aber nach verschiedenen Zeiten verstarben, las-

Biochemische Veränderungen bei der Parkinson-Krankheit

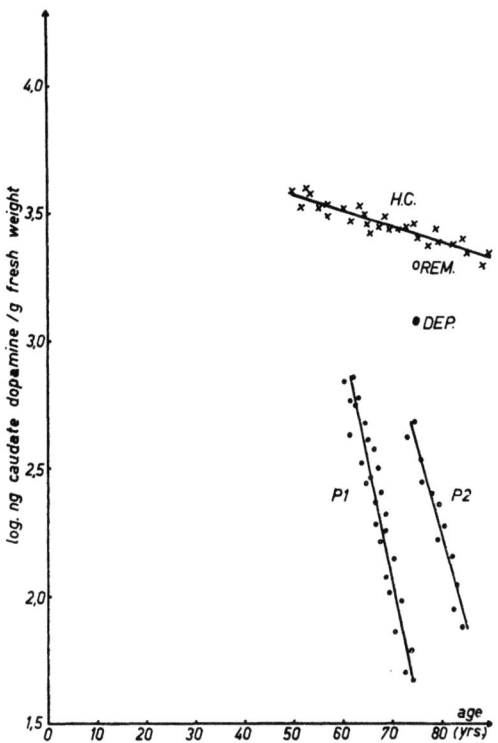

Abb. 11. Der Dopamin-Gehalt des Nucleus caudatus in Abhängigkeit vom Lebensalter (H.C.) bzw. von der Dauer der Parkinson-Krankheit (P1, P2). *H.C.* 28 Kontrollen (r = 0,966, p < 0,001); *REM* 1 Patient mit chronisch endogener Depression, der in einer Remissionsphase verstorben war; *DEP* Mittelwert von 3 Patienten, die an chronisch endogener Depression litten und während einer Depressionsphase eines natürlichen Todes starben; *P1* 27 Patienten mit Parkinson-Krankheit, Beginn der Erkrankung mit 61 Jahren (r = 0,974, p < 0,001); *P2* 12 Patienten mit Parkinson-Krankheit, Beginn der Erkrankung mit 73 Jahren (r = 0,977, p < 0,001)

Patienten	Altersgruppe (Jahre)	Verlust von Dopamin (%) im N. caudatus	
H.C. (Kontrollen)	45—55 (4)	15,3	
	56—65 (7)	15,7	
	66—75 (8)	9,8	= 12,87 ± 3,05 (s.d.)
	76—85 (6)	10,7	
	86—95 (3)		
P1	61—67 (14)	28,55 ± 9,0	
	67—73 (13)	46,55 ± 6,85	
P2	74—80 (9)	28,3 ± 4,16	
	80—84 (3)	38,6 ± 5,79	

Aus: *Riederer, P., Wuketich, S.*, J. Neural Transm. *38*, 277 (1976).

sen einen sehr starken Dopamin-Abfall mit Fortschreiten der Krankheit erkennen. Die Untersuchungen lassen erkennen, daß ein Dopamin-Verlust von etwa 70% notwendig ist, um die Symptome der Parkinson-Krankheit augenscheinlich werden zu lassen. Zusätzlich ist erkennbar, daß die Progression des Dopamin-Verlustes mit zunehmender Degeneration der nigro-striären Bahn zunimmt. Da alle diese Patienten L-Dopa in verschiedenen Präparaten erhielten, kann der Schluß gezogen werden, daß L-Dopa die Progression der Krankheit nicht aufhalten kann. Andererseits wird auch klar, daß Dopa-Präparate an Wirksamkeit verlieren müssen, je fortgeschrittener die Krankheit ist. Derzeit ist allerdings nicht klar, ob der Krankheitsverlauf ein linearer ist, das heißt, ob eine zeitlich gleichmäßige Degeneration stattfindet. Da in Abb. 11 eine logarithmische Darstellung der Daten augenscheinlich wird, ist eher mit einer Beschleunigung des Verlaufes zu rechnen.

Im Endstadium der Parkinson-Krankheit nehmen, wie im Kapitel „Klinik" ausgeführt ist, die On-off-Phasen zu. Sie werden mit zunehmender Krankheitsdauer häufiger und dauern immer länger. *Danielczyk* (1973) hat erstmals „akinetische Krisen" beschrieben. Diese Patienten sind therapeutisch sehr schwer einzustellen, und schließlich wirken dopaminerge Substanzen nicht mehr. Der Patient stirbt dann in einer solchen Phase. Wir konnten in einigen wenigen Fällen post mortem Untersuchungen durchführen und haben dabei festgestellt, daß der Dopamin-Gehalt bei derartigen Fällen noch weit unter jenen Werten liegt, die bei Parkinson-Kranken ohne „akinetische Krisen" erhoben wurden (Tab. 1). Bei Fällen mit „akinetischen Krisen" scheint daher das präsynaptische Nervenende total degeneriert zu sein, da auch jeglicher Therapieversuch fehlschlägt. Da bei „akinetischen Krisen" die postsynaptischen Rezeptoren (sofern sie intakt sind) theoretischen Vorstellungen zufolge „supersensitiv" sein müßten, sollte die Behandlung dieser „akinetischen Krisen" mit Substanzen wie 2-Brom-α-ergokryptin erfolgreich sein, eventuell noch erfolgreicher als bei Bestehen inhibierender präsynaptischer Autorezeptoren. Da auch derartige Substanzen keine Effekte zeigen, liegt ein klinischer Hinweis dafür vor, daß auch postsynaptische Rezeptoren ihre Funktionstüchtigkeit einbüßen. Anhand biochemischer Daten soll dies später noch näher erläutert werden (siehe Kapitel „Therapie", S. 43).

Die erwähnten Befunde bezüglich des Dopamin-Gehalts in Gehirnen Parkinson-Kranker finden eine Unterstützung durch die Daten, welche bei der Bestimmung der Tyrosinhydroxylase in verschiedenen Gehirnarealen erhalten wurden (Tab. 3). Auch hier erkennt man in Übereinstimmung mit den Dopamin-Werten, daß die größten Verluste an Aktivität dieses die Geschwindigkeit bestimmenden Enzyms des Katecholaminstoffwechsels im Corpus striatum und in der Substantia nigra auftreten. Diese Befunde stehen im Einklang mit jenen von *McGeer et al.* (1976), *Nagatsu et al.* (1977) und *Lloyd et al.* (1975). Die verminderte Aktivität läßt sich nicht mit der Möglichkeit einer Hemmung des Enzyms durch vorangegangene Dopa-Therapie erklären, da diese Art der Therapie aus klinischen Gründen bei allen Patienten 2–5 Tage vor dem Tod abgesetzt werden mußte und auch ein Patient, der niemals L-Dopa in irgendeiner Form erhielt, in der Substantia nigra signifikant niedrigere Aktivitäten zeigte als Kontrollen. Neuere tierexperimentelle Untersuchungen bestätigen unsere Ergebnisse (*Melamed et al.* 1980).

Zusätzlich zur Degeneration der nigro-striären dopaminergen Neuronen konnte ein signifikanter Verlust der Tyrosinhydroxylaseaktivität im ventralen Tegmentum nachgewiesen werden, wodurch die Existenz eines dopaminergen mesolimbischen Systems im Gehirn des Menschen wahrscheinlich wird (*Javoy-Agid* und *Agid* 1980). Es besteht außerdem Hinweis für eine dopaminerge kortikale Projektion von der Substantia nigra und dem ventralen Tegmentum aus. Mesolimbische und mesokortikale Dopamindefizite könnten daher für psychiatrische Symptome der Erkrankung und Nebeneffekte als Folge der medikamentösen Behandlung verantwortlich sein (*Birkmayer* und *Riederer* 1975a, *Javoy-Agid et al.* 1981).

Wir konnten außerdem zeigen (*Riederer et al.* 1978a), daß auch die Tyrosinhydroxylase im Nebennierenmark signifikant vermindert ist. Da *Dairman* und *Udenfried* (1972) in Tierversuchen gezeigt haben, daß nur sehr hohe Dosen an L-Dopa (1 g/kg) zu einer etwa 50%igen Verminderung der Aktivität von Tyrosinhydroxylase im Nebennierenmark führen, die von uns nachgewiesenen Aktivitäten aber noch weit darunter sind (Tab. 3) – wobei die Patienten längere Zeit vor dem Tod ohne L-Dopa waren –, kann auch hier ein Therapieeffekt ausgeschlossen werden. Diese Daten lassen daher den Schluß zu, daß die Parkinson-Krankheit entweder eine den ganzen Körper betreffende Erkrankung ist und nicht nur eine Störung der dopaminergen nigro-striären Bahn vorliegt oder daß die reduzierte Tyrosinhydroxylaseaktivität im Nebennierenmark durch eine Imbalance zentraler Neurotransmittersysteme ausgelöst wird. Obwohl aus verschiedenen Gründen beide Arbeitshypothesen attraktiv sind, neigen wir eher zur zweiten Ansicht. Experimentelle Hinweise liegen nämlich dafür vor, daß ein Anstieg der Nebennieren-TH-Aktivität mit der Stimulierung zentraler Dopamin-Rezeptoren assoziiert ist. Auch die Zerstörung serotonerger Neuronen erhöht die TH-Aktivität im Nebennierenmark (*Quik* und *Sourkes* 1977). Es ist vermutet worden, daß die Aktivität dopaminerger Neuronen durch inhibierende serotonerge Systeme kontrolliert wird. Wie später gezeigt wird, ist der Serotonin-Gehalt in vielen Regionen des

Tabelle 3. *Tyrosinhydroxylase in verschiedenen Gehirnarealen beim Morbus Parkinson*

Gehirnareale		Kontrollen	M. Parkinson
N. caudatus	(15)	27,8 ± 2,3	3,5 ± 1,0 (6)*
Putamen	(5)	16,2 ± 5,9	1,2 ± 0,4 (6)*
S. nigra	(4)	19,4 ± 6,2	4,9 ± 1,8 (4)*
L. caeruleus	(4)	3,3 ± 0,1	2,0 ± 0,6 (2)
N. ruber	(5)	5,7 ± 1,9	2,1 ± 1,4 (3)
Raphe + R.F.	(4)	0,9 ± 0,6	1,5 ± 0,4 (5)
Hypothalamus	(5)	3,1 ± 1,0	1,5 ± 0,3 (3)
C. mamillare	(5)	0,6 ± 0,4	0,5 ± 0,9 (2)
N. accumbens	(5)	2,0 ± 0,7	2,7 ± 2,2 (3)
Nebenniere (Medulla)	(5)	186,2 ± 5,5	49,7 ± 12,4 (4)*

Anzahl der Patienten in Klammern.
Mittelwerte ± sem (nmol Dopa/g-Gewebe.Stunde).
* $p < 0{,}01$.

Gehirns von Parkinson-Kranken vermindert. Der Konzentrationsabfall ist allerdings weit geringer als jener von Dopamin, so daß eine erhöhte Bereitschaft serotonerger neuronaler Systeme zur Hemmung dopaminerger vorliegen könnte.

Andere Untersuchungen sprechen dafür, daß eine gestörte dopaminerge-cholinerge Balance im Gehirn zu einer Reduzierung der TH-Aktivität im Nebennierenmark führen kann (*Ulus et al.* 1977, *Lewander et al.* 1977).

Die Aktivität der aromatischen Aminosäuredekarboxylase ist sowohl für L-Dopa als auch für 5-Hydroxytryptophan im Putamen von Parkinson-Kranken reduziert (*Lloyd* und *Hornykiewicz* 1972, *Rahmon et al.* 1981).

Im Gegensatz zum synthetisierenden Enzym TH ist die Aktivität eines metabolisierenden Enzyms, MAO, bei der Parkinson-Krankheit nicht verändert (Abb. 12A, B). Diese Befunde stimmen mit jenen von *Bernheimer et al.* (1962) prinzipiell überein. Neben der Ausdehnung der Untersuchungen von MAO auf mehrere andere Kerngruppen ergibt die Aufschlüsselung der Daten nach Sterbezeit einen interessanten Einblick in die Tagesrhythmik dieses Enzyms. Die Aktivität von MAO ist am höchsten während des Nachmittags. Dieser Befund könnte mit dem bevorzugten Auftreten von Off-Phasen zu dieser Zeit zusammenhängen, da von der L-Dopa-Mittagsdosis durch Nahrungszufuhr und

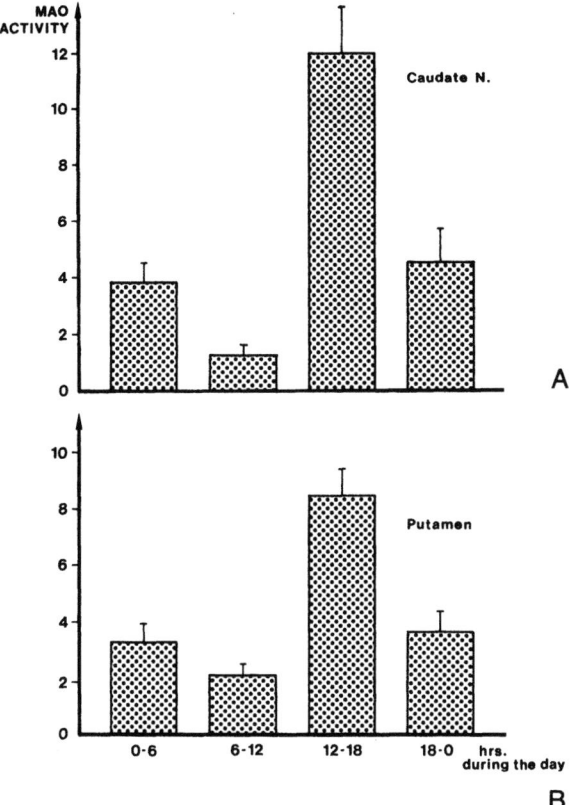

Abb. 12 A und 12 B. Zirkadiane Veränderungen der Aktivität von Monoaminoxidase in verschiedenen Regionen des menschlichen Gehirns. MAO-Aktivität (nmol 4-Hydroxyquinolin/mg Protein 20 min Inkubation), x ± sem, N Kontrollgruppe, P Parkinson-Patienten ohne L-Dopa-Therapie, T Parkinson-Patienten mit Madopar-Therapie. Aus: *Birkmayer, W., et al.*, J. Neural Transm. *36*, 303 (1975)

kompetitive Wechselwirkung mit anderen Aminosäuren ein beträchtlicher Teil an Dopa nicht das Gehirn erreicht und das synthetisierte Dopamin zusätzlich schneller desaminiert wird. Die guten therapeutischen Erfolge mit (—)Deprenyl, einem selektiven, „sauberen" MAO-Hemmer (siehe Kapitel „Therapie", S. 119), sind ein Hinweis für die Richtigkeit dieser Annahme. Der einzige Grund scheint es aber nicht zu sein.

Diese normalen MAO-Werte sind ein entscheidender Befund, zeigen sie doch, daß diejenigen morphologischen Strukturen, die MAO enthalten, vom degenerativen Prozeß eventuell verschont bleiben.

Das Konzept der multiplen Dopaminrezeptoren

Es gibt genügend Hinweise für die Existenz mehrerer Dopaminrezeptoren im Gehirn, wobei unterschiedliche physiologische Funktionen wahrscheinlich sind. Prinzipiell wurden präsynaptische „Autorezeptoren" und postsynaptisch lokalisierte Dopaminrezeptoren nachgewiesen und in verschiedenen Klassifikationsschemata beschrieben (*Cools* und *van Rossum* 1976, *Kebabian* und *Calne* 1979, *Seeman* 1980, *Clark et al.* 1985). Die Schwierigkeit der Zuordnung physiologischer Funktionen lassen das zu weit aufgefächerte Konzept der „multiplen Rezeptoren" (Autorezeptoren, D1-, D2-, D3-, D4-Rezeptoren) zweifelhaft erscheinen. Ausgehend von einer funktionellen Betrachtungsweise, lassen sich vorwiegend präsynaptische Rezeptoren mit Auswirkungen auf die Biosyntheserate von Dopamin sowie postsynaptische durch Bindungstechniken mit radioaktiv markierbaren Agonisten bzw. Antagonisten charakterisierbare Dopaminrezeptoren mit Korrelation zu, z. B. Motorfunktionen darstellen. Danach gibt es D1- und D2-Rezeptoren mit jeweils hoch und niedrig affinen Bindungsstellen, welche Konformationszustände der Rezeptormembran charakterisieren.

Neuerdings wurde das Konzept der „Autorezeptoren" in Frage gestellt und durch ein solches von „Heterorezeptoren" ersetzt (*Laduron* 1984).

Menge und Verfügbarkeit von Dopamin werden im Striatum durch das geschwindigkeitsbestimmende Enzym Tyrosinhydroxylase reguliert. Das Enzym reagiert daher auf Veränderungen im Neuron, welche durch Speicherung, Freisetzung, Impulsfluß und Metabolismus gegeben sind. Die Endprodukthemmung des Enzyms über Dopamin wird unterstützt durch die rezeptorabhängige Kontrolle des Nervenimpulsflusses. Stimulation von Autorezeptoren (*Carlsson* 1975) bewirkt verringerte Biosynthese, Freisetzung und neuronale Aktivität, während Blockade entgegengesetzte Wirkung hat (ob limbische dopaminerge Neuronen Kompensationsmechanismen einschließlich Autorezeptorregulation und überempfindliche postsynaptische Rezeptoren besitzen, ist derzeit noch Gegenstand intensiver Forschung).

Postsynaptische Rezeptoren im Striatum wirken auf die Aktivität präsynaptischer Neuronen über nichtdopaminerge neuronale Bahnen (GABA, Substanz P) zurück (z. B. wirkt die strio-nigrale Bahn auf die dopaminerge nigro-striatale Aktivität). Dopaminerge Agonisten reduzieren daher den präsynaptischen Impulsfluß über Stimulierung postsynaptischer dopaminerger Rezeptoren auf cholinergen Neuronen, während Antagonisten zu einer Stimulierung von Impulsfluß, Synthese und Freisetzung führen, mit dem Ziel, die Blockade des Rezeptors zu beseitigen. Aktivierung präsynaptischer Rezeptoren und Blockade postsynaptischer dopaminerger Rezeptoren auf cholinergen Neuronen verursachen daher ähnliche Verhaltensveränderungen. Da die präsynaptischen Rezeptoren eine höhere Affinität zum Liganden haben, kann bei zu geringer Dosierung eines Agonisten initial z. B. Hypomotilität (Aktivierung des Autorezeptors) die Folge sein.

Postsynaptische Rezeptoren werden häufig als D1- und D2-Rezeptoren klassifiziert, wobei dem adenylatzyklaseunabhängigen D2-Rezeptor durch seine gute Charakterisierbarkeit mittels Agonisten und Antagonisten bzw. seine funktionellen Korrelate zur Zeit noch entscheidendere Bedeutung zukommt. Der adenylatzyklaseabhängige D1-Rezeptor (als Enzym häufig nicht als Rezeptor anerkannt) wird erst in letzter Zeit durch selektive Agonisten und Antagonisten besser definiert, so daß die Abklärung seiner Funktion erleichtert wird. Der D1-Subtyp wirkt über Dopaminstimulierung der Adenylatzyklase. Neuere Untersuchungen zeigen, daß die Möglichkeit einer Hemmung der Adenylatzyklaseaktivität durch Stimulierung des D2-Rezeptors nicht auszuschließen ist (*Stoof* und *Kebabian* 1981, *Cote et al.* 1983). D3- und D4-Rezeptoren könnten eventuell auch als hochaffine Agonistenzustände von D1- und D2-Bindungsstellen bezeichnet werden (*Bacopoulous* 1983).

Autorezeptoren

Die von *Carlsson* (1975) beschriebene präsynaptisch lokalisierten dopaminergen Autorezeptoren können durch selektive Agonisten charakterisiert werden. Von diesen sind (+)- und (-)-3-PPP (3-Hydroxyphenyl-N-n-propylpiperidin) derzeit am besten charakterisiert. Das pharmakologische Spektrum der beiden Enantiomeren ist unterschiedlich. (+)-3-PPP ist ein starker Autorezeptoragonist und ein schwacher Agonist an postsynaptischen Dopaminrezeptoren, während (-)-3-PPP ein starker Autorezeptoragonist bei antagonistischer Wirkung auf postsynaptische Dopaminrezeptoren ist. Funktionell scheint (-)-3-PPP eine vorzugsweise antidopaminerge Aktivität in limbischen Arealen aufzuweisen. Ferner kommt (-)-3-PPP als antipsychotische und antidyskinetische Substanz bei Abwesenheit extrapyramidaler Nebeneffekte für Erkrankungen wie Schizophrenie, Psychosen, eventuell auch als Adjuvans gegen Nebeneffekte einer Antiparkinsontherapie als zukünftiges Medikament in Frage (*Hjorth* 1983, *Häggström et al.* 1984, *Arnt* und *Hyttel* 1984).

Biochemische Aspekte dopaminerger Agonisten

Es gibt genügend Hinweise für eine primär präsynaptische Degeneration dopaminerger nigro-striärer Nervenenden, während der postsynaptische Teil relativ intakt bleibt. Dieser Typ einer Denervierung bewirkt tierexperimentellen Befunden zufolge eine Überaktivität postsynaptischer Rezeptoren, mit dem Ziel, den Verlust an Stimulus durch erhöhte Rezeptoraktivität auszugleichen (Denervierungsüberempfindlichkeit nach *Ungerstedt* 1971). Dieses Konzept hat daher zur Entwicklung der sogenannten dopaminergen Agonisten geführt, welche bei der Parkinson-Krankheit die intakten postsynaptischen Rezeptoren stimulieren sollen, ohne das präsynaptische Nervenende als Mittler des Stimulus zu benötigen (wie es z. B. bei der L-Dopa-Therapie notwendig ist) (*Corrodi et al.* 1973, *Calne et al.* 1974, *Flückiger* und *Vigouret* 1981, *Fuxe et al.* 1974, *Horowski* und *Wachtel* 1976, *Schachter et al.* 1980).

Tabelle 4. *Hemmung der ^{3}H-Spiroperidol-Bindung an das Putamen (Post-mortem-Gewebe des Menschen) durch dopaminerge Agonisten*

	IC_{50} (nM)
6-n-Propyl-TDHL	<1,0
Lisurid	7,5
TDHL*	9,5
Bromocriptin	36,0
Pergolid	75,0
CQ-32084	87,0
CF-25397 Tartrat	550,0
CU-32085	710,0
CM 29712 MS	5000,0

* TDHL = Trans-Dihydro-Lisurid (Tergurid).
Die IC_{50}-Werte geben an, bei welchen Konzentrationen (nM) die angeführten Substanzen die spezifische Bindung von tritiummarkiertem Spiroperidol an das Putamen zu 50% blockieren.

Der am besten untersuchte und auch im Handel befindliche dopaminerge Agonist ist Bromocriptin*, welcher sowohl als Mono- als auch in Form der Kombinationstherapie mit anderen Antiparkinsonmitteln wirksam ist. Daneben gibt es aber eine ganze Reihe anderer Substanzen mit Ergolinstruktur (Tab. 4), welche mit Dopaminrezeptoren des Striatums interferieren: Lisurid, Transdihydrolisurid und andere (siehe auch S. 155). Selektivität von Dopaminagonisten für das Striatum ist allerdings derzeit kaum zu erreichen, und die meist dosisabhängige Wirkung auf präsynaptische Rezeptoren ist gelegentlich auch bei Therapiestart in Form einer kurzfristigen Beeinträchtigung der Kinesie zu bemerken. Die Annahme überempfindlicher Rezeptoren beschränkt sich auf die sogenannte „kompensierte Phase" der Erkrankung, in wel-

---

* In Österreich: Umprel®, in der BRD: Pravidel®, in der Schweiz: Parlodel®.

cher therapeutische Erfolge noch möglich sind und wahrscheinlich mit einer Herabregulierung der Rezeptoraktivität – ausgedrückt als Rezeptordichte – gekoppelt ist. Subsensitive Rezeptoren sind Ausdruck postsynaptischen Funktionsverlustes durch Denervierung, des Einflusses einer Pharmakotherapie oder des Absinkens der Stimulierbarkeit unter einen Schwellenwert. Der Verlust von Rezeptorstellen ist daher Ausdruck einer „dekompensierten Phase", welche sehr häufig mit dem akinetischen Endzustand von Parkinson-Kranken korreliert. Studien mit Tieren bestätigen eine derartige Annahme bzw. die Möglichkeit der Transformation supersensitiver in subsensitive Rezeptorzustände als Folge chronischer Denervierung (*Fuxe et al.* 1981).

D1-Rezeptor-Aktivität

Dopaminsensitive Adenylatzyklase ist assoziiert mit postsynaptischen Membranen und ist in nigro-striären und mesolimbischen Strukturen des Gehirns gegenwärtig (*Kebabian et al.* 1972). Obwohl nicht ganz unwidersprochen, wird dieser Rezeptor D1-Rezeptor genannt. Bei der Parkinson-Krankheit (kinetische Patienten) ist der Basalwert von cAMP nicht verändert (Tab. 5), während er bei akinetischen Endzuständen reduziert ist (Tab. 5). Patienten, die interkurrent verstarben, aber während des Verlaufs der Erkrankung auf Therapie gut ansprachen, zeigten eine Stimulierbarkeit des Enzyms mit Dopamin (100 μM). Dieser Effekt ist allerdings signifikant niedriger als bei Kontrollen. Bei Patienten mit therapieresistenten akinetischen Krisen konnte keine Enzymstimulation erreicht werden (Abb. 13). Die geringe Stimulationsbereitschaft bei 1 μM Dopamin könnte eventuell Ausdruck der Überempfindlichkeit sein. Der Einfluß von Antiparkinsonsubstanzen auf Basalwert und Stimulierbarkeit zeigt keine Veränderungen an, mit Ausnahme anticholinerger Substanzen, welche sowohl Basalaktivität als auch Stimulierbarkeit ungünstig beeinflussen (*Riederer et al.* 1978b). Diese Daten stehen prinzipiell in gutem Einklang mit jenen von *Shibuja* (1979), während *Nagatsu et al.* (1978) bei limitierter Fallzahl (n = 3) und großem Streubereich eine erhöhte Stimulationsrate durch Dopamin nachwiesen. cAMP-abhängige Proteinkinase ist bei der Parkinson-Krankheit verringert (*Kato et al.* 1979); dieser Befund steht damit in Einklang mit der Annahme, daß die Proteinphosphorylierung gestört sein könnte, wodurch es auf der Ebene molekularer Grundprozesse (DNS, m-RNS) zu Störungen einschließlich (Rezeptor-)Proteinsynthese kommen kann. In diesem Sinne sind Befunde zu verstehen, welche einen Anstieg der Histonkonzentration in der Substantia nigra nachweisen, während dieser Effekt in anderen Gehirnregionen nicht oder im Sinne einer Verminderung vorkommt (Tab. 6). Es scheint daher der Degenerationsvorgang mit einem Verlust der Transkriptionsrate

Tabelle 5. *Stimulierung der Adenylatzyklase durch Dopamin bei der Parkinson-Krankheit*

	cAMP (pmol/mg/min)	
	Basalwerte	dopamin-stimuliert (100 µM)
Kontrollen (4)	54,2 ± 7,3	90,3 ± 16,5+
Leberzirrhosen (5)	65,1 ± 13,8	45,2 ± 8,9
Karzinome (4)	47,9 ± 12,9	33,7 ± 11,6
M. Parkinson		
A: kinetische Patienten (4)	53,4 ± 5,3	73,6 ± 4,3+*
a) Nomifensin (2)	54,2	65,3
B: therapieresistente akinetische		
Krisen (8)	46,7 ± 11,9	44,3 ± 8,6**
a) Madopar® (6)	79,9 ± 13,9	57,8 ± 10,9
b) Deprenyl (6)	61,7 ± 14,9	47,9 ± 9,2
c) Bromocriptin (6)	76,6 ± 3,3	65,3 ± 10,6
d) 1-Amino-Adamantan (5)	78,5 ± 10,6	61,4 ± 9,2
e) Clomipramin (4)	69,3 ± 8,3	52,1 ± 8,9
f) Anticholinergika (3)	47,2 ± 6,4	33,0 ± 9,9

+ p < 0,01 im Vergleich zu den Basalwerten.
* p < 0,01 im Vergleich zu den Kontrollen (100 µM DA).
** p < 0,01 im Vergleich zu kinetischen Parkinson-Patienten (100 µM DA).

Aus: *Riederer et al.*, J. Neural Transm., Suppl. *14*, 6 (1978 b).

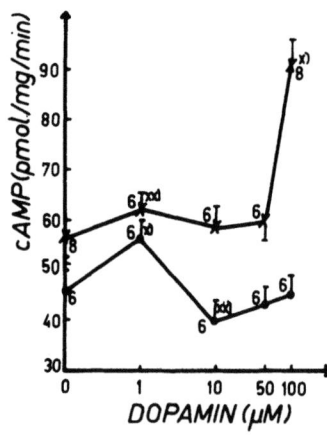

Abb. 13. In-vitro-Stimulation der Adenylzyklase durch Dopamin im Nucleus caudatus. Mittelwerte ± sem (cAMP pmol/min. mg Protein). x p < 0,01 im Vergleich zu den Basalwerten, xx p < 0,05 im Vergleich zu den Kontrollen (100 µM DA), X Kontrollen, * M. Parkinson (akinetische Krisen). Aus: *Riederer, P., et al.*, J. Neural Transm., Suppl. 14, 153 (1978b).

Tabelle 6. *Histone (µg/g) bei Parkinson-Krankheit*

Hirnregion	Kontrollen				Parkinson-Krankheit			
	H1	H2B	H4	n	H1	H2B	H4	n
Nucleus caudatus	14,0 ± 3,0	49,0 ± 8,0	13,7 ± 1,6	5	10,4 ± 1,9	25,3 ± 6,3	14,2 ± 1,8	3
Putamen	12,0 ± 3,8	48,8 ± 6,5	21,0 ± 2,9	4	8,7 ± 2,6	43,3 ± 7,7	18,1 ± 2,8	5
Pallidum	25,0 ± 3,8	60,0 ±12,2	23,0 ± 5,6	5	16,0 ± 3,8	37,5 ±11,6	13,8 ± 3,5	5
Substantia nigra	11,1 ± 4,0	37,7 ± 7,8	14,0 ± 2,8	4*	19,4 ± 2,9	78,5 ±19,8	25,2 ± 4,9	2*
Frontal-Rinde	9,9 ± 2,1	31,6 ± 3,6	14,8 ± 1,8	5	5,1 ± 1,9	38,6 ± 3,6	15,1 ± 1,1	5

Mittelwert ± SEM.
* 4 bzw. 2 Bestimmungen von gepoolten Regionen (8 Kontrollen; 6 Parkinson-Patienten).

verknüpft zu sein, wobei sich dieser als Anstieg der Gesamt-Histonfraktion ausdrückt (*Crapper et al.* 1982). Die Synthese von Proteinen kann daher im zentralen Nervensystem zusätzlich über synaptische Aktivität gesteuert werden (Abb. 14). Ist diese gestört, kann es über veränderte Chromatinkonformation, reduzierter Transkription und verringertem RNS-Gehalt zu einem veränderten Verhältnis von RNS zu

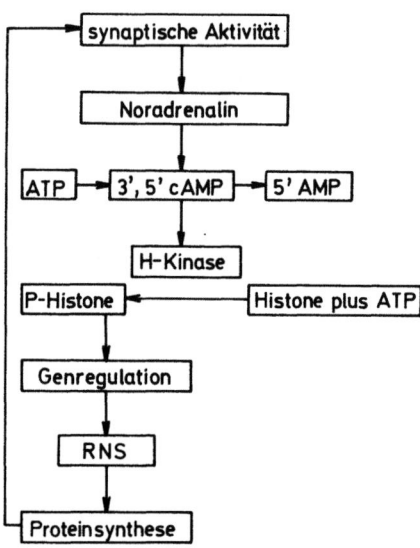

Abb. 14. Molekularbiologische Zusammenhänge zwischen synaptischer Aktivität und genetischer Information (vereinfachte Darstellung)

DNS kommen (*Ringborg* 1966, *Uemura* und *Hartmann* 1979, *Crapper et al.* 1979). Die altersabhängige Beeinträchtigung von Histon-Methylierbarkeit in Zellen, verminderte DNS-Methylierbarkeit, Abnahme der Phosphorylierbarkeit chromosomalen Histons in Nervenzellen, Abnahme der hybridisierbaren DNS im Gehirn, Verlust an Genen – zur Kodierung ribosomaler DNS im Zellkern – im Gyrus hippocampi und im somatosensorischen Kortex weisen auf eine zunehmende Störung in der genetischen Information alternder Zellen hin (Literatur bei *Riederer* und *Jellinger* 1983). Da bei der Parkinson-Krankheit viele Funktionsstörungen wesentlich stärker ausgeprägt sind als beim alten Menschen, sei die Hypothese erlaubt, daß ein pathogenetisch entscheidender Faktor der Parkinson-Krankheit in einem Fehler der Programmierung zur Synthese der Tyrosinhydroxylase liegen mag. Abnorme Proteinsynthese in Substantia nigra und Locus caeruleus ist bei dieser Erkrankung aufgrund histochemischer Befunde wahrscheinlich (*Issidorides et al.* 1978).

Obwohl die funktionelle Bedeutung des D1-Rezeptors lange Zeit in Frage gestellt wurde, ergeben Befunde mit selektiven Agonisten und Antagonisten erste Hinweise für selektive Funktionen dieses Rezeptortyps (siehe dazu *Kebabian et al.* 1984). Außerdem scheint eine gegenseitige Steuerungsmöglichkeit zwischen D1- und D2-Rezeptor möglich zu sein, wobei Stimulierung des D2-Rezeptors zu einer Hemmung der Synthese von cAMP führt (*Kebabian et al.* 1984).

Denervierungsüberempfindlichkeit oder Subsensitivität von Dopaminrezeptoren

Tierexperimentelle Studien haben gezeigt, daß präsynaptische Degeneration Überempfindlichkeit postsynaptischer Rezeptoren induzieren kann (*Ungerstedt* 1971). Die Tatsache, daß etwa zwei Drittel der dopaminergen Neuronen in der Substantia nigra zugrunde gehen müssen, bevor die Parkinson-Krankheit klinisch manifest wird, läßt darauf schließen, daß dieser Verlust durch Kompensationsmechanismen lange Zeit ausgeglichen wird. Neben präsynaptischer Überaktivität (gesteigerte Transmittersynthese und/oder Transmitterfreisetzung) und möglicher Reinnervierung kann auch erhöhte postsynaptische Rezeptoraktivität dazu beitragen, die neuronale Homöostase zu sichern. Welcher dieser Mechanismen quantitativ am meisten dazu beiträgt, ist nicht geklärt, doch zeigen die verschiedenen Therapiestrategien, daß ab einem Schwellenwert von etwa 10% der noch überlebenden Neuronen mit Abnahme der therapeutischen Effizienz, Zunahme von Nebeneffekten, Zunahme der täglichen Oszillationen nach Medikamenteneinnahme und akinetischen Krisen gerechnet werden muß. Dies bedeutet einerseits, daß die Denervierung durch Antiparkinsonmittel nicht hintangehalten werden kann, und andererseits, daß die Kompensationsmechanismen nicht mehr in der Lage sind, den Neuronenverlust funktionell auszugleichen.

Post-mortem-Untersuchungen striärer D2-Rezeptoren haben demnach auch zu unterschiedlichen Befunden geführt – mit erhöhter (*Lee et al.* 1978), normaler (*Spokes* und *Bannister* 1981) oder verringerter Rezeptordichte (*Quik et al.* 1979, *Rinne et al.* 1979, 1981; *Winkler et al.* 1980) bei L-Dopa-unbehandelten Patienten. L-Dopa bewirkt Verminderung der Rezeptorzahl (*Lee et al.* 1978), obwohl dieser Befund von *Rinne et al.* (1979) und *Quik et al.* (1979) nicht bestätigt wird. *Reisine et al.* (1979) weisen normale und niedere D2-Rezeptor-Dichte bei L-Dopa-behandelten Patienten nach, und *Winkler et al.* (1980) kommen zu dem Schluß, daß Subsensitivität vorliegen müßte. *Bokobza G. et al.* (1983) weisen eine etwa 10%ige Zunahme der D2-Rezeptor-Aktivität im Putamen bei nichtsignifikanter Veränderung im Nucleus caudatus nach. *Rinne et al.* (1983) weisen darauf hin, daß in ihrem Untersuchungsgut

Tabelle 7. *³H-Spiroperidol-Bindung im Post-mortem-Putamen:
Medikamentenwirkung*

	(n)	B_{max} (pmol/g)	K_D (nM)
Kontrollen	(22)	21,0 ± 1,95	0,15 ± 0,03
Parkinson-Krankheit[1]			
1. Kombin. L-Dopa-Therapie	(5)	20,5 ± 4,46	0,17 ± 0,055
2. L-Dopa plus DA-Agonisten	(10)	16,7 ± 1,59[2]	0,23 ± 0,080
3. Neuroleptika	(3)	26,0 ± 2,0	0,12 ± 0,013
SDAT (senile Demenz)			
1. Ohne Neuroleptika	(7)	18,26 ± 2,0[4]	0,14 ± 0,036
2. Mit Neuroleptika	(5)	34,12 ± 2,7[3]	1,39 ± 0,600

[1] Alle Patienten erhielten zusätzlich Anticholinergika und Amantadin.
[2] $p < 0,01$ im Vergleich zu Neuroleptika.
[3] $p < 0,005$ im Vergleich zu Kontrollen.
[4] $p < 0,0005$ im Vergleich zu SDAT ohne Neuroleptika.
Mittelwert ± SEM.

sowohl Zunahme als auch Abnahme der D2-Rezeptor-Dichte nachweisbar ist und dieser Effekt mit klinischen Parametern korreliert. Dyskinesien, tägliche Fluktuationen und psychotische Episoden erhöhten die Zahl der D2-Rezeptoren ebenso wie neuroleptische Therapie. Schwere der Erkrankung, Demenz und Nachlassen des Therapieerfolges von L-Dopa korrelierten aber mit Abnahme der D2-Rezeptor-Dichte (*Rinne et al.* 1981).

Unsere eigenen Untersuchungen zeigen, daß bei Patienten mit vergleichsweise niedrig dosierter Therapie (400 mg Amantadin/Tag oder 3mal 125 g Madopar/Tag) keine entscheidenden Veränderungen zu einer Kontrollgruppe nachweisbar sind. Dopaminerge Agonisten hingegen reduzieren die Bindungszahl für Spiroperidol um etwa 25%, während Neuroleptika zu einer Erhöhung von 23% führen (Tab. 7) (*Riederer et al.* 1983, *Riederer* und *Jellinger* 1982). Desensitivierung von D2-Rezeptoren durch Dopamimetika und Erhöhung der Bindungszahl nach Neuroleptika stimmen damit gut mit experimentellen Daten überein (siehe dazu *Seeman* 1980).

Selektive D2-Agonisten sind dabei therapeutisch als weniger potent beschrieben worden als Agonisten mit kombinierter D1- und D2-Stimulierung (*Rinne* 1982). Dieser Befund könnte ein Hinweis für die Annahme sein, daß selektive D2-Stimulierung zu einer Reduzierung der D1-abhängigen Funktionen führt.

Das Konzept der überempfindlichen postsynaptischen Dopaminrezeptoren ist daher ab dem Beginn der Antiparkinsontherapie nur mehr von theoretischem Interesse, obwohl die Supersensitivität im Frühstadium der Erkrankung durchaus als Kompensationsmechanismus den Krankheitsverlauf hintanhalten kann. Unsere Daten zeigen aber, daß bei höheren Dosierungsschemata mit einer signifikanten Subsensitivität postsynaptischer Rezeptoren zu rechnen ist. Dies unterstreicht die Bedeutung einer möglichst niederen Dosierung von Antiparkinsonmitteln einschließlich von Dopaminagonisten zur Erreichung eines optimalen Therapieverlaufes und -erfolges. *Maximale* Therapieerfolge sind unserer Erfahrung nach nur kurzfristig und mit verstärkten Nebeneffekten gekoppelt.

Extreme „Herab-Regulation" von Dopaminrezeptoren kann außerdem mit Verlust der funktionellen Antwort und damit des Therapieerfolges verbunden sein. Mit fortschreitender Krankheitsdauer sieht man häufig, daß Reduktion der Antiparkinsonmittel bessere therapeutische Erfolge bringt als Erhöhung der Dosis.

Ferner ist darauf hinzuweisen, daß die der Erwartung entsprechenden Bindungscharakteristika von D2-Rezeptoren nicht bedeuten müssen, daß diese Rezeptoren funktionell voll intakt sind. Bei etwa einem Viertel der in Tab. 7 angeführten Patienten mit Parkinson-Krankheit ohne Neuroleptikatherapie ist die Bindung des Liganden Spiroperidol im Normbereich, obwohl die Patienten in akinetischen Krisen schlußendlich verstarben. Dies bedeutet, daß bei der Parkinson-Krankheit im fortgeschrittenen Stadium die Rezeptor-Effektor-Kopplung nicht intakt ist. Hier ergibt sich eine weitere Entwicklungsmöglichkeit für therapeutische Ansätze in der Zukunft. Ebenso scheinen Agonisten mit Stimulierung sowohl von D1- als auch von D2-Rezeptoren theoretischen Überlegungen zufolge für die Behandlung der Parkinson-Krankheit besser geeignet zu sein als reine D2-Agonisten (*Ringwald et al.* 1982).

Beeinflussung serotonerger und adrenerger Systeme durch dopaminerge Agonisten

Substitution des dopaminergen Defizits ist eines der Hauptziele der Therapie des Parkinson-Syndroms. Zusätzlicher Verlust adrenerger und serotonerger Funktion trägt aber ebenfalls zur Pathogenese der Erkrankung bei, so daß eine therapeutische Beeinflussung dieser Systeme sinnvoll erscheint.

Noradrenalin

Neben den degenerativ bedingten Störungen im nigro-striären dopaminergen System sind bei der Parkinson-Krankheit auch noch andere biochemische Verminderungen nachweisbar. Untersuchungen am noradrenergen System haben gezeigt, daß ein Noradrenalin-Defizit in nahezu allen Gehirnarealen nachgewiesen werden kann (Übersicht bei

Riederer et al. 1977). Da dieser Transmitter speziell für die Funktion des autonomen Nervensystems verantwortlich ist, haben wir auch den Hauptmetaboliten untersucht, nämlich 3-Methoxy-4-hydroxyphenylglykol (MHPG).

Tab. 2 gibt den Noradrenalin-Gehalt von mit Dopa behandelten und von nicht mit Dopa behandelten Parkinson-Kranken wieder. Während Patienten, die nicht mit Dopa behandelt wurden, signifikant niedrigere Werte aufweisen als Kontrollen, waren die Werte von mit Dopa behandelten Patienten durchschnittlich höher als jene der nicht mit Dopa behandelten Gruppe. Ein ähnlicher, meist noch verstärkter Trend konnte bei der Untersuchung von MHPG gezeigt werden (Tab. 8). Die morphologische Prüfung der pigmentierten Hirnstammkerne zeigt, daß neben der Substantia nigra auch der Locus caeruleus degenerative

Tabelle 8. *3-Methoxy-4-Hydroxyphenylglykol (MHPG) im Gehirn von Kontrollen und bei Morbus Parkinson*

	MHPG (nmol/g)			
	frei Kontrollen (5)	frei + gebunden Kontrollen (4)	frei M. Parkinson ohne L-Dopa (3)	frei M. Parkinson mit L-Dopa (4)
N. caudatus	0,72 ± 0,21	0,82 ± 0,19	0,28 ± 0,17*	0,52 ± 0,19**++
Putamen	0,66 ± 0,25	0,79 ± 0,17	0,13 ± 0,06*	0,41 ± 0,12*+
Gl. pallidus	0,14 ± 0,06	n.e.	0,14 ± 0,07	0,16 ± 0,055
Thalamus	0,97 ± 0,54	n.e.	1,19 ± 0,43	1,25 ± 0,15
Hypothalamus	1,31 ± 0,25	1,65 ± 0,18	1,29 ± 0,35	1,55 ± 0,145
C. mamillare	0,16 ± 0,06	n.e.	0,27 ± 0,16	0,30 ± 0,092
Raphe + Form. ret.	0,51 ± 0,06	0,70 ± 0,083	0,35 ± 0,065*	0,55 ± 0,075++
S. nigra	0,92 ± 0,1	1,12 ± 0,09	0,51 ± 0,14*	1,14 ± 0,11+
N. ruber	0,22 ± 0,04	n.e.	0,21 ± 0,13	0,23 ± 0,10
G. cinguli	0,15 ± 0,09	n.e.	0,14 ± 0,08	0,17 ± 0,055
N. amygdalae	0,87 ± 0,38	1,20 ± 0,12	0,55 ± 0,18	0,92 ± 0,14++
G. dentatus	0,86 ± 0,39	n.e.	0,43 ± 0,2	0,66 ± 0,12
N. accumbens	1,10 ± 0,28	n.e.	0,38 ± 0,17*	0,75 ± 0,11
N. dentatus	0,18 ± 0,02	n.e.	n.e.	n.e.

Anzahl der Patienten in Klammer.
Mittelwerte ± SEM.
n.e. = nicht bestimmt.
* $p < 0,01$ \} im Vergleich zu Kontrollen;
** $p < 0,05$ /
+ $p < 0,01$ \} im Vergleich zu unbehandeltem M. Parkinson.
++ $p < 0,05$ /
Aus: *Riederer et al.*, J. Neural Transm. *41*, 241 (1977).

Veränderungen aufweist. Da ausgehend vom Locus caeruleus noradrenerge Bahnen eine Vielzahl von Gehirnregionen innervieren (Übersicht bei *Kobayashi et al.* 1975, *Moore* 1982) und der Locus caeruleus der NA-reichste Kern ist, könnte eine Degeneration dieser Gehirnregion zu einer Verminderung von NA auch in anderen Kerngruppen führen. Die Verschiedenartigkeit der prozentuellen Abnahme von Dopamin und NA spricht außerdem dafür, daß diese Veränderungen teils unabhängig voneinander ablaufen. Die klinische Relevanz dieser Befunde wird an anderer Stelle diskutiert (siehe Kapitel „Nebenwirkungen", S. 179).

Reduzierte Aktivität der Dopamin-β-Hydroxylase als Folge der Degeneration ist von *Nagatsu et al.* (1981 b) beschrieben worden.

Fördernder oder hemmender Einfluß noradrenerger Neuronen auf den dopaminergen Tonus des Striatums

Degeneration des Locus caeruleus führt zu starkem Verlust noradrenerger Zellkörper mit Auswirkung auf die noradrenerge Versorgung einer Reihe von Gehirnarealen. Prinzipiell sind zwei Bahnen unterschieden worden, nämlich eine dorsale noradrenerge Bahn, ausgehend vom Locus caeruleus, welche unter anderem auch das nigro-striäre System innerviert und auf dieses fördernden Effekt hat, und ein ventrales Bündel, welches, von Medulla und Pons ausgehend, unter anderem den Hypothalamus innerviert und hemmenden Einfluß hat.

Versuche, die dopaminerge Aktivität indirekt durch Clonidin (ein α_2-Agonist; 0,1–0,5 mg/kg) zu stimulieren, hatte entweder keinen oder einen negativen Effekt, und auch Fusarsäure, ein Dopamin-β-Hydroxylase-Hemmer, zeigte bei unbehandelten Patienten keine Auswirkung auf die Akinese. 3,4-Dihydroxyphenylserin (L-DOPS), die direkte Aminosäurevorstufe von Noradrenalin, hat in niedriger Dosierung keine Auswirkung auf Akinese (*Birkmayer* und *Hornykiewicz* 1962), während *Narabayashi et al.* (1981) einen guten Effekt auf das „Freezing"-Phänomen beschreiben. „Dopaminerge Agonisten" sind meistens Antagonisten der α_1-adrenergen und α_2-adrenergen Aktivität. Diese Eigenschaften könnten für den signifikanten Abfall des Blutdrucks verantwortlich sein. Die hypotensive Wirkung von L-Dopa und dopaminergen Agonisten kann durch L-DOPS beseitigt werden (*Birkmayer et al.* 1983).

Lisurid hat bei Patienten in akinetischen Krisen gelegentlich hervorragende Wirkung (siehe S. 163). Dieser Effekt ist wahrscheinlich Ausdruck einer Stimulierung psychomotorischer Funktionen, welche sekundär zur Aufhebung der Akinese beiträgt. Wir haben die Erfahrung gemacht, daß die Auswirkung eines Medikaments nicht immer den theoretischen Vorstellungen entspricht, und die Frage, ob adrenerge

Substanzen prinzipiell fördernd oder hemmend den dopaminergen Tonus beeinflussen, kann a priori nicht vorhergesehen werden. Ein wesentlicher Gesichtspunkt mag dabei sein, daß es offenbar auf die Grundaktivität der Neuronen ankommt, bei welcher man therapeutisch eingreift. Zum Beispiel wirkt Tyrosin in hypertensiven Ratten blutdrucksenkend, in hypotensiven Tieren aber blutdrucksteigernd (*Sved et al.* 1979).

Bei der Parkinson-Krankheit wird es auch darauf ankommen, welches System (dorsale, ventrale Noradrenalinbahnen) von der Degeneration stärker betroffen ist und wie der Zustand prä- und postsynaptischer Aktivität ist.

Serotonin und kompetitive Wechselwirkung von Aminosäuren an der Blut-Hirn-Schranke

Serotonin ist in nahezu allen Gehirnarealen signifikant vermindert (*Bernheimer et al.* 1961). Im Gegensatz zu Dopamin beträgt der Verlust nur etwa 40–50% im Mittel (Abb. 15), oft sogar weniger. Interessanterweise findet man bei Patienten, die jahrelang unter L-Dopa-Medikation standen, keine weitere Verminderung der Serotonin-Konzentration (Tab. 9), obwohl eine kompetitive Wechselwirkung zwischen den einzelnen aromatischen Aminosäuren an der Blut-Hirn-Schranke beschrieben wurde (*Fernstrom et al.* 1973; Tab. 10a, 10b). Es handelt sich bei der Intensität der Wechselwirkung um eine Frage der Dosierung bzw. der Dauer der Verabreichung, da die tierexperimentellen Untersuchungen mit wesentlich höheren Dosen durchgeführt wurden, als die Gesamtdosis von L-Dopa, welche die Patienten zu sich nehmen, ausmacht. Abb. 43 gibt die Dopa-Werte behandelter Parkinson-Patienten wieder. Es ist daraus zu ersehen, daß das Striatum die höchste Affinität zu Dopa hat, während die Aufnahme in andere Regionen des Gehirns nicht so ausgeprägt ist. Dieser Befund ist insofern von Bedeutung, da hiermit ein Großteil des im Gehirn transportierten Dopa in den präsynaptischen Anteilen der nigro-striären dopaminergen Bahn zu Dopamin umgewandelt und als solches in spezifischen Vesikeln gespeichert wird. Geht das präsynaptische Nervenende zugrunde, kann das angebotene Dopa nicht mehr bzw. immer weniger zu Dopamin umgewandelt werden, so daß es in anderen Regionen des Gehirns im Überschuß angeboten wird.

Inhibierender Einfluß der dorsalen Raphe auf das Striatum

Für das serotonerge System gibt es bis dato keine Hinweise für ein degeneratives Geschehen in den Raphe-Kernen. Serotonerge Zellkörper der dorsalen Raphe innervieren das Striatum und inhibieren dort den

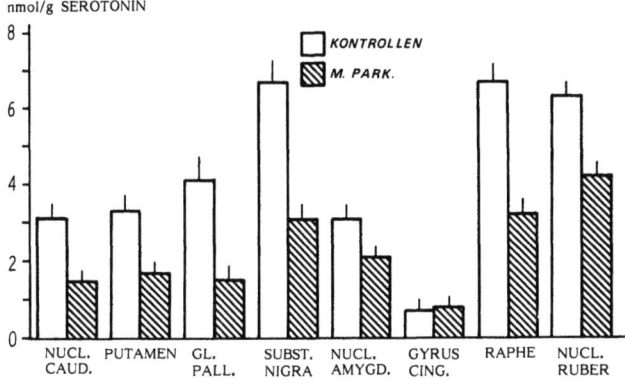

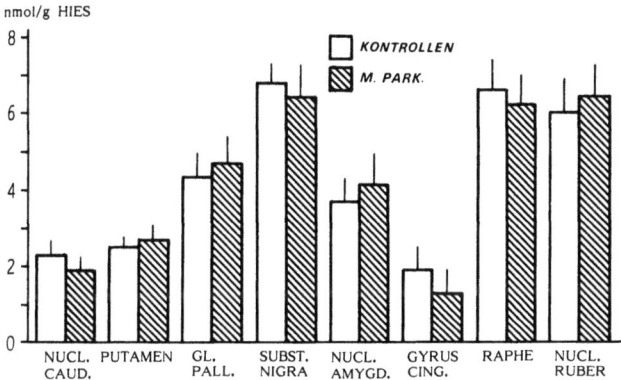

Abb. 15. Serotonin und 5-Hydroxyindolessigsäure in verschiedenen Arealen des Gehirns. 1. Säule: Kontrollen, 2. Säule: Parkinson-Krankheit. Aus: *Birkmayer, W., et al.,* J. Neural Transm. *35,* 93 (1974 a)

dopaminergen Tonus. Reduzierte serotonerge Aktivität (verminderte Serotonin- und 5-Hydroxyindolessigsäure-Konzentration) könnte eine funktionelle Anpassung an das ohnehin stark reduzierte Dopamin-System sein. Trotzdem scheint der inhibierende Serotonin-Einfluß größer zu sein, da das Dopamin-System wesentlich stärker an Aktivität verliert. Starke Aktivierung des serotonergen Systems (5-HTP plus Dekarboxylasehemmer oder 10 g Tryptophan/Tag) führen daher oft zu verstärkter Akinese, während Tryptophan-Zusatz zu bestehender L-Dopa-Therapie zu verbesserter Stimmungslage führt (siehe dazu *Jenner*

Tabelle 9. *5-Hydroxytryptamin in verschiedenen Regionen des Gehirns von L-Dopa-resistentem und benignem, mit Madopar® behandeltem Morbus Parkinson*

	5-Hydroxytryptamin (ng/g) Mittelwert ± s.d.		
	A (4)	B (5)	C (18)
N. caudatus	115 ± 14	125 ± 12	275 ± 19
Putamen	140 ± 13	135 ± 12	260 ± 21
Pallidum	135 ± 12	150 ± 14	380 ± 26
Substantia nigra oraler Anteil	265 ± 20	280 ± 23	545 ± 32
Substantia nigra caudaler Anteil	354 ± 24	370 ± 32	553 ± 27
N. amygdalae	190 ± 16	215 ± 19	272 ± 15
Gyrus cinguli	75 ± 10	63 ± 10	70 ± 12
Raphe	385 ± 35	409 ± 32	510 ± 30
N. ruber	410 ± 32	395 ± 35	565 ± 33

Anzahl der Patienten in Klammer. $\bar{x}$ ± s.d.

A Behandlungsform L-Dopa-resistenter Parkinson-Patienten: 1. Langzeit-Therapie: Anticholinergika, Amantadin; 2. keine Antiparkinson-Therapie 3—7 Tage vor dem Tod; Alter der Patienten: 75 ± 1 Jahr.

B Madopar® (L-Dopa : Benserazid = 4 : 1)-behandelte Parkinson-Patienten: 1. Langzeit-Therapie: 3 × 250 mg Madopar® täglich 5—7 Jahre lang; 2. letzte Therapie vor dem Tod: 6—24 Stunden; Alter der Patienten: 75 ± 2 Jahre.

C Kontrollen: Alter 75 ± 3 Jahre. Herz-Kreislauf-Versagen, Bronchopneumonien; 10 männlich, 8 weiblich.

Autopsieintervall für alle Gruppen: 9 ± 3 Stunden; Lagerung der Gehirnareale: bei −70 °C 42 ± 5 Tage.

Aus: *Riederer* und *Wuketich*, J. Neural Transm. *38*, 277 (1976).

et al. 1983). Weitere Reduktion des inhibierenden Einflusses auf das Striatum durch Parachlorphenylalanin (hemmt die Tryptophan-Hydroxylase), hat ebenfalls keine meßbaren Auswirkungen gezeigt. Auch Methysergid, ein Rezeptorblocker, hat keine Veränderungen von Akinese, Rigor und Tremor gezeigt (siehe dazu *Jenner et al.* 1083). Selektive Serotonin-(S2-)Rezeptor-Blockade durch Ritanserin (R 55 667) hat aber bei leichter Parkinson-Symptomatik gute Erfolge gebracht (*Ceulemans et al.* 1984). Dieser Befund kann als Zeichen dafür gewertet werden, daß am Beginn der Parkinson-Krankheit im Striatum noch genügend dopaminerge Neuronen mit intakten Verbindungen zu anderen, z.B. serotonergen, neuronalen Systemen vorhanden sind, so daß über letztere Einfluß auf den dopaminergen Tonus genommen werden kann.

Tabelle 10a. *Tyrosin in verschiedenen Regionen des Gehirns von mit L-Dopa und von nicht mit L-Dopa behandelten Parkinson-Patienten*

	Tyrosin ohne L-Dopa µg/g (12)	Tyrosin nach L-Dopa µg/g (11)	Tyrosin OD ——————— Tyrosin MD	%- Abnahme	Dopa-Spiegel nach L-Dopa 1, 2 (11)
N. caudatus	39 ± 2,1	31 ± 2,2*	1,26	21,5	1,95 ± 0,11
Putamen	42 ± 2,9	32 ± 2,8*	1,31	23,8	1,75 ± 0,12
Gl. pallidus	34 ± 3,1	27 ± 1,9*	1,26	20,6	0,85 ± 0,07
S. nigra	74 ± 4,8	48 ± 4,3*	1,54	35,1	1,2 ± 0,2
Raphe + Form. ret.	27 ± 2,0	16 ± 1,5*	1,69	40,7	0,8 ± 0,05
N. ruber	35 ± 3,0	23 ± 2,1*	1,52	34,3	1,15 ± 0,09
N. amygdalae	44 ± 3,3	31 ± 2,7*	1,42	29,5	0,75 ± 0,04
G. cinguli	61 ± 4,6	49 ± 3,2*	1,25	19,7	0,63 ± 0,03

Mittelwerte ± s.e.m.
Anzahl der Patienten in Klammer.
* $p < 0,01$.
1 = 3 × 250 mg Madopar® täglich.
2 = Dopa-Konzentration der Kontrollen sind im Bereich von 10—30 ng/g-Gewebe.
OD = ohne Madopar®-Behandlung.
MD = mit Madopar®-Behandlung.

Tabelle 10b. *Tryptophan in verschiedenen Regionen des Gehirns von mit L-Dopa und von nicht mit L-Dopa behandelten Parkinson-Patienten*

	Tryptophan ohne L-Dopa µg/g (12)	Tryptophan nach Dopa µg/g (11)	Tryptophan OD ——————— Tryptophan MD	%- Abnahme
N. caudatus	17,0 ± 1,4	8,2 ± 0,55*	2,07	51,8
Putamen	15,2 ± 0,90	7,3 ± 0,50*	2,08	52,0
Gl. pallidus	15,0 ± 0,85	7,7 ± 0,32*	1,95	48,7
S. nigra	19,2 ± 1,10	6,0 ± 1,3*	3,20	68,7
Raphe + Form. ret.	23,3 ± 1,85	7,3 ± 0,95*	3,19	68,7
N. ruber	22,7 ± 1,7	9,8 ± 1,35*	2,32	56,8
N. amygdalae	17,5 ± 0,75	5,5 ± 0,70*	3,18	68,6
G. cinguli	14,9 ± 0,60	5,9 ± 0,85*	2,53	60,4

Mittelwerte ± s.e.m.
Anzahl der Patienten in Klammer.
* $p < 0,01$.
OD = ohne Madopar®-Behandlung.
MD = mit Madopar®-Behandlung.

Die Serotonin-Rezeptor-Bindung ist im Striatum und frontalen Kortex nicht verändert und wird durch L-Dopa und Neuroleptika-Medikation nicht beeinflußt (*Rinne et al.* 1980). Andererseits wurde eine Abnahme der Serotonin-Rezeptor-Dichte im frontalen Kortex von *Kienzl et al.* (1981) beschrieben. Präfinale Hypoxiezustände sowie dementive Prozesse scheinen diese Daten zu beeinflussen. Serotonerge S2-Rezeptoren sind unter Therapie mit Lisurid bei der Parkinson-Krankheit im frontalen Kortex nicht verändert (*Riederer et al.* 1984).

„Dopaminerge Agonisten" haben einen stimulierenden Effekt auf das Serotonin-System (z. B. Lisurid) oder sind Antagonisten (z. B. Mesulergin). Der klinische Nachweis einer Auswirkung dieser Subgruppe auf Parameter, welche direkt mit dem serotonergen System gekoppelt sind, ist aber wegen der vergleichsweise stärkeren *In-vivo*-Bindung an das Dopamin-System und wegen der Intaktheit des Serotonin-Systems mit Möglichkeiten der raschen Herstellung einer Homöostase des Systems über Rückkoppelungsmechanismen schwierig, doch sollte unseres Erachtens die klinische Protokollführung auf derartige Parameter achten.

Neuropeptide

Obwohl eine weitverbreitete Reduktion von Dopamin bei der Parkinson-Krankheit angenommen werden kann und auch die Wechselwirkung von Dopamin mit verschiedenen Neuropeptiden in letzter Zeit Gegenstand intensiver Forschung sind, besteht kein Zusammenhang zwischen Degeneration und Veränderung von Met-Enkephalin im Nucleus caudatus, Putamen, Nucleus accumbens, Nucleus amygdalae und Hippocampus bei Verminderung in Substantia nigra, ventralem Tegmentum und Globus pallidus externus (*Javoy-Agid et al.* 1982a). Dagegen dürfte die Degeneration enkephalinerger Bahnen und/oder von Nervenenden im Mesenzephalon den Verlust von Dopamin-Neuronen begleiten. Der Verlust von Met-Enkephalin-Bindungsstellen in der Substantia nigra (Pars compacta) beim Morbus Parkinson läßt auf direkte Kontakte zwischen enkephalinergen Neuronen und Dopamin-Zellen schließen.

Neben Met-Enkephalin sind in der Substantia nigra noch CCK-8, Enkephalinaseaktivität und D-Ala^2-met^5-enk-A-Rezeptorbindung reduziert (*Javoy-Agid et al.* 1982b). Somatostatin ist im Liquor vermindert (*Christiansen et al.* 1980). Leu-Enkephalin ist von *Rinne et al.* (1981) gemessen worden, wobei eine signifikante Zunahme im Putamen, jedoch nicht im Nucleus caudatus und im Nucleus accumbens festgestellt wurde. Ein Anstieg der Rezeptorzahl war auch im limbischen Kortex und Hippocampus, nicht jedoch im frontalen Kortex, im Nucleus amygdalae und im Hypothalamus feststellbar.

Leu-Enkephalin-Bindung (gemessen mit einer einzelnen Ligandenkonzentration) zeigt eine generelle Erhöhung der Bindungszahl im frontalen Kortex, Hippocampus, Nucleus amygdalae, Hypothalamus, Nucleus caudatus, Nucleus accumbens, Putamen, nicht aber im Globus pallidus. Die Met-Enkephalin-Bindung war im Nucleus caudatus, Putamen und Nucleus accumbens, frontalen Kortex sowie Hippocampus, nicht jedoch im Pallidum erhöht (*Rinne et al.* 1983a). L-Dopa-Therapie beeinflußte die erhöhte Bindungszahl nicht. Es ist daher zu diskutieren, ob Naloxon-Bindungs-Stellen auf präsynaptischen Dopamin-Neuronen und Enkephalin-Rezeptoren auf postsynaptischen Membranen lokalisiert sind.

Neurotensin-Rezeptoren sind in der Substantia nigra stark reduziert (*Uhl et al.* 1984).

Während die Bedeutung enkephalinerger Neuronen oder anderer Neuropeptide für die Kontrolle des dopaminergen Systems und der Motorfunktion beim Tier augenscheinlich ist, weisen vorläufige, erst wenig versprechende klinische Untersuchungen mit Opiatagonisten bei Chorea Huntington und mit Opiatantagonisten (Naloxon) bei der Parkinson-Krankheit darauf hin, daß eine selektive Beeinflussung dieser Systeme nicht einfach zu erreichen sein wird (*Javoy-Agid et al.* 1982a).
³H-Naloxon-Bindungsstudien weisen bei Parkinsonismus ohne L-Dopa-Therapie nur auf eine Verminderung der Bindungszahl im Nucleus caudatus hin, während im Putamen und Hippocampus sowie bei Patienten mit L-Dopa-Therapie im Nucleus caudatus, Putamen und Hippocampus keine Veränderungen nachweisbar sind (*Rinne et al.* 1983, *Reisine et al.* 1979).

GABA

Bei der Parkinson-Krankheit ist der inhibierende GABA-Einfluß auf die nigro-striären Dopamin-Neuronen vermindert. Dies wird durch die Verminderung von GABA in der Substantia nigra und durch die Reduktion der GAD in der Substantia nigra und in den Basalganglien (*Bernheimer* und *Hornykiewicz* 1962, *McGeer et al.* 1971b, *Hornykiewicz et al.* 1976) charakterisiert. Eine Korrelation zwischen der verminderten GAD-Aktivität und korrespondierenden GABA-Werten ist aus mehreren Gründen schwer zu erreichen:

1. Die GABA-Konzentrationen steigen post mortem im Gewebe rasch an und erreichen nach 3–5 Stunden einen Plateauwert, der bis etwa 20 Stunden post mortem konstant bleibt. Der Anstieg der GABA-Konzentration hängt von der Aktivität der GAD ab, da GABA-T, soweit tierexperimentelle Untersuchungen zeigen, innerhalb kürzester Zeit nach dem Tod der Tiere stark an Aktivität verliert. GAD dürfte nur bis zum Zeitpunkt des Erreichens der maximalen GABA-

Konzentration aktiv sein, da im postmortalen Gewebe Glutamat auch nach 5 Stunden in genügender Konzentration nachweisbar ist (*Perry et al.* 1973, *Weiser et al.* 1978). In Übereinstimmung mit diesen Daten wiesen *Bowen et al.* (1977) tatsächlich eine relativ geringe Post-mortem-Stabilität von GAD nach.

Als Konsequenz dieser übereinstimmenden Befunde müßte daher der Post-mortem-Anstieg der GABA ein Maß für die tatsächliche Aktivität von GABA-ergen Neuronen darstellen. Nach Feststellung des Post-mortem-Verhaltens von GABA im Menschengewebe wurden von uns Untersuchungen am Post-mortem-Gewebe von Parkinson-Kranken in mehreren Gehirnarealen durchgeführt (*Birkmayer* und *Riederer* 1980). GABA ist unter diesen optimierten Bedingungen in der Substantia nigra vermindert nachweisbar. Dieser Befund stimmt mit der verminderten GAD-Aktivität in dieser Gehirnregion überein (*Bernheimer* und *Hornykiewicz* 1962, *McGeer et al.* 1971b, *Lloyd* und *Hornykiewicz* 1973). Andererseits konnte keine Signifikanz in den anderen Gehirnarealen, einschließlich der Regionen der Basalganglien, erhalten werden. Damit ergibt sich ein verminderter Input GABA-erger Aktivität vom Striatum zur Substantia nigra, aber kein Hinweis für eine verminderte GABA-erge Aktivität in den GABA-Zellkörpern des Striatums. Letztere Feststellung steht zwar im Gegensatz zu den erwähnten Befunden einer verringerten GAD-Aktivität in den Basalganglien, doch soll darauf hingewiesen werden, daß das GABA-abbauende Enzym GABA-T möglicherweise ebenfalls bei der Parkinson-Krankheit in striären Regionen an Aktivität verliert, wodurch zwar die GABA-Konzentration normal wäre, eine Störung in den GABA-Zellkörpern des Striatums aber doch augenscheinlich ist (Tab. 11). Damit scheint auch die Annahme einer eher funktionellen als degenerativen Störung des GABA-Systems bei der Parkinson-Krankheit gegeben zu sein. Für die funktionelle Störung sprechen auch vergleichende Untersuchungen von Dopa-behandelten und Dopa-unbehandelten Parkinson-Kranken. Langzeit-Dopa-Behandlung scheint die

Tabelle 11. *Aktivität der GABA-Transaminase bei der Parkinson-Krankheit*

	Kontrollen	M. Parkinson
Nucleus caudatus	15,7 ± 4,4 (4)	8,54 ± 1,7 (5)
Substantia nigra	11,6 ± 1,1 (6)	11,20 ± 4,8 (3)
Frontaler Kortex	10,8 ± 1,8 (4)	12,30 ± 1,4 (5)

Wert als Mittelwerte ± sem in nmol GABA/mg Gewebe . Stunde. Anzahl der Patienten in Klammer; Alter der Kontrollen 70 ± 4,4 Jahre; Alter der Parkinson-Kranken 77,6 ± 5,0 Jahre.

GAD-Aktivität zu erhöhen (*Rinne et al.* 1974, *Hornykiewicz et al.* 1976), ein Befund, der durch Liquoruntersuchungen gestützt wird (*Lakke et al.* 1982, *Manyam* 1982). *Teychenne* (1982) hat niedrige GABA-Liquor-Werte mit On-off-Phänomen korreliert.

Neuere Untersuchungen weisen auch darauf hin, daß mit Ausnahme des ventralen Tegmentums keine anderen Hirnareale signifikante Veränderungen von GAD aufweisen (*Javoy-Agid et al.* 1982a).

2. Veränderte GABA-Konzentrationen sind in Gesamtstriatum-Homogenaten wegen unterschiedlicher Kompartimente mit hohem Gliaanteil nicht nachweisbar, während regionale Differenzierung rostral-kaudale Verteilungsmuster zeigt (*Kish et al.*, persönliche Mitteilung).

Zusätzlich konnte neuerdings gezeigt werden, daß die ^{3}H-GABA-Rezeptor-Bindung in der Substantia nigra, nicht aber im Striatum, vermindert ist (Tab. 12; *Lloyd et al.* 1977, *Lloyd* und *Dreksler* 1979, *Möhler* und *Riederer*, nicht publiziert). Daraus ist der Schluß zu ziehen, daß die GABA-Rezeptoren auf den Zellkörpern oder Dendriten dopaminerger Neuronen der Substantia nigra lokalisiert sind. Eine Veränderung der Eigenschaften des GABA-Rezeptors bei der Parkinson-Krankheit kann aufgrund dieser Ergebnisse angenommen werden.

Da die Benzodiazepin-Rezeptor-Bindung in den verschiedensten Gehirnarealen einschließlich Striatum und Substantia nigra keine Veränderung zeigt, kann angenommen werden, daß diese Bindungsstellen des GABA-Benzodiazepin-Ionophor-Rezeptor-Komplexes bei der Parkinson-Krankheit – im Gegensatz zu den GABA-Rezeptoren – weder funktionell noch durch degenerative Einflüsse betroffen sind (*Möhler* und *Riederer*, nicht publizierte Ergebnisse).

Tabelle 12. *Spezifische Bindung von ^{3}H-GABA an Membranen der Substantia nigra*

	Kontrollen	Parkinson-Krankheit		% Kontrollen
Rinne et al. 1980	85,0 ± 11 (11)	38,0 ± 15 (5)*	mit L-Dopa	44,7
		52,0 ± 11 (7)	ohne L-Dopa	61,2
Lloyd et al. 1977	30,8 ± 5 (11)	9,7 ± 2,9 (6)**		31,4
Möhler und *Riederer*	41,1 (3)	29,7 (4)	mit Madopar®	72,4

Mittelwert ± SEM (fmol/mg Protein).
* $p < 0,05$.
** $p < 0,01$.

Das cholinerge System

Die cholinerge Aktivität wurde in den vergangenen Jahren vorwiegend durch Messung der Cholinazetyltransferaseaktivität (CAT) bestimmt. Verringerte Aktivität wurde im Globus pallidus, Putamen, frontalen Kortex und Hippocampus bei der Parkinson-Krankheit nachgewiesen (*Ruberg et al.* 1982 zur Übersicht). Die Anzahl muskarinischer Bindungsstellen war im Putamen, Globus pallidus und frontalen Kortex vermehrt. Es besteht jedoch die Möglichkeit, daß anticholinerge Therapie zu diesem Befund geführt hat. Reduzierte CAT-Aktivität bei Alzheimer-Patienten ohne anticholinerge Therapie wurde im Kortex, Hippocampus, Putamen und Nucleus amygdalae nachgewiesen und war gleichzeitig mit Reduktion muskarinischer Rezeptoren verbunden (siehe *Ruberg et al.* 1982).

Anticholinerge Therapie ist zur Verbesserung des dopaminergen Tonus im Striatum geeignet, während cholinomimetische Substanzen das cholinerge Defizit im Nucleus basalis Meynert ausgleichen sollen. In dieser Situation scheint es wenig sinnvoll, zumindest aus biochemischer Sicht, das cholinerge System zu therapieren.

Zusammenfassung der biochemischen Veränderungen bei der Parkinson-Krankheit

Die in Tab. 13 versuchte Zusammenfassung gibt zwar anschaulich, aber doch sehr vereinfacht die wichtigsten biochemischen Störungen bei der Parkinson-Krankheit an und bezieht sich vorwiegend auf die Degeneration der nigro-striären dopaminergen Bahn. Eine Zusammenstellung ausreichender Daten zur Selektivität beschriebener biochemischer Störungen zeigt jedoch, daß eine ganze Reihe dieser Veränderungen auch bei anderen Erkrankungen des zentralen Nervensystems gefunden wurden. Obwohl Selektivität aufgrund von Einzelbefunden schwer nachzuweisen ist, besteht guter Grund zur Annahme, daß „Befundmuster" diese Selektivität besser beschreiben (*Riederer* und *Jellinger* 1985 zur Übersicht).

Huntingtons Chorea

Chorea Huntington, eine autosmomal-dominant vererbbare Krankheit, die wegen ihrer charakteristischen hyperkinetischen Bewegungsformen als Gegenstück zum Morbus Parkinson anzusehen ist, zeigt im Neostriatum einen degenerierenden Prozeß der kleinen Interneuronen (*Greenfield* 1958), wobei eine fortschreitende Atrophie dieser Regionen zu beobachten ist. Es gibt Hinweise dafür, daß auch kortikale Areale und in schweren Fällen auch der Thalamus und die Substantia nigra betroffen sind. Untersuchungen ergaben Hinweise dafür, daß das dopaminerge nigro-striäre System nicht betroffen ist (*Bird* und *Iversen* 1974,

Tabelle 13. *Synopsis der wichtigsten biochemischen Befunde bei M. Parkinson*

	Veränderungen bei M. Parkinson (fortgeschrittenes Stadium) gegenüber normalem Altern
Dopamin	↓↓↓
Homovanillinsäure	↓↓
Tyrosinhydroxylase	↓↓↓
Biopterin	↓↓
Dopa-Decarboxylase	↓(↓)=
Monoaminoxidase	=
Katechol-O-Methyltransferase	=
cAMP-abhängige Proteinkinase	=
D1-Rezeptoren	↓↑=
D2-Rezeptoren	↓↑=
Noradrenalin	↓(↑)
Dopamin-β-Hydroxylase	↓(↓)
Phenylethanolamin-N-Methyl-Transferase	↓
Serotonin	↓(↓)
5-Hydroxytryptophandecarboxylase	↓=
5-Hydroxyindolessigsäure	↓(↓)
Serotonin-Rezeptoren (S1)	↓=
γ-Aminobuttersäure (GABA)	↓(↓)
Glutamat-Decarboxylase	↓(↓)
GABA-Rezeptoren	↓(↓)
Substanz P	↓(↓)
Leu-Enkephalin-Bindung	↓=↑

↓↓↓ stark erniedrigt; ↓↓ mäßig; ↓ gering; = nicht verändert; ↑ erhöht.

Bernheimer und *Hornykiewicz* 1973, *Bernheimer et al.* 1973, *Birkmayer* und *Riederer* 1978, *Bird* und *Kraus* 1981).

Hingegen sind die GABA-Konzentrationen im nigro-striären Bereich in der Mehrzahl der Fälle signifikant erniedrigt (*Perry et al.* 1973, *Bird* und *Iversen* 1974, *Cross* und *Waddington* 1981). Aus den vorhin erwähnten Gründen ergibt aber die Messung von GAD wertvollere Informationen über die GABA-erge Aktivität. Da die Post-mortem-Bestimmung des Azetylcholins wegen der Unbeständigkeit der Substanz ebenfalls nicht möglich ist, ist die Bestimmung der Aktivität von Cholinazetyltransferase (CAT), des synthetisierenden Enzyms von Azetylcholin, die einzige Möglichkeit, um einen Einblick in das cholinerge System zu bekommen. Beide Enzyme sind bei Chorea Huntington im Striatum vermindert (*Bird et al.* 1973, *McGeer et al.* 1973, 1975, *Stahl* und *Swanson* 1974). Allerdings sind bei relativ vielen Patienten auch normale CAT-Spiegel gemessen worden. Diese Bestimmungen zeigen im großen und ganzen gute Übereinstimmung darin, daß bei Chorea Huntington speziell das cholinerge und GABA-erge System im Striatum betroffen sind. Zusätzlich stimmen diese Befunde mit tierexperimentellen Läsionsstudien überein, die auf GAD-enthaltende Interneuronen im Neostriatum hinweisen. Hinweise für eine strio-nigräre GABA-erge Bahn sind ebenfalls beschrieben worden (*McGeer* und *McGeer* 1976). Die nigro-striären dopaminergen Nervenenden üben damit einen inhibierenden Einfluß auf cholinerge Interneuronen des Neostriatums aus.

In den vergangenen Jahren hat es nicht an Versuchen gefehlt, Substanzen zu finden, die eine Beeinflussung des GABA-ergen Systems ermöglichen. Die Verabreichung von GABA selbst ist wenig sinnvoll, da GABA die Blut-Hirn-Schranke praktisch nicht passieren kann (*Roberts* und *Kuriyama* 1968, *Kuriyama* und *Sze* 1971). Enge Verknüpfungen des Endothels und keine Möglichkeit einer Pinozytose dichten die Kapillarmembran gegenüber hydrophilen (lipophoben) Molekülen, wie es die GABA ist, ab. Es besteht allerdings bei pathologischen Veränderungen solcher Membranen die Möglichkeit einer pathologisch bedingten Penetration derartiger Substanzen. Unter diesen Voraussetzungen sind Berichte verständlich, die darauf hinweisen, daß die Verabreichung von GABA in hohen Dosierungen z. B. eine Verminderung der Anfallsrate von Epileptikern bewirkt (*Tower* 1960). Teilerfolge wurden auch bei Chorea Huntington beschrieben (*Purpura et al.* 1958, *Fisher et al.* 1974). Die gleichzeitige Verabreichung von hohen GABA-Dosen plus einem Hemmer der GABA-T, n-Dipropylazetat, brachte allerdings auch keine entscheidende Verbesserung. Der Grund dafür ist sicherlich auch darin zu suchen, daß GABA selbst bei einem verstärkten Angebot, welches z. B. durch Veränderung des GABA-Moleküls durch lipophile Gruppen erreicht werden könnte, im Gehirn in mehreren Kompartimenten vorliegt. Eine Anreicherung in neuronalen GABA-Strukturen wäre daher nur durch Hemmung des GABA-Uptakes in die Glia möglich.

Die Verabreichung der Präkursor-Substanz Glutaminsäure scheitert an der Unfähigkeit dieser Substanz, die Blut-Hirn-Schranke zu passieren. Zusätzlich ist Glutaminsäure an einer Reihe von Prozessen beteiligt, die oxidative Metabolismen, Proteinsynthese und eventuell Neurotransmission einschließen. Wie für GABA können auch hier mehrere Kompartimente angenommen werden. Da die GAD das die Geschwindigkeit bestimmende Enzym im Metabolismus ist, haben, insgesamt gesehen, Glutamatverabreichungen wenig Aussicht auf Erfolg.

Eine Steigerung der GABA-Konzentration könnte durch Hemmung des GABA-Metabolismus erreicht werden. Verschiedene Substanzen sind getestet worden. Isonikotinsäurehydrazid (INH) erhöht ebenso wie der MAO-Hemmer Phenelzin die Konzentration von GABA im Gehirn; beide Substanzen benötigen aber derart hohe Konzentrationen, daß die Toxizitätsgrenzen überschritten werden (*Perry* und *Hansen* 1973). Strukturanaloga der GABA wie Hydrazinpropionsäure und Ethanolamin-O-Sulfat hemmen ebenfalls GABA-T und steigern dadurch die GABA-Konzentration, haben sich aber bisher ebenfalls nicht therapeutisch einsetzen lassen. Aminooxiessigsäure, eine Substanz, die als GABA-T-Hemmer getestet wurde, hat in höherer Dosierung krampffördernde Wirkung. Eine Substanz mit klinischem Erfolg ist n-Dipropylazetat. Diese führt durch GABA-T-Hemmung ebenfalls zu einem Anstieg von GABA und wurde bei Epilepsie (Grand mal und Petit mal) mit Erfolg eingesetzt (*Boilley* und *Sorel* 1969). Nebenwirkungen wie Erbrechen, Übelkeit und Somnolenz wurden aber beobachtet. Bei Chorea Huntington wurde damit allerdings kein Erfolg gesehen (*Gelder* 1966).

Der Nachteil einer Hemmung von GABA-T besteht darin, daß GABA auch in der Glia ansteigt und es nicht sicher ist, ob dieser Effekt auch in neuronalen GABA-Strukturen nachweisbar ist. GABA-uptake-Hemmer blockieren sowohl die Aufnahme in GABA-Neuronen wie auch in die Glia. Spezifische Blocker sind derzeit klinisch nicht einsetzbar, da sie toxische Nebenwirkungen aufweisen.

Einen wesentlich bedeutenderen Erfolg haben die Forschungen über GABA-Rezeptoren und deren Beeinflussung gebracht, Imidazol-4-Essigsäure (IMA), ein Abbauprodukt des Histamins, scheint ein GABA-Rezeptor-Agonist zu sein. Die Verabreichung an Patienten mit Chorea Huntington hat allerdings keine Beeinflussung der hyperkinetischen Überfunktion ergeben (*Shoulson et al.* 1975).

Der GABA-Agonist Progabid hemmt cholinerge Neuronen 10mal stärker als dopaminerge, was seine klinische Wirksamkeit erklärt (*Lloyd et al.* 1981, *Bartholini et al.*, persönliche Mitteilung). Die direkte Wirkung auf GABA-Rezeptoren könnte eine nützliche Alternative zu den GABA-T-Hemmern darstellen, da letztere durch regulatorische Effekte von GABA auf seine Synthese und „Freisetzung" in ihrer Wirksamkeit limitiert sind. Die Reduktion der Effizienz GABA-mimetischer Substanzen in der Langzeitbehandlung könnte Ausdruck einer Kontrolle GABA-erger Neuronen durch „Rückkopplungsmechanismen" sein. Wenig selektive regionale Verteilung und schmale therapeutische Breite sind derzeit noch weitere Hindernisse zu breiter Anwendung. Entwicklung zu GABA-Rezeptor-Multiplizität ($GABA_A$- und $GABA_B$-Rezeptor-Typen) sind erste grundlegende Befunde für die Entwicklung neuer spezifischer Substanzen (*Bowery et al.* 1984, *Löscher* 1981).

Klinik

Die Symptome der Parkinson-Krankheit umfassen die motorischen Plussymptome des Tremors und des Rigors und das Minussymptom der Akinesie. Während die Akinesie durch die Unfähigkeit, potentielle in kinetische Energie umzusetzen, charakterisiert ist (*Birkmayer* 1965), besteht beim Tremor die Freisetzung einer primitiven motorischen Schablone und beim Rigor die Plussymptomatik einer gleichzeitigen Agonisten- und Antagonisten-Innervation mit dem Bewegungsresultat Null.

Tremor

Der Ruhetremor ist ein wesentliches diagnostisches Kriterium der Parkinson-Krankheit. Die rhythmisch ablaufenden, unwillkürlichen Hin- und Herbewegungen veranlassen seit 100 Jahren die Neurologen, mit verschiedenen Registriermethoden Eigenheiten und Gesetzmäßigkeiten dieser Bewegungsautomatie aufzuzeichnen. *Herz* (1931) verwendete Film-Analysen, *Jung* (1941) Aktionsstrom-Analysen, *Steinbrecher* (1961) EMG-Analysen, und *Boshes* (1976) zeichnete die Bewegungsabläufe mit einem Akzelerometer auf. Wir selbst verwendeten eine High-speed-Kamera mit 880 Bildern pro Sekunde (*Birkmayer* 1961). Bei allen Untersuchern war die Frequenz etwa 5 Hz/sec (3–8). Die Tremorbewegungen des Ruhetremors (Resting tremor) laufen in einer Ebene ab, im Gegensatz zum Intentionstremor, der Ausschläge in allen Ebenen des Raumes zeigt. Die Analysen mit der High-speed-Kamera erlaubten, objektive Werte der Zeit und des Weges zu erheben und damit die Kriterien der Geschwindigkeit, der Beschleunigung, der Kraft, der Arbeit, der Leistung und des Energieverbrauchs zu berechnen (*Birkmayer* 1982).

Die Tab. 14 und 15 zeigen eine solche Berechnung. Die Durchschnittsgeschwindigkeit des Parkinson-Tremors beträgt 0,45 m/sec, die des Intentionstremors 2 m/sec. Die größte Beschleunigung des Parkinson-Tremors ist 16,8 msec^{-2}, des Intentionstremors 104,6 msec^{-2}. Die größte Kraft beim Parkinson-Tremor ist 0,513 kp, beim Intentionstremor 42,75 kp. Die größte Arbeit beim Parkinson-Tremor ist 0,0216 kgm, beim Intentionstremor 0,697 kgm. Die größte Leistung beim Parkinson-Tremor ist 0,432 kgm/sec, beim Intentionstremor 17,4 kgm/sec.

Tabelle 14. *Tremoranalysen (High-speed-Kamera); Zeit und Weg wurden registriert (Parkinson-Tremor)*

Zeit (sec)	Weg (m)	Geschwindigkeit (m/sec)	Beschleunigung (m/sec^2)	Kraft (kp)	Arbeit (kgm)	Leistung (kgm/sec)
0,04	0,021	0,53	13,3	0,407	0,00854	0,214
0,05	0,0218	0,44	8,8	0,269	0,00587	0,117
0,04	0,0052	0,13	3,25	0,099	0,00051	0,0128
0,04	0,014	0,35	8,75	0,268	0,00375	0,094
0,05	0,042	0,84	16,8	0,513	0,0216	0,432
0,04	0,008	0,20	5,0	0,153	0,00122	0,0305
0,04	0,019	0,48	12,0	0,367	0,00678	0,170
0,06	0,024	0,40	6,7	0,205	0,00492	0,082
0,03	0,012	0,40	13,3	0,407	0,00488	0,163

Tabelle 15. *Tremoranalysen (High-speed-Kamera); Zeit und Weg wurden registriert (Intentionstremor)*

Δt Zeit (sec)	Δs Weg (m)	Geschwindigkeit (m/sec)	Beschleunigung (m/sec^2)	Kraft (kp)	Arbeit (kgm)	Leistung (kgm/sec)
0,04	0,022	0,55	13,8	5,64	0,124	3,10
0,04	0,163	4,18	104,6	42,75	0,697	17,4
0,04	0,163	4,18	104,6	42,75	0,697	17,4
0,04	0,019	0,475	11,9	4,87	0,0924	2,31
0,04	0,018	0,45	11,25	4,60	0,0828	2,07
0,04	0,130	3,15	78,8	32,2	0,418	10,5
0,04	0,086	2,15	53,8	22,0	0,189	4,72
0,04	0,076	1,90	47,5	19,4	0,148	3,70

Alle Werte des Parkinson-Tremors sind um ein Vielfaches geringer als die des Intentionstremors (Abb. 16 A, B). Sie lassen es verständlich scheinen, daß der Parkinson-Kranke diesen Tremor den ganzen Tag aufrechterhalten kann, während ein Patient mit Intentionstremor (etwa beim Morbus Wilson) sich den größten Teil des Tages ruhig verhält, da die stark ausschlagenden Bewegungen einen großen Kraftverschleiß bedingen. Der geringe Energieverbrauch und die Rhythmik machen es wahrscheinlich, daß der Parkinson-Tremor auf möglichst primitiven Strukturen basiert. Vermutlich ist diese Tremorform Ausdruck einer spinalen Eigenrhythmik, analog den Medulla-Fischen (*Holst* 1939), eine Annahme, die auch *Jung* (1941) betont hat. *Hassler* (1953) nimmt an, daß durch den Ausfall der Substantia nigra eine Freimachung der Eigenrhythmik des spinalen Schaltzellenapparats zustande kommt. Der Parkinson-Tremor hat mit der Flimmerrhythmik primitiver Geißeltierchen die gleichmäßige Rhythmik und auch die besondere Akzentu-

62 Klinik

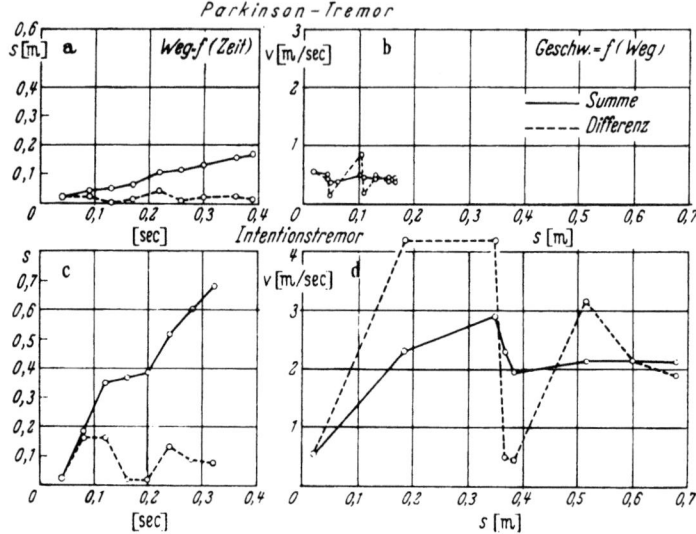

Abb. 16 A. Weg- und Geschwindigkeitskurven des Parkinson- und des Intentionstremors. Die Durchschnittsgeschwindigkeit bleibt gleich, beim Intentionstremor zeigt sie große Schwankungen. Die Geschwindigkeitsdifferenz schwankt beim Parkinson-Tremor rhythmisch hin und her, beim Intentionstremor fehlt dieser Rhythmus. Die Größenverhältnisse sind maßstabgerecht gezeichnet

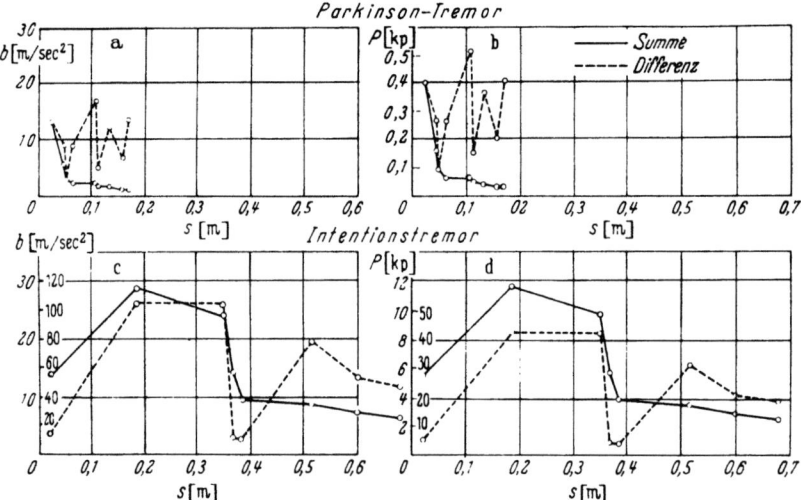

Abb. 16 B. Beschleunigungs- und Kraftkurven des Parkinson- und des Intentionstremors. Die durchschnittliche Beschleunigung der Kraftleistung beim Parkinson-Tremor bleibt auf gleichem Niveau, beim Intentionstremor zeigen sich differente Werte und wesentlich größere Amplituden als Zeichen der größeren Quantität. Beschleunigungs- und Kraftdifferenz schwanken beim Parkinson-Tremor rhythmisch hin und her, beim Intentionstremor besteht eine große Unregelmäßigkeit

ierung durch verschiedene Streßreize gemeinsam. Dieses Aufschaukeln des Parkinson-Tremors durch affektiv-emotionale Irritationen korreliert mit dem Bewegungssturm der Urtierchen. *Kretschmer* (1926) stellte solche motorischen Schablonen in Analogie zu hysterischen Anfällen des Menschen. Dasselbe gilt für Hyperkinesien jeglicher Art (Hyperkinesien als Nebenwirkung der Dopa-Therapie). Das zugehörende Pendant ist der Totstellreflex der Tiere, den *Kretschmer* einer hysterischen Lähmung gleichgesetzt hat. Der später zu besprechende „Freezing effect", als Zeichen einer blockierten motorischen Aktivität, gehört in diesem Zusammenhang erwähnt. Beide Phänomene, das Plussymptom des Tremors und der Hyperkinesien und das Minussymptom des „Freezing effect", als Analogon zum Totstellreflex, sind uralte motorische Schablonen, die durch Ausschaltung höherer Zentren freigelegt sind. Daß übergeordnete Regelkreise diese frei gewordene spinale Eigenrhythmik regulieren, geht aus den erfolgreichen stereotaktischen Ausschaltungen des ventralen oralen Anterior-Kerns des Thalamus hervor (*Hassler* und *Riechert* 1958).

Durch Setzen zentraler Läsionen konnte *Mettler* (1946) einen dem Parkinson ähnlichen Tremor erzeugen. Nach *Poirier et al.* (1966) können Läsionen der ventromedialen Region zwischen oberer Pons und kaudalem Hypothalamus einen Tremor auslösen, wobei aufsteigende nigrale Bahnen unterbrochen werden. Aus diesen ventromedialen Tegmentum-Läsionen resultiert ein Ruhetremor der kontralateralen Extremitäten. Dieser Defekt geht mit Dopamin- und Serotonin-Verminderung in Nucleus caudatus und Putamen der lädierten Seite einher (*Andén et al.* 1966, *Goldstein et al.* 1969).

Auch die Homovanillinsäure und die 5-Hydroxyindolessigsäure sind in diesen Regionen vermindert, desgleichen die Aktivität der Tyrosinhydroxylase und der Tryptophanhydroxylase, aber auch der Dopa- und der 5-Hydroxytryptophan-Dekarboxylase (*Poirier et al.* 1969). Läsionen an verschiedenen Stellen der rubro-olivo-cerebello-rubralen Schleife lösen keinen Tremor aus. Wohl aber entsteht nach Läsionen dieser Schleife an verschiedenen Stellen durch α-Methyl-p-Tyrosin ein Tremor. α-Methyl-p-Tyrosin – ein Blocker der Dopamin-Synthese – ruft bei Affen auf der Seite der Läsion einen Tremor hervor, der durch L-Dopa-Gaben verhindert wird. Eine Inaktivierung der nigro-strialen Bahnen führt zu einem Dopamin-Mangel, der nach *Poirier et al.* (1976) der entscheidende Faktor bei der Entstehung des Tremors ist. Der Globus pallidus und die ventrolaterale Region des Thalamus sind an der Entstehung des Tremors beteiligt. Die prämotorische Region und der motorische Kortex, die mit der ventrolateralen Region des Thalamus verbunden sind, spielen eine wichtige Rolle für die Aufrechterhaltung des Tremors. Eine Zerstörung der motorischen Region beseitigt den

Parkinson-Tremor (*Bucy* und *Case* 1949). Die Integrität der kortikothalamo-kortikalen Schleife und kortiko-fugale Bahnen in den Hirnstamm sind für die Aufrechterhaltung des Tremors wesentlich. Daher die therapeutische Konsequenz einer stereotaktischen Ausschaltung. Die Unterbrechung dieser kortiko-thalamischen Schleife ist, nach unserer Erfahrung, die einzige Methode, einen Parkinson-Tremor komplett zu beheben.

Für den klinischen Gesichtspunkt ist die Vielfalt der auslösenden Mechanismen insofern von Bedeutung, als wir immer wieder Parkinson-Kranke sehen, deren Tremor durch Verabreichung von anticholinergischen Drogen, L-Dopa, Amantadin oder Bromocriptin gebessert werden kann.

Die Vielfalt der Regelkreisstörungen erfordert eine Vielfalt an therapeutischen Maßnahmen, bei denen allerdings die stereotaktische Ausschaltung die erfolgreichste ist. Diese operative Blockade kann auch die affektiv-emotionale Verstärkung des Ruhetremors völlig unterbinden, während dieser infolge affektiver Erregung induzierte Tremor durch L-Dopa und anticholinergische Drogen nicht auszuschalten ist. Es ist auch bemerkenswert, daß ein Tremor in einer Hand, der durch Fixieren dieser Hand unterdrückt wird, auf die andere Hand oder auf den Fuß derselben Körperseite überspringt. Das heißt: Die motorische Energieentladung sucht, falls sie blockiert wird, in irgendeiner anderen Extremität, die an sich keinen Tremor aufweist, eine Entladung. Diese klinische Erfahrung mildert die Erfolgsquote der stereotaktischen Operation, da nach Ausschaltung einer Seite sehr häufig der Tremor an der anderen Seite beginnt.

Auch durch Willensanstrengung läßt sich der Tremor für kurze Zeit blockieren, bricht aber dann mit um so größerer Intensität durch. Im Schlaf sistiert meistens der Ruhetremor, nur während der REM-Phasen kommt es zum Auftreten eines Tremors (*Struppler et al.* 1976). Im Schlaf wird vermutlich durch biochemische Ausschaltung der thalamo-kortikalen Schleife der Tremor blockiert. Die affektive Exazerbation ist deswegen besonders lästig, da sie die zwischenmenschlichen Beziehungen des Parkinson-Kranken belastet: Kommt ein Parkinson-Kranker in ein Restaurant oder in einen Omnibus, dann starren alle Leute auf seine zitternde Hand, worauf sich der Tremor extrem verstärkt. Sitzt der Kranke dann ruhig, und die Menschen beachten ihn nicht, läßt der Tremor nach und läuft quasi auf pathophysiologischem Standgas weiter. Man unterscheidet einen Ruhetremor („Resting tremor") (in völlig entspannter, liegender Position) und einen Haltungstremor („Postural tremor") (in sitzender oder stehender Haltung). Die Verstärkung des Parkinson-Tremors durch Affektreize zeigt, daß dieser Tremor kein isoliertes Defektsymptom ist, etwa wie eine segmentale

Muskelatrophie, sondern daß er, durch Regelkreisblockade im Hirnstamm ausgelöst, im Konnex mit affektiv-emotionalen wie auch vegetativen Funktionskreisen steht. Der Tremor zeigt auch nicht selten einen Tagesrhythmus, der mit der endogenen Depression insofern korreliert, als er morgens am stärksten und abends wesentlich geringer in Erscheinung tritt.

Auch das Umgekehrte kann man beobachten: Der Tremor ist, wie alle Parkinson-Symptome – sowohl die motorischen wie auch die vegetativen und die affektiven –, wetterabhängig. Schließlich ist er auch ein Test für den allgemeinen Biotonus. Bei Infekten (Pneumonie, Grippe) sistiert er völlig, doch tritt er nach Überwindung der Noxe wieder auf. In akinetischen Krisen oder ante mortem verschwindet er völlig.

Rigor

Der Rigor ist gleichfalls ein klassisches Symptom der Parkinson-Krankheit und kommt praktisch bei 100% der Patienten zur Beobachtung. Im EMG ist, sowohl in Ruhe als auch bei passiven und aktiven Bewegungen, eine Aktivität ersichtlich (*Höfer* und *Putnam* 1940; Abb. 17). Eine klinische Besonderheit besteht darin, daß der Rigor in den dem Rumpf nahen Muskelgruppen des Schulter- und des Beckengürtels besonders stark ausgebildet ist. Dies führt sehr häufig zu Schmerzen in den Schulter- und den Hüftgelenken bzw. in der Hals- oder der Lendenwirbelsäule. Viele Parkinson-Kranke werden deshalb monate- bis jahrelang antirheumatisch behandelt. Diese Gelenksschmerzen begleiten den Parkinson-Kranken während der gesamten Krankheitsdauer. Der Rigor blockiert die Nutrition der Gelenksflächen, die durch den Wechsel von Druck und Entlastung humoral ernährt werden. In den späteren Krankheitsphasen kommt hinzu, daß durch die muskuläre Schwäche die Last des Körpers schwerer auf die Gelenksflächen drückt, was besonders im Hüftgelenk zu einer Abnützungsarthrose führt, die im Stehen und Gehen Schmerzen bereiten, im Sitzen und Liegen jedoch durch Schmerzfreiheit ausgezeichnet ist.

Der Rigor ist – nicht wie der Tremor – durch strengbegrenzte stereotaktische Ausschaltungen im Tierversuch zu erzeugen (*Poirier et al.* 1976). Ventromediale Tegmentum-Läsionen bei Affen führen zu einer Hypokinesie, zu einem Tremor der kontralateralen Seite, aber zu keinem Rigor (*Poirier* 1960). Mit Reserpin oder Phenothiazin erzeugte Parkinson-Syndrome weisen häufig einen Rigor auf (*Larochelle et al.* 1974). Da Reserpin zu einer Entleerung der Pools von biogenen Transmittern führt, Phenothiazine zusätzlich die Dopamin-Rezeptoren blockieren, kann man den Rigor mit als Ausdruck entleerter dopaminerger Neuronen ansehen.

66 Klinik

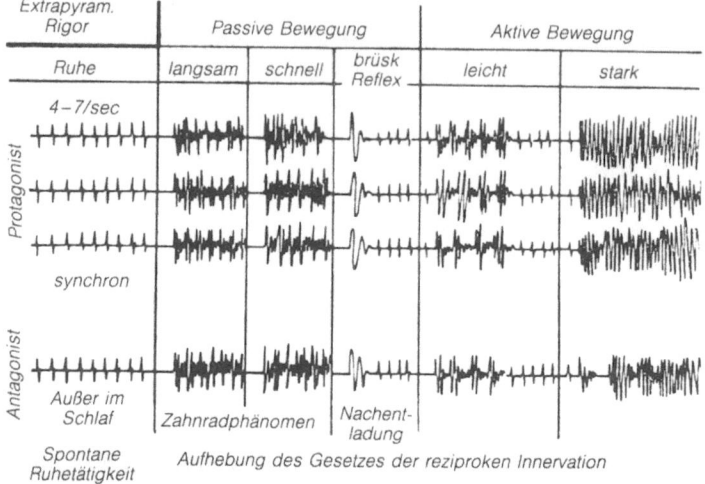

Abb. 17. Aufhebung des Gesetzes der reziproken Innervation. Von *Pateisky*, 1965

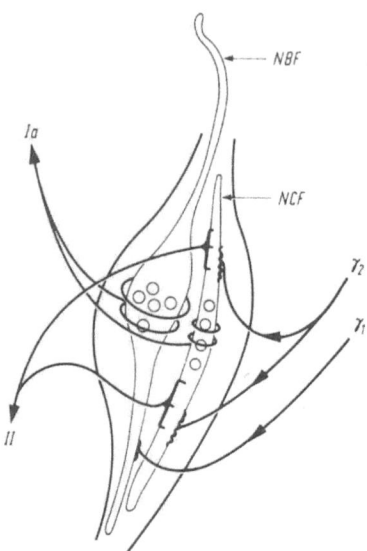

Abb. 18. Schematische Darstellung der Muskelspindel: *NBF* Kernsackfasern; *NCF* Kernkettenfasern; $\gamma 1$ efferente Fasern von den Gammazellen des Vorderhorns; $\gamma 2$ efferente Fasern von den Gammazellen des Vorderhorns; *Ia* afferente Bahnen, die von den Kernsackfasern erregt werden; *II* afferente Bahnen, die von Kernkettenfasern erregt werden

Im Striatum gibt es kleine und große Ganglienzellen. Die kleinzelligen Elemente überwiegen. Bei der Chorea degenerieren die kleinzelligen Elemente, klinisch treten die bekannten choreatischen Hyperkinesien in Erscheinung. Durch L-Dopa-Medikation werden diese choreatischen Symptome verstärkt (*Gerstenbrand et al.* 1962). Da bei der Chorea vorwiegend nur große Zellen vorhanden sind, ist anzunehmen, daß L-Dopa in diesen Zellen zu Dopamin synthetisiert wird. Dadurch wird die Balance zwischen Azetylcholin und Dopamin zugunsten des letzteren verschoben. Das Resultat sind die Hyperkinesien. Beim Parkinson hingegen besteht ein Verlust des Dopamins, dadurch ein Überwiegen der cholinergischen Aktivität mit dem klinischen Symptom des Rigors. Die Tatsache, daß er als einziges Defektsymptom der Parkinson-Krankheit durch anticholinergische Medikamente kompensiert werden kann, scheint für unsere Annahme zu sprechen. Auch die Verstärkung des Rigors durch Physostigmin (*Duvoisin* 1967) unterstreicht die cholinerge Genese des Rigors. Der Rigor ist nicht über alle Muskelgruppen gleichmäßig verteilt. Bei der Parkinson-Krankheit besteht eine Hypoaktivität der Gamma-Schleife (*Birkmayer* 1965). Die Gamma-Schleife ist der dominante Funktionsregulator des peripheren Muskeltonus, besonders in jenen Muskeln, die gegen die Schwerkraft wirken. Aus den Gamma-Zellen des Vorderhorns führen Gamma-1- und Gamma-2-Fasern zu den Muskelfasern des Spindelorgans (Abb. 18). Gamma-1-Fasern stimulieren die Kernsackfasern und über I-a-Fasern der hinteren Wurzeln den dynamischen Tonus auf Haltungsveränderungen. Die Gamma-2-Fasern regulieren über Kernkettenfasern und II-Fasern der hinteren Wurzeln die statische Komponente des Muskeltonus. Diese Erregungen erreichen die kleinen Alpha-Zellen des Vorderhorns, von wo eine tonische Innervation der Rumpf-, Schulter und Beckengürtelmuskulatur intendiert wird (Gamma-Schleife Abb. 19).

Die periphere Tonusregulierung untersteht einer supraspinalen Hemmung durch die Pyramidenbahn. Fällt diese Hemmung durch Läsion der Pyramidenbahn (Kapselherde oder Multiple Sklerose) aus, kommt es zu einer Reizschwellensenkung des Spindelorgans, und schon geringe Dehnungsreize führen zu einer Tonussteigerung. Das ist die sogenannte Gamma-Spastik, ausgelöst durch eine Gamma-Hyperaktivität.

Durch Degeneration der Substantia-nigra-Zellen fallen die fördernden Erregungen der absteigenden nigro-retikulo-spinalen Bahnen aus. Dadurch entsteht eine Gamma-Hypoaktivität und eine Alpha-Hyperaktivität (*Steg* 1964). Der Rigor ist eine Folge dieser Balancestörung (*Hassler* 1972). Die Funktion der Gamma-Schleife wird mit Hilfe des Tendon-Reflexes (T-Reflex) geprüft. Ein exakt dosierter Dehnungsreiz der Patellarsehne führt durch Dehnung des Muskels zu einer Reizung

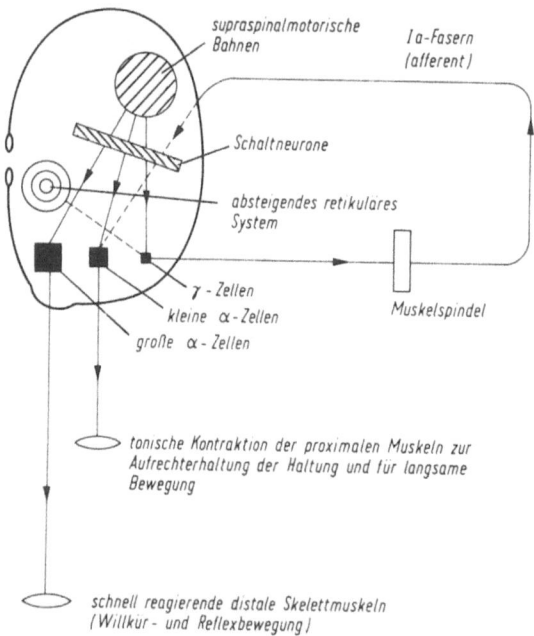

Abb. 19. Schema der Gamma-Schleife. Die supraspinalen motorischen Bahnen haben einen hemmenden Einfluß auf die Gammazellen, das retikuläre System einen aktivierenden Einfluß auf die Gammazellen. Durch eine Läsion der Pyramidenbahn kommt es daher zu einer Aktivitätssteigerung der Gamma-Schleife (Gammaspastik). Durch einen Ausfall der retikulären Stimulierung kommt es zu einer α-Aktivierung

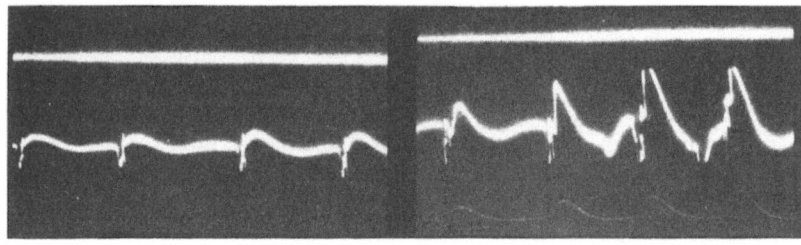

Abb. 20. T-Reflex bei einem Parkinson-Patienten: links ohne Therapie, rechts 30 Minuten nach 50 mg L-Dopa i.v. Von *Danielczyk*, Neurologische Abteilung, Pflegeheim Wien-Lainz

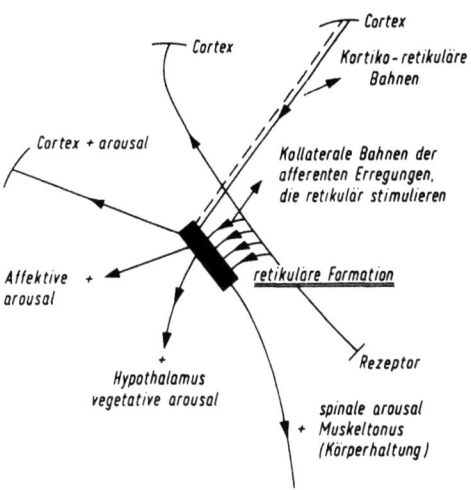

Abb. 21. Schema der retikulären Formation. Funktion der retikulären Formation im Hirnstamm. Sämtliche afferenten Erregungen stimulieren im Hirnstamm die retikuläre Formation. Dadurch kommt es zu einer unspezifischen Aktivitätssteigerung im Kortex („Arousal"-Reaktion), zu einer affektiven Spannungserhöhung (affektive „Arousal"-Reaktion), ferner zu einer vegetativen Stimulierung (vegetativen „Arousal"-Reaktion) und schließlich über retikulo-spinale Bahnen zu einer Aktivierung der Gammaschleife und Zunahme des Muskeltonus (spinale „Arousal"-Reaktion). Durch inhibitorische Erregung des Kortex (Hypnose) oder medikamentös (Tranquilizer) kommt es zur Sedierung der retikulären Formation und damit zu einem inhibitorischen Effekt auf die Bewußtseinslage, auf den Affekt, auf das Vegetativum und auf den Muskeltonus

des Spindelorgans, und über I-a-Fasern der hinteren Wurzeln kommt es im Musculus quadriceps zu einer Entladung, die im EMG darstellbar ist. Die Größe der Amplitude und die Frequenzen der Aktivität geben ein Maß für die Aktivität der Gamma-Schleife, das heißt für den Muskeltonus. Bei der Parkinson-Krankheit ist nun der T-Reflex vermindert auslösbar. Nach einer Dopa-Injektion zeigen Amplitude und Frequenz eine Vergrößerung (Abb. 20; *Birkmayer* 1970). Beim gesunden Menschen wird die Gamma-Schleife von der Pyramidenbahn gehemmt und von retikulo-spinalen Bahnen stimuliert (*Granit* und *Kaada* 1952).

Die Formatio reticularis wird durch sämtliche afferenten Erregungen (von der Peripherie zum Kortex) im Hirnstammbereich durch kollaterale Erregungen stimuliert (Abb. 21). Diese retikuläre Stimulierung löst eine kortikale „Arousal"-Reaktion aus (*Moruzzi* und *Magoun* 1949). Die kortikale „Arousal"-Reaktion geht einher mit einer Zunahme der Bewußtseinshelligkeit, im EEG mit einer Zunahme der Beta-Aktivität (Abb. 22). Gleichzeitig entsteht durch die retikuläre Erregung eine affektive Stimulierung (affektive „Arousal"-Reaktion

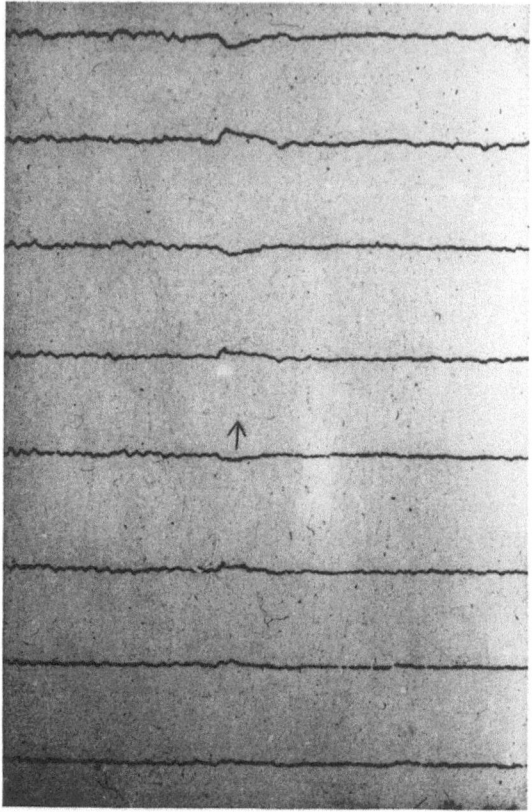

Abb. 22. Kortikale „Arousal"-Reaktion: α-Blockade, ↑ nach Augenöffnen, β-Aktivität = „Arousal"-Reaktion

Abb. 23), eine vegetative Stimulierung (vegetative „Arousal"-Reaktion) und über retikulo-spinale Bahnen eine spinale „Arousal"-Reaktion (Abb. 24; *Birkmayer* und *Pilleri* 1965).

Hört ein nächtlicher Wanderer im Wald einen Schuß, wird über die kortiko-spinale Bahn die Heschelsche Querwindung erregt (evoziertes Potential). Der Wanderer hört den Schuß. Durch eine Stimulierung der retikulären Formation im Hirnstamm entsteht eine kortikale „Arousal"-Reaktion: er ist plötzlich hellwach; eine affektive „Arousal"-Reaktion: er hat Angst; eine vegetative „Arousal"-Reaktion: er hat Herzklopfen und eine Blutdrucksteigerung und über absteigende retikulospinale Bahnen eine spinale „Arousal"-Reaktion. Dadurch wird sein Muskeltonus angespannt, er kann nun kämpfen oder fliehen.

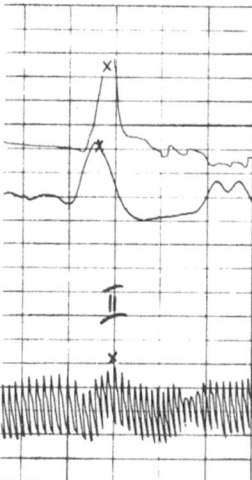

Abb. 23. Vegetative und affektive „Arousal"-Reaktion: Nach einem akustischen Stimulus entsteht synchron und gleichgerichtet in der Atmung (oberste Kurve), im psychogalvanischen Hautreflex (mittlere Kurve) und im Blutdruck und Puls (unterste Kurve) eine Response. Atmung und Blutdruck demonstrieren die vegetative „Arousal"-Reaktion, der psychogalvanische Reflex die affektive „Arousal"-Reaktion

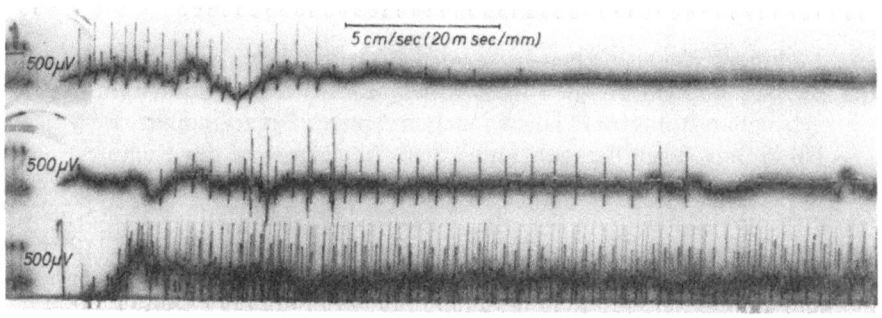

Abb. 24. Spinale „Arousal"-Reaktion: Nach einem akustischen Reiz Aktivitätssteigerung im ruhenden Muskel (oberste Kurve), unterste Kurve bei einem Spastiker (Überdauerungseffekt)

Beim Parkinson-Kranken ist diese spinale „Arousal"-Reaktion insuffizient. Der T-Reflex als Maß der Gamma-Aktivität ist nur schwach auslösbar. Eine Dopa-Injektion erhöht die Amplitude des T-Reflexes und verbessert damit die aufrechte Körperhaltung. Da unsere biochemischen Analysen ergeben haben, daß beim Parkinson-Kranken nicht nur im Striatum und in der Substantia nigra, sondern auch in der Formatio reticularis und im Nucleus ruber ein Defizit an Dopamin besteht (*Birkmayer et al.* 1972), kann man annehmen, daß die dopaminergische Hypoaktivität des nigro-retikulo-rubralen Funktionskreises über retikulo-spinale Bahnen nur eine insuffiziente Stimulierung der Gamma-Schleife zustande bringt. Das Resultat ist die charakteristische Beugehaltung des Parkinson-Kranken, die von uns als ,,Inaktivitätsschablone" beschrieben wurde (*Birkmayer* und *Neumayer* 1956). Die insuffizienten Efferenzen der retikulo-spinalen und der rubro-spinalen Bahnen führen zu einer unzureichenden Stimulierung der Gamma-Aktivität. Als klinische Folge der insuffizienten Tonusregulierung in den Muskeln, die der Schwerkraft entgegenwirken, kommt es generell zur charakteristischen Beugehaltung des Parkinson-Kranken.

Abb. 25. Schwimmflossenhaltung der linken Hand

Ein aufrechtes Stehen ist für den Parkinson-Kranken schwer intendierbar. Er steht mit gebeugten Knien, mit gebeugten Hüften, mit vorgebeugtem Rumpf und angewinkelten Armen. Bei asymmetrischem Befall kommt es zu den bekannten Seitwärtsneigungen des Rumpfes, die sekundär durch spondilogene Dekompensation zu radikulären Neuralgien führen. Während man die Beugehaltung des Rumpfes als Resultat des verlorenen Gleichgewichts zwischen Streck- und Beugemuskulatur interpretieren kann, sieht man Tonus-Anomalien in den distalen Endgliedern der Extremitäten seltener (Abb. 25). Diese Kontrakturen sind nicht arthrogen (im Röntgen keine Gelenksveränderungen), sondern Ausdruck eines zentralen Innervationsmusters. Solche Anomalien, die von uns als ,,eingefrorene Athetose" bzw. als Schwimmschablone (Abb. 25) beschrieben wurden, stellen fossilartige Bestandteile philogenetisch alter, durch den Morbus freigelegter Schablonen dar (*Birkmayer* und *Neumayer* 1956).

Unter Aufhebung der Schwerkraft im warmen Wasser sind diese Tonus-Anomalien kompensierbar, worauf die Vorzüge der Unterwassertherapie beruhen. Der Rigor wird vom Parkinson-Kranken als ein Gefesseltsein, als ein Fixiertsein in einem Gipsverband, empfunden. Der Rigor ist von der Akinesie streng zu trennen. Er läßt sich durch anticholinergische Medikamente bzw. durch eine stereotaktische Operation völlig lösen, was jedoch nicht immer mit der freien Verfügbarkeit über eine normale Motorik einhergeht.

Akinesie

Die Akinesie wurde von *Kleist* (1918) als eine spezifische Sonderform der Bewegungsstörung infolge Morbus Parkinson beschrieben. Der entscheidende Defekt besteht im Unvermögen, die potentielle Bewegungsenergie in Kinesie umzusetzen. Wir haben mit stroboskopischen Untersuchungen die Bewegungsbahnen eines Pendelschwunges des Armes und eines geraden Stoßes der Hand nach vorn registriert. Geschwindigkeit und Beschleunigung wurden mathematisch

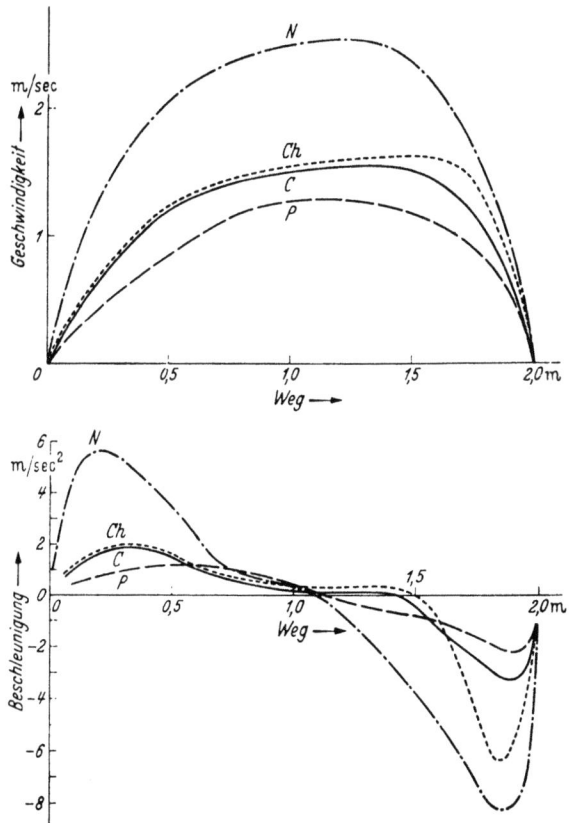

Abb. 26. Stroboskopische Registrierung eines Pendelschwunges des Armes eines Parkinson-Kranken. Geschwindigkeit oben, Beschleunigung unten. *N* Normal, *C* Zerebellar, *Ch* Chorea, *P* Parkinson

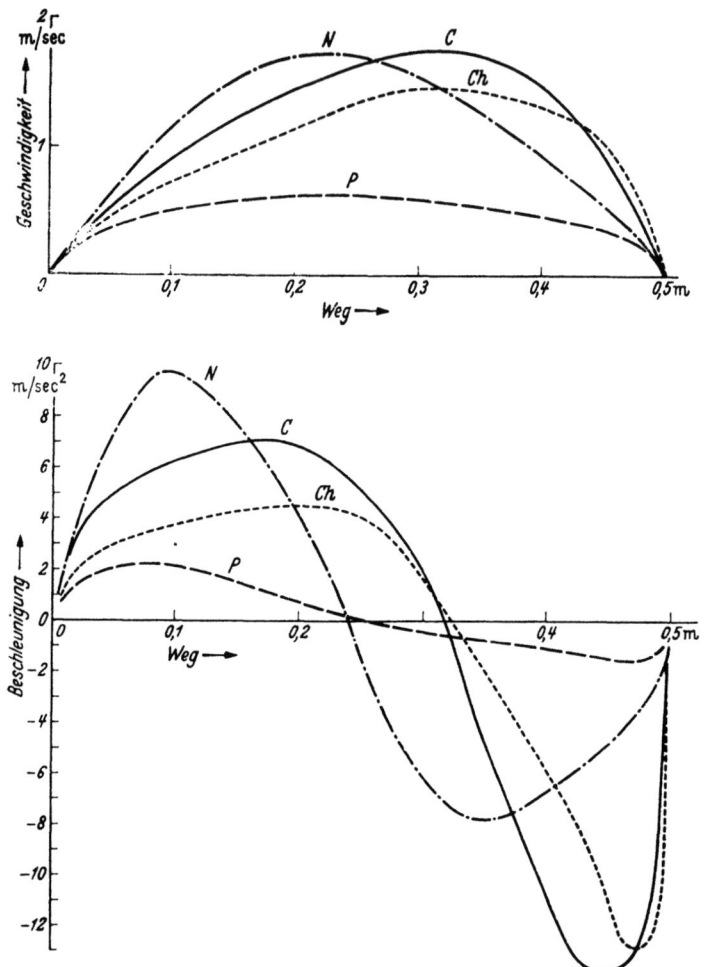

Abb. 27. Stroboskopische Registrierung eines geraden Stoßes nach vorn: rechte Hand eines Parkinson-Kranken, Geschwindigkeit oben, Beschleunigung unten. *N* Normal, *C* Zerebellar, *Ch* Chorea, *P* Parkinson

berechnet (*Birkmayer* und *Seemann* 1957; Abb. 26 und 27). Beim Stoß ist die plötzliche Kraftentfaltung der Oberarmstrecker ausschlaggebend für die Energiefreisetzung. Abb. 28 zeigt die Kriterien der mathematischen Auswertung. Tab. 16 gibt die errechneten Werte wieder. Der Weg bis zur größten Beschleunigung (l_1) und die Dauer der gesamten Beschleunigung sind beim Parkinson-Kranken und bei den Kontrollfällen ungefähr gleich. Der größte Mittelwert der Beschleunigung (b_{max}) ist bei den Kontrollen mehr als viermal größer als bei den Parkinson-

Kranken. Der Stoß setzt ein gleichzeitiges Intendieren möglichst vieler Streckelemente voraus, damit ein raketenartiger Effekt erzielt wird. Diese explosionsartige Entladung der Streckmuskulatur ist beim Parkinson in spezifischer Weise reduziert. Besonders erschwert ist das Stoßen der Hände nach oben oder ein Springen mit beiden Beinen. Innervationen gegen die Schwerkraft sind beim Parkinson durch die Gamma-Hypoaktivität erschwert durchführbar.

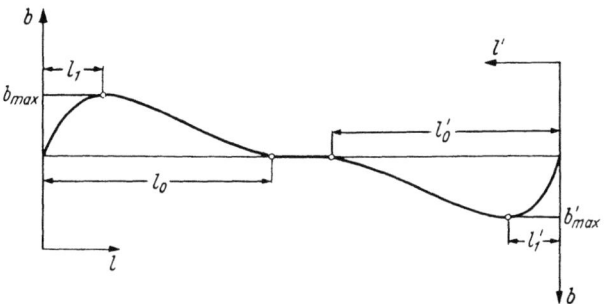

Abb. 28. Typische Form der Beschleunigungskurven. b Beschleunigung in der Entfernung l vom Bewegungsbeginn; b' Verzögerung in der Entfernung l' vom Bewegungsende; b_{max} Größtwert der Beschleunigung; b'_{max} Größtwert der Verzögerung; l_0 Gesamtweg, auf dem die Bewegung beschleunigt wird; l'_0 Gesamtweg, auf dem die Bewegung verzögert wird; l_1 Weg vom Beginn der Bewegung bis zur Größtbeschleunigung; l'_1 Weg von der Größtverzögerung bis Bewegungsende

Beim Pendelschwung, bei dem weniger der Krafteinsatz als das Entspannen, das Einwirkenlassen der Schwerkraft und der Zentrifugalkraft entscheidend für einen optimalen Effekt sind, ist der längste Weg zum Beschleunigungsmaximum beim Parkinson-Kranken doppelt so lang als bei den Kontrollen. Das heißt, der Parkinson-Kranke kann nicht so rasch entspannen und seine obere Extremität wie ein physikalisches Pendel der Schwerkraft überlassen. Diese Unfähigkeit zur Entspannung charakterisiert als Eigenheit den Gang des Parkinson-Kranken, weil das Schwungbein selten frei nach vorn schwingen kann, sondern schlurfend über den Boden geschoben wird. Der größte Beschleunigungswert bei den Kontrollen ist 5,65 m/sec², beim Parkinson-Kranken 1,2 m/sec². Dieses Hingeben an eine von außen einwirkende Kraft bei der schwunghaften Bewegung ist beim Parkinson-Kranken schwer beeinträchtigt.

Drei Kriterien charakterisieren die Motorik des Parkinson-Kranken:
1. Der plötzliche Einsatz einer maximalen Innervationseinheit (Stoß, Sprung bzw. jeder Start) ist beim Parkinson-Kranken reduziert bis völlig blockiert. Obere und untere Extremitäten sind dabei nicht gleich stark betroffen. Wenn ein Kranker die Arme rasch und energisch

Tabelle 16. *Charakteristische Größen in den Beschleunigungskurven*

	Größe	l_1	l_0	k	b_{max}	b.dl	l'_1	l'_0	k'	b'_{max}	b.'dl'
	Meßzahl	m	m	—	m/s²	m/s²	m	m	—	m/s²	m/²$l_1$$l_0$
Pendel-bewegung	normal	0,21	1,1	0,417	5,65	3,11	0,16	0,9	0,4	8,2	3,79
	Chorea	0,34	1,0	0,641	2,0	1,46	0,17	0,5	0,642	6,3	1,60
	zerebellar	0,33	1,0	0,625	1,9	1,18	0,12	0,58	0,44	3,3	1,17
	Parkinson	0,53	1,13	0,92	1,2	0,95	0,1	0,87	0,321	2,15	0,98
Stoß-bewegung	normal	0,094	0,24	0,736	9,7	1,5	0,15	0,26	1,27	7,8	1,42
	Chorea	0,2	0,322	1,45	4,5	1,1	0,026	0,178	0,36	12,9	1,21
	zerebellar	0,17	0,317	1,12	7,1	1,66	0,054	0,182	0,575	13,8	1,68
	Parkinson	0,077	0,256	0,575	2,2	0,24	0,034	0,244	0,353	1,5	0,22

l_1 = Weg vom Beginn der Bewegung zur größten Beschleunigung.
l_0 = Gesamtweg, auf dem die Bewegung beschleunigt wird.
b_{max} = größter Wert der Beschleunigung.
k = $\dfrac{\log 1/2}{\log 1/1}$, charakteristischer Exponent für den Beschleunigungsverlauf.
b.dl = Integral, das die Flächeninhalte unter den Kurven wiedergibt.

nach vorn stoßen kann, jedoch beim Sprung mit beiden Beinen kaum vom Boden kommt, ist die Prognose einer günstigen Dopa-Therapie wesentlich besser, als wenn obere und untere Extremitäten nur langsam innervierbar sind. Die Schnelligkeit des Innervationseinsatzes ist ein Maß für die Intaktheit der dopaminergen Neuronen.

2. Die Unfähigkeit, eine ablaufende Bewegung gleitend zu bremsen, behindert die Bewegungsflexibilität des Parkinson-Kranken.

3. Der Parkinson-Kranke hat große Schwierigkeiten, Aktionen gegen die Schwerkraft zu intendieren. Er hat z. B. größte Schwierigkeiten, ohne Hilfe aus dem Liegen in den aufrechten Stand zu gelangen. Er klebt am Boden und kann den ersten Schritt nicht intendieren. Andererseits zeigt er eine Propulsion, das heißt, er hat beim Gehen eine Fallneigung nach vorn, da er den schwunghaften Ablauf des Gehens nicht bremsen kann. Diese beiden Kriterien charakterisieren die Akinesie. Es ist völlig klar, daß diese spezielle Bewegungsstörung mit Rigor und Tremor nichts gemeinsam hat, wenngleich natürlich Korrelationen bestehen. Wenn der Rigor maximal ausgeprägt ist, gelingt es dem Kranken nicht, die Sperre zu überwinden und eine aktive Bewegung in Gang zu setzen. Es kann jedoch keinerlei Rigor bestehen und doch ist der Kranke nicht fähig, sich aus dem Liegen aufzusetzen, aus dem Sitzen aufzustehen und aus dem Stand den ersten Schritt zu machen. Diese Schwäche der ersten Intention, die in unseren Bewegungsanalysen deutlich demonstriert werden konnte, ist das kritische Detail der Akinesie.

Der „Freezing"-Effekt (*Barbeau* 1976) ist allen Klinikern bekannt. Der Patient geht, doch plötzlich verharrt er in einer starren Haltung, wie der Küchenjunge im Märchen vom Dornröschen. Wenn ein Parkinson-Kranker im Stehen einen Stoß an die Brust bekommt, kann er diesen Stoß nicht durch den dynamischen Tonus ausgleichen, und er fällt nach hinten.

Diese gestörte Funktion ist auf den unzureichenden Einsatz des dynamischen Tonus zurückzuführen. Wenn ein Parkinson-Kranker unter Streß eine Bewegung ausführen, z. B. eine stark befahrene Straße überqueren soll, wäre vorstellbar, daß der Streß ein Noradrenalin-Release auslöst. Noradrenalin, als Transmitter der peripheren Gamma-Schleife, intendiert durch seine Freisetzung eine Gamma-Überaktivität und damit eine Aktion des statischen Tonus. Das Resultat ist das Phänomen des Freezing. Nach verschieden langer Zeit ist der Kranke imstande, die Bewegungsblockade zu durchbrechen. Als Starthilfe kann man dem Patienten sagen, er soll ein Knie hochheben. Das Durchbrechen des statischen Tonus – durch eine Beugungssynergie einer unteren Extremität – ermöglicht den Start sowie die Fortsetzung der dynamischen Bewegung, bis etwa ein Türrahmen oder eine Stufe über den Mechanismus

„Angst – Noradrenalin – Gamma-Aktivierung – Stretch-Reflex" die dynamische Bewegung neuerlich blockiert. Dieses „Freezing", das beim Start wie auch beim Bewegungsablauf eventuell infolge der emotionalen Freisetzung von Noradrenalin auftritt, steht in keinem Zusammenhang mit der Dopa-Therapie, sondern ist ein häufiges Parkinson-Symptom. Nach verschieden langer Starre ist die freie Beweglichkeit wieder da. Wenn unsere Auffassung auch zunächst durch kein Experiment und durch keine biochemischen Befunde belegt ist, ist jedoch der allgemeine Konnex zwischen Affekt und Motorik evident. Jede emotional-affektive Erregung ist sowohl in der sportlichen wie auch in der künstlerischen Produktion leistungssteigernd. Dieser optimale Summationseffekt einer Bewegung durch Affekt schwindet jedoch dann, wenn die Noradrenalin-Freisetzung zu groß ist. „Starr vor Angst", sagt der Volksmund. Beim Parkinson-Kranken ist die Toleranz zwischen bewegungsförderndem und bewegungsblockierendem Effekt von Noradrenalin geringer. Die paradoxe Kinesie des Parkinson-Kranken basiert gleichfalls auf einer streßbedingten Dopamin-Noradrenalin-Freisetzung, die nach Art eines Servomechanismus kurzfristig Dopamin an die Rezeptoren bringt und damit blockierte Bewegungen freimacht. Die auf klinischer Beobachtung beruhende Annahme, daß Streßsituationen fördernde oder hemmende Impulse von Noradrenalin auf das dopaminerge nigro-striäre System bewirken, läßt sich auch durch theoretische Überlegungen untermauern.

Die Substantia nigra wird vom Locus caeruleus durch zwei noradrenerge Systeme innerviert. Ein dorsales Bündel wirkt synergistisch, ein ventrales Bündel hemmend auf das Dopamin-System. Eine durch Streß ausgelöste Aktivierung von noradrenergen Locus-caeruleus-Neuronen kann daher entweder zur Aktivierung des nigro-striären Dopamin-Systems (fight and flight) oder aber zur Hemmung (im Extremfall „Totstellreflex") führen. Normalerweise dürfte der synergistische Mechanismus überwiegen. Daher wirkt die bei Parkinsonismus beobachtete Verminderung von Noradrenalin eher ungünstig auf die dopaminerge nigro-striäre Neurotransmission, während der Verlust an Serotonin (hemmende serotonerge Bahn von der dorsalen Raphe zu Substantia nigra und Striatum) und GABA (hemmende strio-nigrale Bahn) günstig für das degenerierende Dopamin-System ist.

Auch der kleinschrittige Gang ist Ausdruck der Akinesie. Die Unfähigkeit, schwunghafte Bewegungen zu regulieren, führt zur sicheren Gangform der kleinen Schritte, wie sie der Gesunde etwa in einem dunklen Raum macht. Die fehlenden Mitbewegungen sind ebenfalls eine Folge der Unfähigkeit, schwunghafte Bewegungen zu vollziehen.

Der Verlust der lauten Stimme, die charakteristische Aphonie, ist gleichfalls der Akinesie zuzurechnen. Die Akinesie betrifft gelegentlich auch die Atmungsmuskulatur, weshalb Exspiration und Inspiration unzureichend sind, so daß eine Pneumonie bei einem Parkinson-Kranken sehr schwer zu diagnostizieren ist, denn: keine Atmungsbewegung – kein Rasseln. Die Spannung der Stimmbänder ist die notwendige Voraussetzung für die tonhafte Lautgebung. Auch diese ist beim Parkinson reduziert. Keine gespannten Stimmbänder – kein Ausatmungsdruck, daher eine Flüstersprache. Die sogenannte Dysarthrie der Sprache, die Palilalie, ist als Propulsion der Sprache zu klassifizieren.

Auch die Schreibbewegungen des Parkinson-Kranken sind infolge der Akinesie schwer gestört. Die ersten Worte sind meist leserlich und groß geschrieben, doch beim fortschreitenden Schreiben wird dieses langsamer, und die Schrift wird kleiner. Schließlich versandet der Antrieb zum Schreiben.

Das Maskengesicht stellt die Unfähigkeit dar, affektiv-emotionale psychische Funktionen in die Physiognomie zu transformieren. Die Amimie ist das Resultat dieser Unfähigkeit. Es gehört zu den beglückendsten Erlebnissen eines Patienten wie auch des Arztes, wenn nach einer Dopa-Injektion die starre Maske des Kranken abfällt und ein ausdrucksvolles, lebhaftes Gesicht entsteht. Der afferente Schenkel der Affektempfindung funktioniert beim Parkinson-Kranken, wie man aus der maximalen Steigerung des Resting-Tremors bei jedem Affektstreß sehen kann. Die Projektion des Affekts in die Physiognomie ist jedoch blockiert.

Die vielfachen Störungen der Aufrechterhaltung des Gleichgewichts haben mehrere Ursachen. Wie wir in unseren biochemischen Analysen gezeigt haben, sind die Veränderungen meist nicht seitengleich ausgeprägt. Wenn nun in dem einen Nucleus ruber weniger Dopamin vorhanden ist als im anderen, ist eine Fallneigung nach der Gegenseite des größeren Defizits die obligate Folge: Beim Umdrehen kommt es zur Fallneigung nach der Seite des größeren Dopamin-Defizits. Der Parkinson-Kranke vollzieht daher Wendungen beim Gehen möglichst nach der Seite der besseren Bewegung. Ein einseitig ausgebildeter Rigor kann gleichfalls zu Gleichgewichtsstörungen führen. Asymmetrische Rigorsymptome können aber vom Patienten leichter kompensiert werden als asymmetrische Akinesien.

Es ist gleichfalls sehr instruktiv, zu sehen, wie Parkinson-Kranke mühelos Treppen hinaufsteigen, aber beim Heruntersteigen oder beim Gehen in der Ebene Schwierigkeiten haben. Das einfache Steigen stellt eine geradlinige Bewegung dar, die keinerlei Risiko in Form von Bewegungsbeherrschung verlangt. Die Patienten können ja auch mit ihren Beinen kräftig in der Luft strampeln, das heißt, sie können die Beine unter Ausschaltung der Körperlast alternierend bewegen; aber gehen können sie nur mühsam, denn beim Gehen in der Ebene sind Entgleisungen schwieriger zu korrigieren. Der Kranke ist nicht imstande, die während eines Bewegungsablaufs notwendigen tonischen Verschiebungen zeitlich und intensitätsmäßig richtig einzusetzen. Sein Gamma-1-System ist unfähig, dynamische Tonusveränderungen abzustimmen. Bekommt der stehende Parkinson-Kranke einen Stoß an die Brust, so kann – wie schon erwähnt wurde – diese Verschiebung seines Gleichgewichts nicht durch eine Ausgleichsbewegung oder eine Tonusverschiebung korrigiert werden – er fällt nach hinten. Desgleichen gibt es Parkinson-Kranke, die sich auf der Straße fast normal bewegen können, aber innerhalb ihrer Wohnräume nicht imstande sind, durch eine Türöffnung zu gehen. Das hängt mit der durch die Akinesie bedingten Unfähigkeit zusammen, einen Bewegungsablauf rasch zu steuern. Dadurch kommt es häufig zu Stürzen. Der Kranke fällt wie ein Mehlsack um, ohne Abwehr- oder Abfangbewegung. Wenn er nach hinten fällt, stürzt er auf den Hinterkopf. Wenn er nach vorn fällt, macht er keine Versuche, den Fall mit den Händen abzufangen – er fällt auf die Nase. Parkinsonkranke Sportler sind aber gelegentlich in der Lage, die langsameren tonischen Innervationen beim Schifahren zu aktivieren (vor allem während der Dopa-Therapie), hingegen ist es ihnen nicht möglich, Tennis zu spielen. Der rasche Start und der Set sind unmöglich. Der Kranke ist jedoch fähig, ein Kraftfahrzeug zu lenken, auch wenn er nicht mehr richtig gehen kann. Im Sitzen spielt die Gamma-Aktivität keine wesentliche Rolle. Die Hypoaktivität der Gamma-Schleife stört zwar beim Stehen und Gehen, nicht aber beim Autofahren. Die Aufmerksamkeit und die Vigilität sind beim Parkinson meist gesteigert, und die Reaktionsfähigkeit der Hände ist im Sitzen ausreichend. Auch das Schwimmen, als philogenetisch alte Bewegungsschablone, ist infolge Ausschaltung der Schwerkraft (Ausschaltung der Gamma-Aktivität) beim Parkinson-Kranken noch lange Zeit möglich, und es stellt im warmen Wasser eine ideale Therapie dar. Bei halbseitiger Symptomatik ist das Schwimmen nur schwer auszuführen, weil der Kranke sich dauernd dreht.

Besonders hervorzuheben sind die Wetterabhängigkeit der Akinesie und die Tagesschwankungen. Bei trockenem, kühlem Hochdruckwetter fühlt sich der Parkinson-Kranke wohl, seine Akinesie ist geringer. Er kann mit größeren Schritten und rascher sowie ausdauernder gehen. Bei Tiefdruckwetter fühlt er sich nicht wohl und ist auch in seiner Bewegungsfähigkeit stärker behindert. Tierexperimente haben Hinweise dafür ergeben, daß bei Überwiegen negativer Luftionisation (Tiefdruck) eine Aktivierung des serotonergen Systems erfolgt, während bei positiver Luftionisation (Hochdruck) das katecholaminerge System angeregt wird (*Krueger* 1968). Eine Auswirkung von raschen Wetterveränderungen auf ein labiles dopaminerges nigro-striäres System ist aufgrund pharmakologischer Daten wahrscheinlich. Die Abhängigkeit des Parkinson-Kranken von Wetterveränderungen zeigt an, daß der Dopamin-Mangel eine allgemein reduzierte Adaptationsfähigkeit nach sich zieht. Diese unzureichende Anpassungskraft des Parkinson-Kranken beschränkt sich nicht auf Wetterveränderungen, sondern umfaßt alle Streßformen (seelischen Kummer, Leistungsüberforderungen, zusätzliche Krankheiten).

Im allgemeinen ist die Akinesie morgens weniger ausgeprägt. Es gibt viele Patienten, die nach der morgendlichen ersten Pille bis mittags fast normal beweglich sind. Dann setzt eine Off-Phase ein, das ist eine Phase mit mehr oder minder blockierender Beweglichkeit („end-of-dose"-Off-Phase). Die Dauer dieser Off-Phase ist verschieden lang. Trotz Einnahme von L-Dopa ist diese Off-Phase in den meisten Fällen nicht zu durchbrechen. Eine morgendliche Off-Phase ist auf den Mangel an L-Dopa zu beziehen, also kein echtes Off. Durch Einnahme von L-Dopa stellt sich die aktive Beweglichkeit innerhalb von 30–40 Minuten ein. Der echte Off-Effekt wird aber am häufigsten nach dem Mittagessen beobachtet. Die Stärke der Off-Phasen dürfte mit dem Degenerationsgrad der Neuronen korrelieren; meist sind die unteren Extremitäten betroffen (*Damasio et al.* 1973). Während anfangs die Höhe des Dopa-Spiegels im Plasma für den Off-Effekt verantwortlich gemacht wurde, zeigten aber spätere Untersuchungen, daß der Off-Effekt unabhängig vom Dopa-Spiegel des Plasmas auftritt (*Muenter* und *Tyce* 1971, *Birkmayer et al.* 1973a). *McDowell* zeigte im Plasma während einer Off-Phase einen besonders hohen L-Dopa-Spiegel auf (*McDowell* und *Sweet* 1976). Als Ursache der unzureichenden Verwertbarkeit des Dopamins im Neuron bzw. am Rezeptor nahm *Hornykiewicz* (1973) eine Rezeptorblockade durch falsche Transmitter (Tetrahydropapaverolin) an. Wenn diese Annahme stimmt, dürfte man erwarten, daß eine Dopa-Zufuhr während der Off-Phase zu einer Verstärkung bzw. Verlängerung der Bewegungsblockade führt. Das ist aber nicht der Fall. Bei initialen Off-Phasen konnten wir zeigen, daß ein Deprenyl-Zusatz den Off-Effekt durchbricht (*Birkmayer et al.* 1975).

Dieser Effekt wurde mehrfach bestätigt (*Rinne et al.* 1978, *Csanda et al.* 1978). Die Blockade der Monoaminoxidase, Typ B, hemmt den Dopamin-Abbau im Neuron. Dadurch kommt es zu einer gesteigerten Lagerung von Dopamin und zur Beseitigung des Off-Effekts. Aufgrund dieses Deprenyl-Effekts sind wir der Meinung, daß eine vorübergehende Enzymerschöpfung der Tyrosinhydroxylase oder eine gesteigerte MAO-Aktivität die Ursache des Off-Phänomens darstellt. *McDowell* und *Sweet* (1976) beobachteten in ihrem Krankengut das Auftreten von Off-Phänomenen schon nach 2 Jahren Dopa-Therapie, wobei vor allem die unteren Extremitäten betroffen waren. Nach 5 Jahren waren es schon 50%. Im eigenen Krankengut scheinen sie nach 5 Behandlungsjahren mit 8,5% auf. Das häufigste Auftreten entsteht – wie erwähnt wurde – nach dem Mittagessen, so daß eine vermehrte Proteinzufuhr als Auslöser angeschuldigt wurde (*Cotzias et al.* 1969). Bei Untersuchungen der Monoaminoxidase im striären System, in Relation zum 24-Stunden-Rhythmus, konnte gezeigt werden, daß die MAO-Aktivität in den Nachmittagsstunden am höchsten ist (*Birkmayer et al.* 1976). Diese Enzymaktivitätssteigerung hat zweifellos ein Absinken des intraneuronalen Dopamin-Spiegels zur Folge. Die Bewegungsblockade in den unteren Extremitäten scheint in diesen stark betroffenen Regionen die Folge des nicht verfügbaren Dopamins zu sein. In den weniger betroffenen oberen Extremitäten sieht man nicht selten am Beginn der Off-Phase Hyperkinesien. Das würde heißen, daß in den weniger geschädigten Neuronen das zugeführte Dopa in erhöhtem Ausmaß zu Dopamin konvertiert wird und dadurch Hyperkinesien als Nebenwirkungen aufscheinen. Das On-off-Phänomen kann entweder ein Symptom einer unzureichenden Synthese von Dopamin im Neuron sein, kann die Folge einer unzureichenden Speicherung oder einer unzureichenden Freisetzung (Release) sein, kann aber auch durch eine Rezeptorblockade ausgelöst werden. Die Rezeptorblockade scheint unwahrscheinlich zu sein, da die Medikation von Stimulatoren, z.B. Bromocriptin, ohne Effekt bleibt. *McDowell* und *Sweet* (1976) diskutieren auch eine mangelhafte Resorption des Dopa vom Darm her: Da Tryptophan die Resorption von Dopa im Darm behindert, müßte nach Tryptophan-Gaben der On-off-Effekt stärker in Erscheinung treten, was aber nicht der Fall ist. Außerdem kann man, um eine periphere Nebenwirkung auszuschalten, die Benserazid- oder Carbidopa-Dosis steigern. Nun hat aber ein Zusatz zur üblichen Dopa-Medikation von 100 mg Benserazid keinerlei Einfluß auf Intensität und Dauer des On-off-Phänomens.

Eine periphere Genese scheint somit unwahrscheinlich. Da mit gesteigerter Therapiedauer eine Zunahme und eine Verstärkung der On-off-Phänomene zustande kommen, wobei im Verlaufe der Krankheit immer häufiger Off-Phasen in akinetische Krisen, das heißt in längerdauernde Phasen von Bewegungsunfähigkeit, übergehen, muß man diese Off-Phasen als Transmitterdefizit in den dopaminergen Neuronen ansehen. Das Angebot an Dopa kann nicht mehr verwertet werden. Durch die progressive Degeneration werden solche akinetischen Phasen intensiver im Ausmaß und in der Dauer. Die Off-Phänomene sind somit die ersten klinischen Zeichen eines progressiven Krankheitsverlaufs, denen akinetische Krisen als Zeichen eines Terminalsymptoms folgen (*Danielczyk* 1973). Am Beginn der Off-Phasen bewirkt eine Blockade des intraneuronalen Dopamin-Abbaues durch die MAO, Typ B, eine Überwindung der Bewegungsblockade.

Stereotaktische Eingriffe, Dekarboxylasehemmerzusatz, Anticholinergika, Proteinentzug, Apomorphin und Piribedil-Medikation erwiesen sich als erfolglos (*McDowell* und *Sweet* 1976). Sicher ist, daß eine zu hohe Dopa-Medikation vorzeitig On-off-Phasen in Erscheinung treten läßt. Da unsere europäischen Dopa-Dosen im allgemeinen niedriger liegen als die amerikanischen, ist es kein Zufall, daß *Yahr* (1971) als erster den On-off-Effekt beschrieben hat. *Chase et al.* (1976) konnten bei oraler Dopa-Medikation bei 72%, bei intravenösen Infusionen von L-Dopa nur bei 5% Fluktuationen der Akinesie im Sinn von Off-Phänomenen demonstrieren. Die klinische Erfahrung eines frühen Auftretens bei hoher Dopa-Medikation, wodurch die Synthesefähigkeit des dopaminergen Neurons überfordert wird, zwingt zu einer möglichst niedrigen Dopa-Dosierung mit Dekarboxylasehemmern und Monoaminoxidasehemmern (Deprenyl).

Akinetische Krisen sind Zeichen einer Terminalphase, wenngleich es initial durch Infusionen von P. K. Merz (Amantadin) meist gelingt, die ersten Krisen zu beheben. In akinetischen Krisen verstorbene Patienten zeigten praktisch keinerlei Dopamin in den striären Kernen, zum Unterschied von Parkinson-Kranken, die an anderen Erkrankungen starben (*Birkmayer et al.* 1976; Tab. 1).

Ein anderer Terminus, der in der Literatur vorkommt, ist die „paradoxe Kinesie" (*Jarkowski* 1925). Unter einem besonderen Streß ist der nicht gehfähige Parkinson-Kranke imstande, kurze Zeit (Minuten bis 1½ Stunden) normal zu gehen. *Ajuriaguerra* (1971) beobachtete dieses Phänomen bei 7% seines Krankengutes. Wir hörten gelegentlich von Patienten, daß sie nachts kurze Zeit normal gehen konnten. Wie schon ausgeführt wurde, ist unter einem besonderen Affektstreß ein Noradrenalin-Release imstande, aus dopaminergen Neuronen den Bewegungstransmitter freizusetzen. Dieser paradoxe Effekt wirkt nur kurzfristig.

Es ist nicht schwierig, einen Tremor bzw. einen Rigor objektiv zu registrieren. Es ist hingegen nicht möglich, die Akinesie in ihren vielfachen Störungen wie Mimik, Sprache, Mitbewegungen usw. zu objektivieren. Da der Start, d.h. die maximale Intention einer Bewegung bei der Parkinson-Akinesie am deutlichsten erfaßbar ist, haben wir mit einem Physiological-acceleration-transducer (Firma Philips) die Kraftentfaltung eines geraden Stoßes vor und nach Dopa-Medikation registriert (*Birkmayer* 1967). Ein Geber (Gewicht 2 g) wird an einer Körperstelle befestigt (beim Stoß am Handrücken). Er nimmt physikalische Änderungen auf und transponiert sie in elektrische Größen, die laufend auf ein Oszilloskript übertragen werden. Die Beschleunigungsgröße G

(9,81) der einfachen Erdbeschleunigung ist direkt auf dem Registrierpapier abzulesen. Beim Normalen betrug die Beschleunigung bei einem geraden Stoß 8,5 G, bei einem Parkinson-Kranken nur 1 G (Abb. 29).

Die Beschleunigungsfähigkeit als Maß der kinetischen Energie ist beim Parkinson-Kranken um ein Vielfaches geringer als beim Normalen

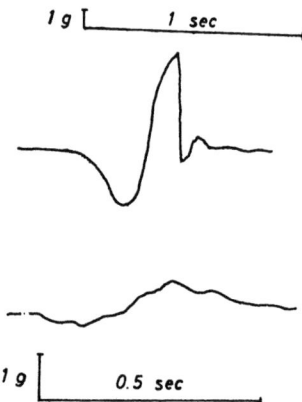

Abb. 29. Registrierung mit einem Physiological-acceleration-transducer. Oben: normaler Stoß der rechten Hand, geradeaus nach vorn. Die Beschleunigung beträgt 8,5 g, die Zeit 0,2 Sekunden. Unten: der gleiche Stoß eines Parkinson-Kranken. Die maximalste Beschleunigung beträgt 1 g, die Zeit 0,2 Sekunden. g Erdbeschleunigung

(*Birkmayer* 1967). Wenn diese Registrierungsform auch nur imstande ist, geradlinige Bewegungsformen in ihrer Energieentfaltung zu objektivieren, so ist sie doch bei der Objektivierung therapeutischer Effekte von unschätzbarem Wert.

Eine objektive Beurteilung der Gesamtmotorik ist nicht möglich. Wie sollte man die Mimik objektivieren? Zur Beurteilung eines therapeutischen Erfolges sind vielfache Untersuchungsmethoden angegeben worden. Eine allgemein anerkannte gibt es nicht, weil jeder Untersucher seine individuellen Wünsche und Interessen hat.

Österreichische Parkinson-Gesellschaft
Dokumentationsbogen für Parkinson-Kranke
(bearbeitet von Gerstenbrand, Klingler, Poewe und Schnaberth)

Arzt-Rating

Rigor
(Für Nacken und alle 4 Extremitäten getrennt zu prüfen!)

0 – *Normal.*

2 – *Minimal:* bei passiver Bewegung ein Widerstand faßbar, meist nur schwach wahrnehmbar; mitunter Zahnradphänomen.

2 – *Leicht:* geringer Widerstand bei passiven Bewegungen – erschwert, aber voll durchführbar; Tonus leicht erhöht; Zahnradphänomen deutlich nachweisbar.

3 – *Mittelschwer:* passive Bewegungen deutlich erschwert, aber noch voll durchführbar; Tonus deutlich erhöht; Zahnradphänomen deutlich nachweisbar.

4 – *Schwer:* passive Bewegung nur mit Mühe möglich, nicht voll durchführbar; Zahnradphänomen ausgeprägt; mitunter nicht mehr faßbar.

Bradykinesie? – Akinesie
(Für rechte und linke Seite getrennt zu untersuchen!)

0 – *Normal.*

1 – *Minimal:* Verarmung und Verlangsamung des Bewegungsablaufes ohne subjektive Behinderung, könnte auch noch normal sein.

2 – *Leicht:* die Verarmung und Verlangsamung der Bewegung wird subjektiv wahrgenommen, jedoch keine wesentliche Behinderung.

3 – *Mittelschwer:* deutliche Verlangsamung aller Bewegungen mit wesentlicher Behinderung; gelegentliches Stocken beim Gehen, Hypodiadochikinesie, Schwierigkeiten beim Aufrichten vom Sitzen etc.

4 – *Schwer:* hochgradige Verlangsamungen aller Bewegungen (Bewegungsstarre – hilflos).

Tremor
(Kopfbereich, alle 4 Extremitäten)

0 – *Normal:* kein Tremor.

1 – *Minimal:* gering ausgeprägter Ruhetremor, zeitweilig sistierend, mitunter nur bei Erregung, einseitig, beidseitig oder auch nur im Kopfbereich.

2 – *Leicht:* geringgradiger Ruhetremor, verringert oder verschwindend bei Willkürbewegungen, diskontinuierlich.

3 – *Mittelschwer:* nahezu ständiger Tremor, mittlere Amplitude, nicht nur in Ruhe.

4 – *Schwer:* ständiger Tremor, nur geringe Verminderung bei Intention, grobschlägig, stark behindernd.

Vegetative Symptomatik
(Seborrhoe, Sialorrhoe)
0 – *Normal.*
1 – *Minimal:* leicht fettige Stirne und/oder gering vermehrter Speichelfluß, mitunter unbemerkt.
2 – *Leicht:* fettige, eventuell schuppende Gesichts- und Kopfhaut, gelegentlich feuchter Mundwinkel, Speichelfluß vermehrt – wird vom Patienten bemerkt.
3 – *Mittelschwer:* deutliche fettige Gesichtshaut (eventuell Erythem, Schuppen der Kopfhaut), deutlich vermehrter Speichelfluß – an den Mundwinkeln zu sehen, Ablaufen kann vom Patienten verhindert werden, eventuell vermehrtes Schwitzen.
4 – *Schwer:* ausgeprägte Seborrhoe (Salbengesicht, schwere Dermatitis), starker Speichelfluß (Abtropfen aus dem offenen Mund), eventuell starkes Schwitzen.

Sprache
0 – *Normal.*
1 – *Minimal:* etwas leise, normal verständlich.
2 – *Leicht:* auffallende Monotonie, leise, heiser, noch gut verständlich.
3 – *Mittelschwer:* erschwert verständlich, Wortwiederholungen notwendig.
4 – *Schwer:* kaum verständlich, phasenweise Aphonie.

Gang
0 – *Normal.*
1 – *Minimal:* gering verkürzte Schrittlänge, kein Schlurfen, beim Umdrehen „En-bloc-Bewegung".
2 – *Leicht:* mäßig verkürzte Schrittlänge, intermittierendes Schlurfen, Umdrehen verzögert.
3 – *Mittelschwer:* deutlich verkürzte Schrittlänge, ständiges Schlurfen, Trippeln beim Umdrehen, Kleben am Boden, Startschwierigkeiten.
4 – *Schwer:* Schrittlänge unter 10 cm, Umdrehen nicht möglich, kann nur mit Unterstützung oder nicht mehr gehen.

Haltung

0 – *Normal.*
1 – *Minimal:* etwas vornübergebeugt, keine Armflexion, deutlich vermindertes Mitschwingen der Arme beim Gehen.
2 – *Leicht:* vornübergebeugt, geringe Armflexion, deutlich vermindertes Mitschwingen der Arme.
3 – *Mittelschwer:* deutlich vornübergebeugt, Armflexion bis Hüfthöhe, kein Mitschwingen beim Gehen.
4 – *Schwer:* Armflexion in Hüfthöhe oder darüber, Knie- und Hüftflexion (Poker-spine-Haltung).

Standfestigkeit
(Durch leichten Stoß gegen Brust oder Rücken zu prüfen!)

0 – *Normal.*
1 – *Minimal:* positives Antero-, Latero- und Retropulsionsphänomen, jedoch sofort kontrollierbar.
2 – *Leicht:* positives Antero-, Latero- und Retropulsionsphänomen, nach einigen Schritten kontrollierbar.
3 – *Mittelschwer:* Antero-, Latero- und Retropulsion nicht kontrollierbar, Fallneigung.
4 – *Schwer:* unfähig, ohne fremde Hilfe zu stehen.

Mimik

0 – *Normal.*
1 – *Minimal:* etwas erhöhte Schwelle für Emotionen, etwas seltener Lidschlag.
2 – *Leicht:* deutlich verminderter Lidschlag, erhöhte Schwelle für Emotionen, verminderte Bulbusbewegungen.
3 – *Mittelschwer:* deutlich verminderte Mimik, seltener Lidschlag, starrer Blick, phasenweise offener Mund.
4 – *Schwer:* weitgehende Amimie („frozen face").

Organisches Psychosyndrom

0 – *Normal.*
1 – *Minimal:* verlangsamter, umständlicher Gedankenablauf.
2 – *Leicht:* zusätzliche Merk- und Auffassungsstörungen.
3 – *Mittelschwer:* deutliche Merk- und Auffassungsstörungen sowie Gedächtnisstörungen, Perseverationen, Schwierigkeiten bei Grundrechnungsarten (Subtraktionstest 100 minus 7).
4 – *Schwer:* hochgradig dement, hilflos im Management primitiver Alltagsverrichtungen.

Depressivität

0 – *Normal.*
1 – *Minimal:* leichte Stimmungsschwankungen, die den Alltag nicht beeinträchtigen.
2 – *Leicht:* zusätzlich herabgesetzte Konzentrationsfähigkeit und Entschlußkraft, eventuell Angstzustände.
3 – *Mittelschwer:* Depression für die Umgebung auffällig, Patient wesentlich beeinträchtigt.
4 – *Schwer:* Depression mit Psychosewert, erhöhte Suizidgefahr.

Rating der Alltagsfunktionen

Ankleiden

0 – *Normal.*
1 – *Minimal:* verlangsamt, jedoch ohne Anstrengung.
2 – *Leicht:* deutlich verlangsamt, subjektives Gefühl der Anstrengung, noch ohne Hilfe möglich.
3 – *Mittelschwer:* sehr mühsam, mit großem Zeitaufwand, teilweise nur mit Hilfe möglich.
4 – *Schwer:* ohne Hilfe unmöglich.

Essen

0 – *Normal.*
1 – *Minimal:* selbständig, verlangsamt, gelegentlich Mißgeschicke.
2 – *Leicht:* deutlich verlangsamt, häufig Mißgeschicke.
3 – *Mittelschwer:* sehr langsam, benötigt Hilfe, z. B. beim Trinken oder Fleischschneiden.
4 – *Schwer:* muß gefüttert werden, mitunter nur noch parenterale Ernährung möglich.

Hygiene

0 – *Normal.*
1 – *Minimal:* selbständig, etwas verlangsamt.
2 – *Leicht:* deutlich verlangsamt, häufig Mißgeschicke beim Waschen, Urinieren und Stuhlgang.
3 – *Mittelschwer:* teilweise auf fremde Hilfe angewiesen.
4 – *Schwer:* ganz auf fremde Hilfe angewiesen.

Mobilität

0 – *Normal.*
1 – *Minimal:* Verzögerung beim Aufstehen aus Sitzen und Liegen, beim Umdrehen im Bett.
2 – *Leicht:* Tendenz zum Zurückfallen, gelegentliche Hilfe beim Aufstehen erforderlich, Umdrehen im Bett deutlich erschwert.
3 – *Mittelschwer:* teilweise auf fremde Hilfe angewiesen.
4 – *Schwer:* ohne Fremde Hilfe inmobil.

Bewertungsskala nach Birkmayer und Neumayer

Wir selbst haben einen Disability score entwickelt und 4000 Fälle damit untersucht (*Birkmayer* und *Neumayer* 1972).

Wir untersuchen 10 Funktionen: Gehen, Stoßen, Springen, Sprache, Schrift, Haltung, Mimik, Mitbewegungen, Start, Tremor. Eine normale Funktion wird mit 0 bewertet, eine völlige Unfähigkeit mit 10. Ein Score von 100 würde demnach eine völlige Bewegungsunfähigkeit bedeuten, was mit dem Leben unvereinbar ist. Eine grobe Einteilung ergibt, daß eine Disability bis 30 als leichter Parkinson, bis 60 als mittelschwerer und von 60 bis 90 als schwerer Parkinson zu klassifizieren ist.

Beim Gehen werden die Schrittlänge, das Schleifen der Füße auf dem Boden, die Propulsion, das Wenden und die Sicherheit, das heißt das Gleichgewicht, bewertet.

Beim Stoßen wird ein gerader Stoß beider Arme nach vorn und nach oben gefordert. Nach oben sind die Geschwindigkeit und der Umfang des Stoßes meist eingeschränkt, was für den Parkinson-Kranken sehr charakteristisch ist. Alle Bewegungen gegen die Schwerkraft sind erschwert ausführbar. In schweren Fällen ist die Stoßbewegung überhaupt nicht mehr vollziehbar, sondern es kommt nur ein langsames Drücken in geringem Umfang zustande. Dabei ist aber nicht der Rigor die Ursache der Bewegungsbehinderung.

Beim Springen wird geprüft: Mit beiden Beinen in die Höhe springen. Das Lösen vom Boden fällt dem Parkinson-Patienten besonders schwer. Es gibt kaum einen Patienten, der mehr als 20 cm vom Boden hochkommt.

Die Sprache wird nach der Lautstärke und der Artikulation bewertet, wobei meist ein schwieriges Wort verlangt wird, z. B. Artilleriebrigade oder Elektrizitätsgesellschaft. Exakte Untersuchungen über die Sprechstörungen der Parkinson-Kranken stammen von *Logemann et al.* (1973). Er unterscheidet mehrere Stufen der Sprechverschlechterung. Die erste Stufe wird auf eine Kehlkopfdysfunktion bezogen. In der nächsten Phase kommt es zum Verlust der Zungenartikulation. Die Lippen sind erst bei der nächsten Störungsphase beteiligt. Es sind neben der lingualen auch labiale Koordinationsstörungen vorhanden. In der schlechtesten Phase fehlen sowohl die Lautstärke als auch die Koordination der Lippen- und Zungenbewegungen. Die Artikulation von Konsonanten ist besonders betroffen.

Die Schrift wird mit Standardsätzen wie: „Wien ist eine schöne Stadt", geprüft, da man aus inhaltlich gleichen Schriftproben bessere Vergleiche ziehen kann. Beurteilt werden: Geschwindigkeit, Schwung, Größe und Lesbarkeit.

Die Haltung wird nach dem Grad der Beugetendenz beurteilt: von einem leichten Rundrücken bis zur kompletten Beugung, bei der der Oberkörper fast im rechten Winkel zur unteren Extremität gebeugt ist; interessanterweise löst sich diese Beugehaltung meist im Liegen, und die Patienten können der Länge nach auf dem Rücken liegen. Die Lösung der Beugehaltung im Liegen zeigt, daß durch die Ausschaltung der Gamma-Aktivität die Beugekontraktur verschwindet, wogegen im Stehen die Gamma-Hypoaktivität zum Verlust des aufrechten Standes führt.

Bei der Mimik ist man natürlich auf gefühlsmäßige Schätzungen angewiesen. Der leichteste Grad einer mimischen Störung besteht darin, daß das Gesicht in Ruhe starr und ausdruckslos wirkt, daß aber im Gespräch oder bei der Aufforderung zum Lachen eine aktive Ausdrucksbewegung zustande kommt. Der stärkste Grad der Amimie besteht darin, daß weder Freude noch Trauer eine emotionale Anteilnahme zum Ausdruck bringen kann.

Die Mitbewegung der Arme beim Gehen ist bei schweren Fällen völlig blockiert. Der Kranke hält die Arme gebeugt und am Rumpf fixiert. So zappelt er in Propulsionshaltung schleifend über den Boden. In leichteren Fällen pendelt ein Arm mit. Der andere wird steif gehalten.

Die Startfähigkeit ist unschwer zu beurteilen. In schwersten Fällen kleben die Kranken auf dem Boden und sind unfähig, den ersten Schritt zu tun. Läßt man den Patienten über einen auf dem Boden liegenden Stock steigen, dann gelingt durch diese willkürliche Aufhebung des Stretch-Reflexes die Überwindung der motorischen Blockade. Der aufrechte Stand wird durch die Tätigkeit der Gamma-2-Fasern intendiert; durch eine Hypoaktivität der Gamma-1-Fasern, die den dynamischen Tonus regulieren, entsteht ein Übergewicht der Gamma-2-Aktivität, die eine Lösung der statischen Innervation des aufrechten Standes erschwert. Daher ist der Parkinson-Kranke im Stehen wie angeschraubt auf dem Boden, während er im Sitzen seine Beine frei bewegen kann.

Auch wenn ein Parkinson-Kranker auf einem Standrad sitzt, kann er ohne Schwierigkeit die Tretbewegungen auf den Pedalen ausführen.

Das Gehen erfordert eine Doppelfunktion:
1. das Tragen des Körpergewichts mit Hilfe des statischen Muskeltonus der gegen die Schwerkraft wirkenden Muskulatur und
2. die Fortbewegung durch die dynamisch wirkenden Muskeln.
Der Wechsel von der tonischen Funktion des Standbeines zum Vorschwingen des Schwungbeines ist beim Parkinson erschwert bis unmöglich. In allen Situationen, in denen die Schwerkraft aufgehoben ist, z.B. im Wasser oder im Liegen, aber auch beim Kriechen, ist die Dynamik der Fortbewegungen wesentlich besser vollziehbar als aus dem aufrechten Stand. Diese Startbremse durch die insuffiziente Gamma-Aktivität tritt sowohl beim ersten Schritt auf wie auch bei jeder Richtungsänderung, am stärksten beim Wenden. Jeder Wechsel von tonischer Standfunktion zur dynamischen Fortbewegung kann den Bewegungsablauf blockieren. Daher gehen zahlreiche Parkinson-Patienten im freien Gelände bei glatter Bodenbeschaffenheit freier und ungehemmter als in Räumen. Dort wird durch kleine Richtungsänderungen immer wieder die Startbremse aktiviert. Die Fallneigung und das Hinfallen ereignen sich in Wohnräumen häufiger als im Freien. Beim Gehen im Freien kann durch eine Stockhilfe ein zusätzlicher Gamma-Aktivator eingesetzt werden, während im Zimmer der Stock wegen des beschränkten Raumes eher hinderlich ist. Jeder Wechsel zwischen tonischer und dynamischer Muskelfunktion ist beim Parkinson-Kranken erschwert.

Der Tremor schließlich ist leicht zu beurteilen. Die an schwerem Parkinson Erkrankten haben meist einen geringeren Tremor als die mit mittelschwerem. Bei den leichteren Fällen steigt durch eine Affektirritation beim Betreten eines Zimmers oder bei Beginn eines Gesprächs die Amplitude des Resting-Tremors enorm an.

So subjektiv diese Wertung an sich ist, ergeben sich beim gleichen Team relativ fixe Werte. Wir haben Vergleichsuntersuchungen über Madopar- und Sinemet-Wirkungen an gleichen Patienten durch drei Neurologen unabhängig voneinander durchführen lassen. Die Beurteilung des Disability score ergab nur Abweichungen von maximal 5 Punkten. Wenn das auch im Einzelfall relativ viel sein mag, gehen diese Fehler bei einer großen Zahl von untersuchten Kranken völlig unter, und man erhält vergleichbare Befunde (*Podiwinsky et al.* 1979).

Da alle Parkinson-Forscher mehr oder weniger die gleichen Items erfassen, bekommt man trotz verschiedener Wertungen im großen und ganzen verwertbare Daten. Wie bei allen Rating scales liegen die Schwierigkeiten darin, wie viele Items man erfassen will.

Wählt man zuwenig Punkte, kann die Untersuchung rasch durchgeführt werden, es fallen dann aber oft wesentliche Details unter den Tisch. Werden zu viele Items gefordert, ist die Untersuchung zu arbeitsaufwendig und in einem klinischen Betrieb nicht durchführbar. Die gesamte Datenerfassung ist für die pharmazeutische Industrie jedenfalls sehr wichtig. Der Forschung bringen diese statistischen Erhebungen keinen Fortschritt. Für die Forschung ist eine exakte klinische Beobachtung wesentlich und ein guter Kontakt mit einem Spezialisten der Basisforschung. Eine permanente gegenseitige Induktion bringt optimale Resultate.

Untergruppen von Gerstenbrand, Poewe und Ransmayr

3 Hauptgruppen

Typ 1: Äquivalenz-Typ (R = T = A): Rigor, Tremor und Akinese annähernd gleich ausgeprägt.

Typ 2: Akinetisch-rigider Typ: Tremor nicht oder nur minimal nachweisbar.

Typ 3: Tremordominanz-Typ: Akinese oder Rigor nur minimal oder leicht ausgeprägt.

3 Nebengruppen (kommen nur sehr selten vor)

Typ 4: Demenz-Typ: Grenzfälle des Parkinson-Demenz-ALS-Komplexes.

Typ 5: Parkinson-Syndrom mit ausgeprägten *Vegetativen Symptomen* (Grenzfälle des Shy-Drager-Syndroms).

Typ 6: Parkinson-Syndrom mit ausgeprägten *optomotorischen Störungen* (Grenzfälle des Steele-Richardson-Olszewski-Syndroms).

Typ 7: Lechner-Ott-Syndrom

Für den Effekt einer chemischen Substanz ist ein reibungsloser Transport über die Blutbahn und eine optimale Verwertung in der Nervenzelle notwendig. Das Lechner-Ott-Syndrom besteht darin, daß neben den typischen Symptomen der Parkinson-Krankheit die Fließeigenschaften des Blutes beeinträchtigt sind. Das eingedickte Blut fließt langsamer, ein erhöhter Hämatokrit, eine erhöhte Plasmaviskosität und Erythrozytenanomalien verschlechtern die Fließqualität und damit die Verfügbarkeit von L-Dopa („HHR = high-hemodynamic-risk-Parkinson). Dieser Zusatzdefekt ist insofern von Wichtigkeit, als eine therapeutische Beeinflussung wesentliche Verbesserungen der klinischen Symptomatik bringt. Klinisch ist für dieses Lechner-Ott-Syndrom charakteristisch, daß neben der Akinesie Konfusionen, Gedächtnisstörungen und emotionale Entgleisungen aufscheinen.

Einige Termini technici

Die Balance der Neurotransmitter als Voraussetzung unseres Verhaltens (Birkmayer–Riederer 1972)

Die diversen Neurotransmitter – vermutlich auch die verschiedenen Neuropeptide – stehen in einer permanenten biochemischen Homöostase, die durch biochemische Feedback-Regulationen aufrechterhalten wird. Absinken der Tyrosinhydroxylaseaktivität hat unzureichende Dopamin-Speicherung in den Neuronen zur Folge. Daraus resultiert die Akinesie. Diese ist eine Gleichgewichtsstörung zwischen Azetylcholin und Dopamin. Substituiert man mit L-Dopa, dann stellt man die Balance wieder her. Dosiert man zu hoch, dann entsteht eine paradoxe Gleichgewichtsstörung. Dopamin überwiegt das Azetylcholin, als Folge treten Hyperkinesien auf. Ferner führt eine L-Dopa-Medikation im Tierversuch zu einer Entleerung von Serotonin aus den spezifischen Neuronen (*Bartholini et al.* 1968). Auch beim Parkinson kann es bei zu langer oder zu hoher Dopa-Substitution zu einer Entleerung der Serotonin-Neuronen kommen, was durch ein vielfach erhöhtes Ansteigen der 5-Hydroxyindolessigsäure im Liquor nachgewiesen werden kann (*Birkmayer et al.* 1972). Klinisch traten Konfusionen, Angst und Halluzinationen auf. Nach Zufuhr von L-Tryptophan bzw. 5-Hydroxytryptophan wurde die Balance wiederhergestellt, die 5-HIES-Werte fielen zur Norm ab, die psychotischen Symptome traten zurück. Bei zu hoher Tryptophan-Dosis nahm die Akinesie zu. Kompetitive Wechselwirkung von Tryptophan und Dopa an der Blut-Hirn-Schranke sowie Steigerung des den dopaminergen Tonus des Striatums hemmenden Serotonin-Einflusses sind dafür verantwortlich.

Ein anderes Beispiel eines Balanceverlustes:

Bei gewissen Parkinson-Patienten kommt es in fortgeschrittenem Stadium zu therapiebedingten orthostatischen Hypotensionen. Der Blutdruck sinkt ab, der Patient klagt über Schwindel, wird fallweise bewußtlos und stürzt zu Boden. Der systolische Blutdruck kann dabei auf Werte von 60 bis 70 mm Hg absinken. Eine hohe Dosis von DOPS DL-3,4-(Dihydroxyphenylserin), 500–1000 mg i. v.) erhöht als direkte Vorstufe (Präkursor) das Noradrenalin. Der systolische Blutdruck und die Akinesie besserten sich (*Narabayashi et al.* 1981, *Birkmayer et al.* 1983). Die Normalisierung der Balance zwischen Dopamin und Noradrenalin verhindert die vegetative Blutdruckentgleisung. Die vom Locus caeruleus ausgehenden noradrenergen Bahnen garantieren die Vigilanz („Arousal"-Reaktion), die eine optimale motorische Aktivität fördern.

Ferner: Die Dopa-Medikation führt beim Parkinson-Kranken nicht selten zu Schlafstörungen und ängstlichen Träumen. Diese Symptome sind möglicherweise Ausdruck einer Noradrenalin-Freisetzung. Durch Medikation von L-Tryptophan – abends gegeben – kann die Balance wiederhergestellt und die Schlafstörungen behoben werden. Das gleiche gelingt mit sedierenden Antidepressiva vom Amitryptilin-Typ. Gerade diese Indikation zeigt den biochemischen Balance-Effekt der Antidepressiva. Der Verlust des biochemischen Equilibriums ist einerseits die Ursache von Plus-, andererseits von Minus-Symptomen. Dadurch treten Fluktuationen der motorischen Aktivität, des emotionalen Verhaltens und der vegetativen Regulationen auf. Plus-Symptome sind z.B. Hyperkinesien, Angst und ein hoher Blutdruck, Minus-Symptome sind Akinesie, Antriebsmangel und niedriger Blutdruck. Durch Balancestörungen entstandene Symptome treten entweder als Folge der fortschreitenden Degeneration oder als Nebenwirkung einer unzweckmäßigen Therapie auf. Praktisch scheint im Verlauf der Krankheit die On-off-Phase nach langer Krankheitsdauer fast immer auf. Bei zu hohen Initialdosen von L-Dopa oder Deprenyl, oder Bromocriptin, treten sie früher auf, das heißt mit anderen Worten: zu hohe Dosen beseitigen wohl Minus-Symptome, aber sie beschleunigen die Progression des Leidens. Alle Symptome und Nebenwirkungen, die im Verlauf der Parkinson-Krankheit aufscheinen, sind nur ein bizarres Modell zum Verständnis des Normalverhaltens in unserem Leben. Die Konsequenz dieser Erkenntnis ist von gleicher Bedeutung wie die Erkenntnis über die Bewegungsgesetze der Galaxie von Keppler. Der Hirnstamm ist quasi eine Mikro-Galaxie, in der mit Rückkopplungsmechanismen die Balance innerhalb gewisser Grenzen intra- und interneuronal aufrechterhalten wird.

Freezing-Effekt (Barbeau 1976)

Eine affektive oder emotionale Erregung führt plötzlich zu einer Bewegungsblockade. Die Angst beim Überqueren einer verkehrsreichen Straße oder die banale Angst beim Passieren einer geöffneten Zimmertür blockieren die Bewegung. Besonders beim Start oder bei einer möglichen Wendung kommt es zu diesem Freezing-Effekt. Wir nehmen an, daß eine affektive bzw. eine emotionale Erregung eine Gamma-2-Überaktivität (Stretch-Reflex) auslöst. Durch eine Noradrenalin-Freisetzung (starr vor Angst) könnte es zur Blockade des freien Bewegungsablaufs kommen.

Paradoxe Kinesie (Jarkowski 1925)

Ein besonderer Affektstreß bewirkt eine Verbesserung der Akinesie. Patienten können plötzlich laufen und gehen, was vorher nicht möglich war. Diese verbesserte Bewegungsfähigkeit ist allerdings nur vorübergehend. Wir nehmen an, daß ein Affektstreß den Bewegungstransmitter aus den dopaminergen Neuronen freisetzt. Bei Ausnahmesituationen in einer Gefahr, in einer Angstsituation, kommt es zu einer terminalen Dopamin-Freisetzung mit dem vorübergehenden Bewegungseffekt.

On-off-Phänomen (Yahr 1971)

Es ist dies eine Phase einer passageren Bewegungsblockade. Sie tritt meist nach dem Mittagessen auf und dauert verschieden lange. Da die Aktivität der MAO in den Mittagsstunden am größten ist, kann man annehmen, daß der Off-Effekt durch einen Mangel an intraneural verfügbarem Dopamin ausgelöst wird. Es ist ein „Wearing off"-Effekt, also eine Erschöpfungsreaktion. Wenn man zu niedrig dosiert, dann kann eine Steigerung der L-Dopa-Dosis zur Überwindung des On-off-Effekts führen.

Erhöht man die Dosis, und es tritt kein positiver Effekt auf, sondern Nebenwirkungen, dann ist eben diese Off-Phase auf eine Erschöpfung der synthetisierenden Enzyme zurückzuführen („wearing-off"). Die ersten Off-Phasen kann man mit Deprenyl kompensieren (*Birkmayer et al.* 1975), aber auch mit Amantadin und mit DA-Agonisten-Zusatz, das heißt durch diverse Manipulationen, die die Verwertbarkeit des intraneuronal gelagerten Dopamins steigern, tritt ein optimaler Erfolg ein. Bei fortgeschrittenem Krankheitsprozeß ist die Zahl der noch verfügbaren Neuronen unzureichend. Die zur freien Beweglichkeit nötige Menge an Neurotransmittern kann nicht freigesetzt werden. Das Resultat ist eben eine unbehandelbare Off-Phase. Am zweckmäßigsten ist völlige Ruhe des Patienten, der nach 1–3 Stunden Ruhe plötzlich spürt, daß seine Beine wieder beweglich sind.

Akinetische Krisen (Danielczyk 1973)

Es sind längerdauernde Phasen von blockierter Bewegungsfähigkeit. Wie beim On-off-Effekt besteht keinerlei Beziehung zu affektiv-emotionalen Auslösern. Für uns ist die akinetische Krise ein protrahiertes Off-Phänomen.

Tab. 1 zeigt, daß bei Patienten, die in einer akinetischen Krise verstorben waren, im Striatum kein Dopamin nachweisbar war, das heißt, ohne verfügbaren Transmitter gibt es keine Bewegung. Während bei initialen akinetischen Krisen Amantadin-Infusionen mit Dopa- und Deprenyl-Zusatz für einige Zeit erfolgreich sind, gibt es für die späteren Phasen derzeit keine Therapie.

Yo-Yoing (Calne 1976)

Das Auf und Ab des Yo-Yo-Spieles ist die bildliche Bezeichnung der fluktuierenden Akinese.

Die Schwankungen sind von der Dosis unabhängig; sie zeigen entweder eine Korrelation zum Tagesrhythmus (morgens bessere – nachmittags schlechtere Bewegungsfähigkeit, oder umgekehrt), oder sie sind vom Wetter und vom Klima abhängig. Vor Wetterfronten entstehen häufig stärkere Akinesien, und in der Sommerhitze tritt die Akinesie ebenfalls verstärkt auf. Auch die Stimmung korreliert mit der motorischen Aktivität. Man sollte von Fluktuation nur dann sprechen, wenn sie unabhängig von der Dosis in Erscheinung tritt. Eine morgendliche Akinesie ist eine „End-of-dose"-Akinesie (durch den Mangel an L-Dopa-Zufuhr während der Nacht).

Vegetative Dekompensationen

Neben den motorischen Defektsymptomen kommen vegetative Symptome im Sinn einer Irritation, wie Speichelfluß, Seborrhöe, Schweißausbrüche, Flush, Hyperthermie, Beinödeme, ferner Minus-Symptome, wie Appetitlosigkeit, Gewichtsabnahme, Obstipation, zur Beobachtung (*Birkmayer* 1964/65). Auffallend bei den vegetativen Symptomen ist, daß es sich vorwiegend um Störungen im parasympathischen System handelt. Charakteristisch ist ferner auch, daß die vegetativen Symptome meist krisenhaft in Erscheinung treten. Das Salbengesicht und die Seborrhoea oleosa am Kopf sind tageweise stärker oder schwächer ausgeprägt und stellen einen Spiegel der gesamten Situation des Patienten dar. Auch die Schwankungen beim Auftreten der Symptome im zirkadianen Rhythmus sind augenfällig. Der Speichelfluß z. B. ist in der Nacht meist stärker als am Tag, wodurch Polster und Bettwäsche stark durchnäßt werden. Das krisenhafte Auftreten einer profusen Schweißsekretion ist fast ein spezifisches Symptom der Parkinson-Krankheit. 30–60 Minuten dauert diese Schweißphase, dann ist der Körper ohne Therapie völlig trocken. Diese anfallsartigen Phänomene vegetativer Symptome ließen uns an einen unkontrollierten Release-Effekt von biochemischen Transmittern denken und lösten die ersten Anregungen zu biochemischen Analysen verschiedener Transmittersubstanzen aus. Unsere ersten Untersuchungen über den Gehalt an Substanz P im Hirnstamm, zunächst von *Lembeck* (Graz) und später auch von *Hornykiewicz* ausgeführt, ergaben allerdings keine Unterschiede zwischen verstorbenen Parkinson-Kranken und Kontrollfällen. Die später durchgeführten Serotonin-Analysen (*Bernheimer et al.* 1961) zeigten, daß beim Parkinson-Kranken neben dem Dopamin-Defizit auch die Serotonin-Werte in verschiedenen Regionen des Hirnstamms vermindert waren. Die Differenz zu den Kontrollfällen war jedoch nicht so groß wie beim Dopamin. Es besteht somit im Hirnstamm der Parkinson-Kranken eine generelle biochemische Störung, ein Verlust der biochemischen Balance, als deren Folge eben neben den Defekten der motorischen Instinkthandlungen vegetative und affektiv-emotionale Störmuster auftreten.

In den heißen Sommermonaten beobachteten wir immer wieder Parkinson-Kranke, die tagelang hoch fieberten. Temperaturen bis zu 40 °C waren keine Seltenheit. Alle Methoden, die Körpertemperatur mit Medikamenten zu senken, waren erfolglos. Die einzige erfolgreiche Maßnahme bestand darin, die Kranken in kalte, feuchte Tücher zu wikkeln oder in ein lauwarmes Bad zu legen. Da solche Hyperthermien ausschließlich in der heißen Jahreszeit auftraten, nahmen wir eine Blockade der Wärmeabgabe als Ursache der Hitzestauung an. Eine solche wurde schon von *Parkinson* beobachtet. Der entscheidende Faktor der Wärmeabgabe liegt nach *Aschoff* (1947) in der Vasomotorenfunktion der Haut. Durch Erweiterung der Hautgefäße kommt es zu einer vermehrten Wärmeabgabe, die allerdings nicht in allen Regionen des Körpers gleich ist. Diese Wärmeabgabe ist abhängig von der Blutmenge, die in der Zeiteinheit durch die Oberflächengefäße strömt. An den Finger- und Zehenspitzen kann durch Öffnung der arteriovenösen Anastomosen eine Steigerung der Wärmeabgabe erfolgen. Die Messung der Hauttemperatur gibt ein Maß für die Wärmeabgabe. Die Variabilität ist eine Voraussetzung für die Konstanterhaltung der Körpertemperatur. Wir haben an gesunden Versuchspersonen und an Parkinson-Kranken Untersuchungen durchgeführt, bei denen wir die Hauttemperatur am Oberschenkel und an der großen Zehe gemessen haben. Im nackten Zustand der Untersuchten war die Temperatur an der Zehe wesentlich niedriger (Abb. 30). Bedeckten wir den Rumpf und die oberen Extremitäten mit einer Decke, so stieg die Hauttemperatur an der großen Zehe beträchtlich an. Das heißt, durch Blockade der Wärmeabgabe am Rumpf und an den oberen Extremitäten kommt es über Feedback-Mechanismus zu gesteigerter Wärmeabgabe an den freien Akren. Die Temperatur an den Zehen stieg an, damit die Wärmebilanz des Organismus aufrechterhalten werden kann. Bei den Parkinson-Kranken blieb nun bei bedecktem Rumpf die Temperatursteigerung an den Zehen aus, was demonstriert, daß die Feedback-Regulierung der Wärmeabgabe beim Parkinson-Kranken unzureichend funktioniert. Als Folge dieser insuffizienten Feedback-Steuerung entsteht in extremen Situationen die oft tödliche Hyperthermie.

In geringem Ausmaß ist bei allen Parkinson-Kranken diese Störung der Wärmeregulation zu beobachten. Alle fühlen sich in der Hitze sehr schlecht, aber in kühlem Klima wohler. Auch die häufig zu beobachtenden Flush-Symptome stellen einen fehlgeleiteten Versuch dar, durch Erweiterung der Hautgefäße eine vermehrte Wärmeabgabe und damit die Konstanterhaltung der Temperatur zu gewährleisten. Nach Dopa-Injektionen änderte sich diese blockierte Wärmeabgabe nicht. Nach

5-Hydroxytryptophan (50 mg i.v.) zeigte sich nach Bedecken des Rumpfes und der Arme ein Anstieg der Hauttemperatur an den Zehen. Damit war gezeigt, daß Serotonin ein Transmitter ist, der an der Wärmeregulierung beteiligt ist (*Birkmayer* und *Neumayer* 1963). Die klinische Konsequenz dieser Entdeckung bestand in der prophylaktischen Verabreichung von L-Tryptophan in der heißen Jahreszeit. Seither kamen diese Hyperthermien nicht mehr zur Beobachtung, und die Patienten fühlen sich in den heißen Sommermonaten wesentlich wohler.

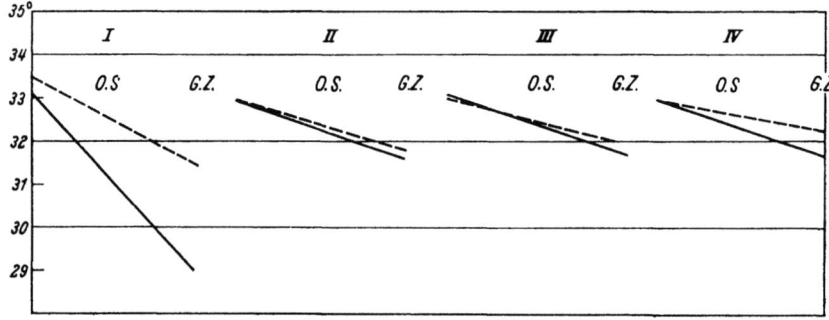

Abb. 30. Veränderungen der Hauttemperatur bei Gesunden und bei Parkinson-Patienten. *I* Hauttemperaturen am Oberschenkel und an der großen Zehe bei zehn gesunden Versuchspersonen, *II* Hauttemperaturen am Oberschenkel und an der großen Zehe bei 16 Parkinson-Patienten, *III* Hauttemperaturen am Oberschenkel und an der großen Zehe bei zehn Parkinson-Kranken – 30 min nach 50 mg L-Dopa intravenös, *IV* Hauttemperaturen am Oberschenkel und an der großen Zehe bei zehn Parkinson-Patienten – 30 min nach 50 mg 5-Hydroxytryptophan intravenös. ——— im nackten Zustand, — — — Rumpf und obere Extremitäten zugedeckt, *I* t score 3,24 (signifikant), *IV* t score 5,08 (signifikant)

Krisenhafte Schweißausbrüche, die dazu führen, daß der Patient nachts dreimal das Hemd wechseln muß, sind gleichfalls auf eine Störung des Serotonin-Metabolismus zurückzuführen. Sie treten besonders während der Nacht auf und können gleichfalls durch L-Tryptophan-Medikation behoben werden. Der vermehrte Speichelfluß des Parkinson-Kranken tritt zwar auch während der Nacht auf, ist aber weder durch Tryptophan noch durch Dopa zu beeinflussen. Da eine anticholinergische Medikation die einzige wirksame Maßnahme darstellt, ist anzunehmen, daß eine gestörte Azetylcholin-Dopamin-Balance der Auslöser dieses Plus-Symptoms ist. Andererseits wird die beim Parkinson-Kranken vorhandene Neigung zur Obstipation durch die Dopa-Therapie verstärkt. Da Serotonin im Darm in hoher Konzentration vorkommt, nehmen wir an, daß es durch die Dopa-Medikation zu einer Entleerung von Serotonin (wie im Gehirn) kommt. Der Competition-Effekt, der von *Bartholini et al.* (1968) entdeckt wurde, gilt nicht nur im

Gehirn, sondern auch in der Peripherie. Die Forscher konnten zeigen, daß es im Tierversuch nach Dopa-Injektionen zu einem Dopamin-Anstieg im Gehirn kam, gleichzeitig jedoch eine Entleerung von Serotonin stattfand. Durch Medikation von L-Tryptophan können die entleerten serotonergen Ganglienzellen der Darmwand aufgefüllt werden, wodurch die Balance Dopamin–Serotonin wiederhergestellt ist. Desgleichen sind die häufig anzutreffenden Beinödeme auf eine Störung des Serotonin-Stoffwechsels zu beziehen. Eine zusätzliche Medikation von L-Tryptophan oder 5-Hydroxytryptophan-Injektionen ist oft imstande, diese Ödeme zu beseitigen oder zumindest zu bessern.

Bei längerer Krankheitsdauer sieht man nicht selten eine ausgesprochene Magersucht der Patienten. Sie kann so dramatisch wie eine Pubertätsmagersucht aussehen. *Rinne* (1983) gibt 20% der Patienten mit Anorexia innerhalb des ersten halben Jahres nach Beginn der Dopa-Therapie an, während es im Zeitraum bis 5 Jahre nur 5% sind. Während bei den Kindern mit Magersucht meist auch der Appetit gestört ist, besteht bei Parkinson-Kranken jedoch eine gesteigerte Appetenz, fallweise sogar eine Freßsucht. Jede Gewichtszunahme kommt durch eine Stimulierung des parasympathischen Systems zustande. Bei der Magersucht des Parkinson-Kranken hilft die Zufuhr von L-Tryptophan meist nicht. Am erfolgreichsten sind noch trizyklische Antidepressiva, was auf eine zentrale Fehlsteuerung hinzuweisen scheint. Dopamin ist als Stimulans des Wachstumshormons anzusehen. Eine englische Arbeitsgruppe (*Galea-Debono et al.* 1977) konnte bei 32 Parkinson-Kranken zeigen, daß der Anstieg des Wachstumshormons im Plasma nach Dopa-Verabreichung bei Parkinson-Kranken und bei den Kontrollfällen gleich hoch ist. Als Ursache der Magersucht kann man sich vorstellen, daß durch die langdauernde Dopa-Medikation die Balance Dopamin–Serotonin leidet. Diese fehlgesteuerte Balance Dopamin–Serotonin spielt sich aber, wie bei allen vegetativen Störungen, im extrastriären Bereich ab (*Birkmayer* und *Riederer* 1975a, b).

Das Hypothalamus-Hypophysen-System scheint bei der Parkinson-Krankheit gestört zu sein, da sowohl Tyrosinhydroxylase als auch Noradrenalin im Hypothalamus verringert sind (Tab. 2 und 3). Möglicherweise gilt die Störung der Hypothalamus-Hypophysen-Nebennierenrindenachse auch für die Anorexia nervosa (siehe dazu *Riederer et al.* 1982). Basalwerte von Prolaktin, TRH-stimulierte Prolaktinerhöhung und L-Dopa-induzierte Prolaktinsuppression entsprechen Normwerten (*Hyyppä et al.* 1978, *Eisler et al.* 1981), während die TRH-Stimulierung nach vorhergehender Unterdrückung der Prolaktinsekretion durch L-Dopa oder Bromocriptin eine Verstärkung des Effekts zeigt (*Eisler et al.* 1981). Tägliche Fluktuationen im Verhalten der Patienten scheinen damit zu korrelieren (*Rinne et al.* 1983) und auch

Unterschiede zwischen Männern und Frauen (*Rolf et al.* 1983). Diese Befunde weisen auf den Verlust dopaminerger Aktivität hin, der für Störungen im Eßverhalten verantwortlich sein könnte, da Hunger- und Sättigungszentren eng mit hypothalamischen Subarealen verknüpft sind (*Pozo* und *Re* 1972, *Chase et al.* 1974b, *Eisler et al.* 1981b, *Lavin et al.* 1981, *Lancranjan* 1981 zur Übersicht). Parkinson-Patienten mit malignem Verlauf haben auch bei Langzeithospitalisierung und guter Pflege signifikante Gewichtsabnahmen, während bei benignem Verlauf keine derartige Beobachtung gemacht wurde (*Danielczyk et al.* 1984). Allgemein gilt, daß Dopaminergika zu einer Gewichtsabnahme führen können, während Neuroleptika das Gegenteil bewirken.

Häufige Beschwerden der Parkinson-Kranken sind gleichfalls auf vegetative Dekompensationen zu beziehen. Die Patienten klagen über ein Brennen in den Extremitäten, ein Kribbeln, ein Jucken, Ameisenlaufen, schmerzhafte Krämpfe (ohne daß objektiv Rigor oder Spasmus nachzuweisen ist), ruhelose Beine (Restless legs), brennende Füße (Burning feet), Hitzegefühl auf der Brust, am Kopf oder in den Extremitäten. Charakteristisch für diese Klagen ist, daß ein Mißverhältnis zwischen der Schwere der affektiven Beteiligung im Sinn eines echten Unbehagens bis zu echten Schmerzempfindungen und den mageren objektiven Befunden besteht. Diese Koppelung von vegetativer und affektiver Störung läßt an eine biochemische Störung im limbischen System (Visceral brain) denken. Bei halbseitigen Hitzegefühlen in den unteren Extremitäten sind auch objektiv höhere Werte der Hauttemperatur festzustellen. Nach unseren biochemischen Analysen im limbischen System kann man solche vegetativen Mißempfindungen auf regionale biochemische Balancestörungen beziehen. Ich bin nicht der Meinung von *Snider et al.* (1976b), die angenommen haben, daß solche Symptome als sensibel oder sensorisch zu klassifizieren sind. Bei echten sensiblen Defekten findet man regelmäßig objektive Befunde (Hypästhesie, Hyperpathie). Ferner sind die unpräzisen, nie scharf begrenzbaren Schilderungen charakteristisch für Störungen des vegetativen Funktionskreises. Da der Balanceverlust der biogenen Amine im Hirnstamm für die vielfachen motorischen, vegetativen und affektiven Störungen verantwortlich gemacht wurde (*Birkmayer et al.* 1972), ist es naheliegend, diese Beschwernisse auf biochemische Defekte in derselben Region zu beziehen.

Schmerzen in Schulter-, Hüft- und Kniegelenken, aber auch in der Lendenwirbelsäule, über die Parkinson-Kranke besonders häufig klagen, sind nicht primär durch den Morbus Parkinson verursacht. Die Schilderungen dieser Beschwerden wurden schon von *Parkinson* (1817) und *Charcot* (1877) gegeben. Diese Gelenksbeschwerden sind nicht als rheumatisch einzustufen, sondern sie entstehen durch Nutritionsstörungen im Knorpelgewebe. Rigor und Akinesie lösen diese artikulären degenerativen Prozesse aus. Segmentale Schmerzen im Sinn einer Plexus-Neuralgie oder von einseitigen Ischialgien entstehen beim Parkinson-Kranken durch asymmetrische Tonusanomalien der Rückenmuskulatur. Sie stellen keine primären Parkinson-Symptome dar, sondern sind sekundär ausgelöst.

Diese Störungen des autonomen Bereichs treten häufig abends oder auch nachts auf und belästigen die Kranken sehr.

Für den Arzt ist es immer wieder verwunderlich, daß Parkinson-Kranke, die motorisch schwer behindert sind, gar nicht über diese Defekte klagen, sondern ausschließlich über die Beschwerden aus dem vegetativen Funktionskreis Klage führen. Das zeigt, daß die affektive Begleitkomponente dieser vegetativen Symptome im Erlebnisbild des Kranken im Vordergrund steht. Damit bestehen zwischen diesen sicher organisch-vegetativen Beschwerden der Parkinson-Kranken und den sogenannten „larvierten Depressionen" (*Walcher* 1969) fließende Übergänge.

Psychische Dekompensationen

Im Hirnstamm der Parkinson-Kranken scheinen – wie ausgeführt wurde – Balancestörungen der einzelnen biogenen Transmitter auf. Ein Fließgleichgewicht dieser biogenen Amine wurde von uns als Voraussetzung des normalen Verhaltens beschrieben (*Birkmayer et al.* 1972). Es ist naheliegend, daß neben den motorischen Defektsymptomen und neben den vegetativen Entgleisungen auch psychopathologische Phänomene aufscheinen. Es gibt praktisch keine psychische Dekompensation, die im Rahmen der Parkinson-Krankheit nicht zur Beobachtung kommt. Die moderne Dopa-Therapie, die das Dopamin-Defizit meist ausreichend kompensiert, führt durch fehlende Feedback-Regulationen zu einer Reihe von psychopathologischen Nebenwirkungen. Solche psychischen Dekompensationen können auch durch Anticholinergika, durch Amantadin, durch L-Dopa oder durch Bromocriptin ausgelöst werden. Sie treten aber auch spontan im Verlauf der Krankheit auf.

Depressionen

Die häufigste psychopathologische Entgleisung im Verlauf der Parkinson-Krankheit ist zweifellos die Depression. Die Angaben über die Häufigkeit schwanken von 30 bis 90% (*Ajuriaguerra* 1971). Im eigenen Material fanden wir bei 27% depressive Phasen. Bei 11% waren schon einige Jahre vor dem Auftreten der Parkinson-Symptome depressive Phasen aufgetreten. *Mendlewicz et al.* (1976) fanden bei 14 von 30 Parkinson-Patienten depressive Phasen vor den ersten Parkinson-Symptomen. *Mayeux et al.* (1981) geben in 47% der Parkinson-Kranken und in 12% der Ehepartner Depressionen an.

Nach den biochemischen Analysen an verstorbenen depressiven Patienten ist die Koppelung Parkinson und Depression nicht verwunderlich. Abb. 31 zeigt, daß der Dopamin-Gehalt im Nucleus caudatus, im Putamen und im Nucleus ruber bei depressiven Patienten signifikant niedriger ist als bei einer Kontrollgruppe. Die Werte erreichen aber nicht die der Parkinson-Kranken. Außerdem sind sie reversibel, denn ein hospitalisierter Patient mit der Diagnose „chronisch gehemmte Depression", der in einer Remissionsphase verstarb, zeigte nahezu Normalwerte. Man kann daher aus diesem und aus den nachfolgenden Befunden den Schluß ziehen, daß die Depression durch eine funktionelle Störung neuronaler Systeme verursacht wird, diese jedoch reversibel ist.

Damit besteht ein prinzipieller Unterschied zur Parkinson-Krankheit, da bei dieser Krankheit der degenerative Prozeß derzeit nicht beeinflußbar ist. Neben der erwähnten Veränderung des Dopamins, welche vor allem bei den gehemmten Depressionen nachweisbar ist, gibt es auch funktionelle Störungen in anderen neuronalen Systemen. Zunächst möchten wir aber auf einige historische Details hinweisen. Wie wir bereits angeführt haben, war die Dopa-Therapie der Parkinson-Krankheit eine Konsequenz biochemischer Gehirnanalysen, die ein Dopamin-Defizit im Striatum aufzeigten (*Ehringer* und *Hornykiewicz* 1960).

In der Psychiatrie war der Weg ein umgekehrter. Die stagnierende pathogenetische Forschung kam durch die Entdeckung und medizinische Verwertung der Psychopharmaka in Bewegung. Arbeitsgruppen um *Brodie* und *Carlsson* zeigten, daß Reserpin einen Release-Effekt in den Ganglienzellen bewirkt. Das heißt, unter Reserpin-Medikation kommt es durch Freisetzung zu einem Defizit von Noradrenalin, Dopamin und Serotonin in den Ganglienzellen. Mit der Verarmung an Noradrenalin wurde der antihypertensive Effekt des Reserpins erklärt. Gleichzeitig beobachtete man, daß etwa 10% der Patienten, die mit Reserpin oder ähnlichen Substanzen behandelt wurden, an einer Depression erkrankten. Wenn man die Therapie unterbrach, verschwand die Depression. Der Schluß, daß der Gehalt an biogenen Aminen bestimmter Ganglienzellen bzw. ein Defizit dieser Substanzen mit der psychischen Fehlhaltung, die wir Depression nennen, korrelierbar ist, war daher zulässig.

In der Folge sind zwei Hypothesen aufgestellt worden: *Schildkraut* (1965) betonte die Störung des Noradrenalins als Ursache der Depression, während *Coppen* (1974) die Serotonin-Hypothese für das depressive Geschehen postulierte. Die Erkenntnisse, die beiden Hypothesen zugrunde liegen, sind aber unter humanpathologischen Bedingungen schwer verifizierbar.

Um so wichtiger waren daher Untersuchungen an Gehirnen von Patienten, die bei Lebzeiten an einer Depression gelitten hatten. *Bourne et al.* (1968), *Pare et al.* (1969), *Shaw et al.* (1967), *Birkmayer* und *Neumayer* (1969), *Birkmayer et al.* (1969 und 1975b) sowie *Lloyd et al.* (1974) haben solche Untersuchungen durchgeführt. Der Nachteil dieser Untersuchungen lag jedoch darin, daß es sich um überwiegend depressive Patienten handelte, die durch einen Suizid ad exitum gekommen waren. Wenn auch ein gewisser genereller Trend der Ergebnisse in den Untersuchungen erkennbar war, so variierten die einzelnen Werte doch relativ stark. Von den möglichen Ursachen dieser Diskrepanzen seien unter anderem die verschiedenen Umstände vor Eintritt des Todes erwähnt, etwa Schnelligkeit des Eintritts des Todes, die unmittelbare Todeserkrankung, das Medikament, welches in hoher Dosis in suizidaler Absicht eingenommen wurde. Wir haben seinerzeit über einige Einzelfälle berichtet, die zwar zu Lebzeiten an einer endogenen Depression gelitten hatten, nicht aber durch ein Tentamen ad exitum gekommen waren (*Birkmayer* und *Riederer* 1975b). Die Ergebnisse sind in den Abb. 31 und 32 dargestellt. Generell kann man sagen, daß keine der untersuchten Substanzen aus dem Katecholamin- bzw. Indolamin-Stoffwechsel einen einheitlichen Trend zu einer Abnahme in allen Hirnregionen zeigt. Noradrenalin ist weit weniger betroffen als Serotonin, welches immerhin in 7–9 Regionen ein Defizit aufweist. Beim remittierten Fall waren fast immer Normalwerte nachweisbar. Weitere Untersuchungen ergaben, daß der Hauptmetabolit von Noradrenalin im Gehirn, 4-Hydroxy-3-Methoxyphenylglykol, in einer Reihe von Hirnarealen vermindert nachweisbar war, so daß in diesen Regionen eine reduzierte Umsetzrate von Noradrenalin feststellbar ist. Damit ergeben sich Hinweise für eine Störung sowohl des Katecholamin- als auch des Indolamin-Stoffwechsels bei der Depression (*Riederer* und *Birkmayer* 1980).

Unsere Hirnbefunde fügen sich damit zwanglos in jene Befunde ein, die wir bezüglich der Präkursoren im Blut und der Metaboliten im Harn von endogen-depressiven Patienten erhalten haben (*Birkmayer* und *Riederer* 1975b, *Ambrozi et al.* 1973). Außerdem stehen unsere Hirnbefunde auch mit den Ergebnissen von *Bourne et al.* (1968), *Shaw et al.* (1967), *Pare et al.* (1969) und *Lloyd et al.* (1974) in Übereinstimmung. Die von *Pare et al.* (1969) geäußerte Meinung, daß der Katecholamin-Stoffwechsel weniger in Mitleidenschaft gezogen ist, scheint auch aus unseren Befunden ablesbar zu sein. Vor allem aber läßt sich aus unseren Befunden erkennen, daß ein eindeutiger Trend in Richtung einer Verschiebung des Katecholamin- oder Indolamin-Stoffwechsels nicht besteht, sondern daß offenbar eine Balancestörung zwischen den beiden Amin-Metabolismen vorliegt. Damit würde durch die Hirnbefunde auch unsere – aufgrund der in der Peripherie erhobenen Befunde – aufgestellte Hypothese einer Balancestörung – als Ursache eines gestörten

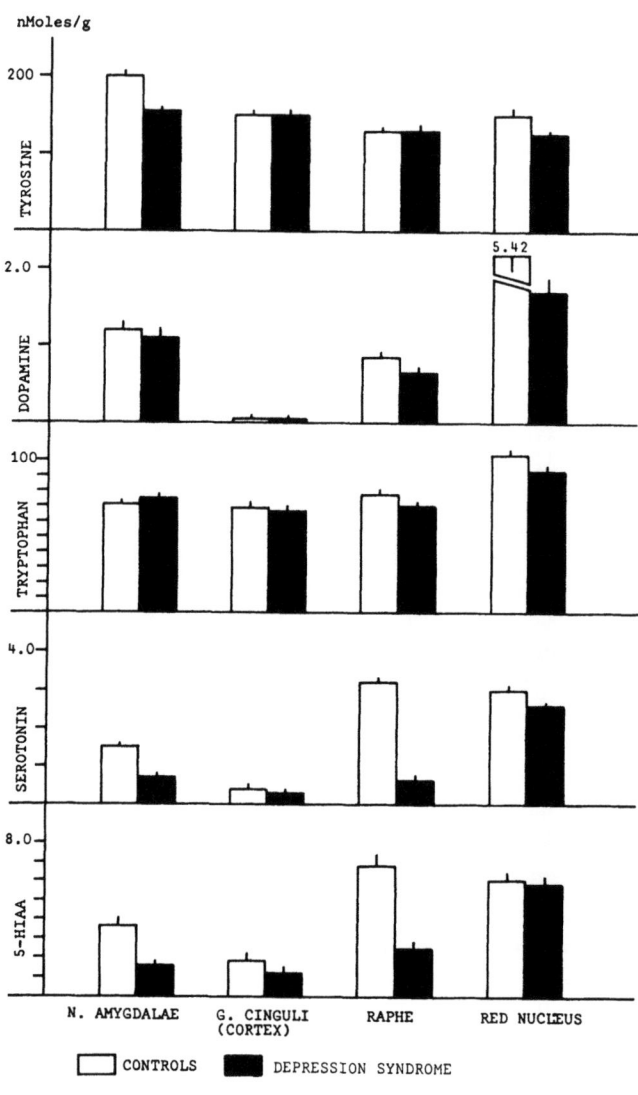

Abb. 31

Abb. 31 und 32. Veränderungen von Substanzen des Katecholamin- und des Indolaminstoffwechsels bei chronisch endogener Depression. Aus: *Birkmayer, W., et al.*, J. Neural Transm. *37*, 95 (1975b)

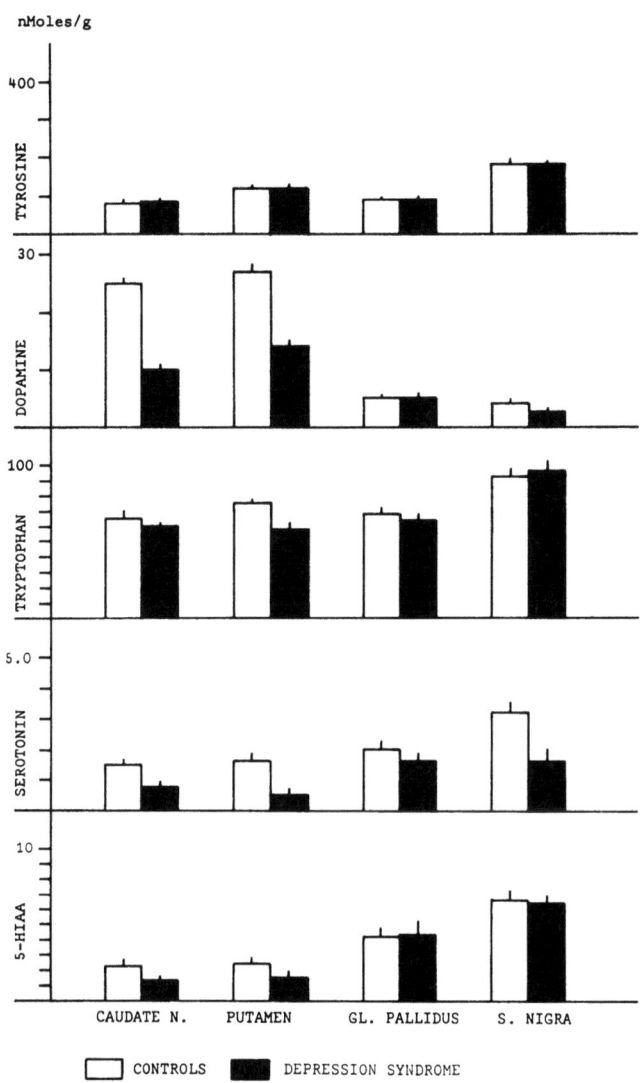

Abb. 32

affektiven Verhaltens – eine Stütze erfahren. Die rhythmischen Schwankungen der Metabolit-Ausscheidung des Normalen sind als biologisch begründet anzusehen, da sie dem Tagesrhythmus unterworfen sind. Der endogen Depressive kann offenbar diese Schwankungen nicht mitmachen, da auch eine zentrale – im Gehirngewebe gelegene – Balancestörung vorliegt.

Die bei der Depression gewonnenen Hirnbefunde zeigen aber noch einen weiteren Aspekt. Sie unterscheiden sich deutlich von den Befunden an den Gehirnen von Parkinson-Kranken mit oder ohne Dopa-Psychosen. Dabei ist zu berücksichtigen, daß es sich bei der Dopa-Psychose auch um eine funktionelle Störung im biogenen Amin-Stoffwechsel handelt, der sich jedoch im Rahmen einer organischen Gewebsläsion abspielt. Diese organische Gewebsläsion ist aber die Ursache eines Defizits von Transmittersubstanzen in bestimmten Hirnstammkernen. Ein echtes, das heißt morphologisch begründbares Defizit der biogenen Amine liegt jedoch bei der endogenen Depression nicht vor. Dieser Befund macht es verständlich, daß bei der Depression eine Substitutionstherapie mit den Präkursoren der beiden Amin-Metaboliten nur unter ganz bestimmten Voraussetzungen erfolgreich sein kann. Jeder Versuch, mit Präkursoren eine Störung im Katecholamin-Stoffwechsel auszugleichen, wird zu einer kompensatorischen Reaktion im Indolamin-Stoffwechsel führen und vice versa. So wird z.B. die Substitution mit L-Dopa das Defizit im Striatum ausgleichen, in einem anderen Kern, mit normalem Dopamin-Gehalt, aber möglicherweise zu einem Überangebot von Dopa-Dopamin führen.

Unberücksichtigt blieb bisher der Azetylcholin-Stoffwechsel, der zweifellos mit dem Katecholamin- und Indolamin-Stoffwechsel in engster funktioneller Verbindung steht. Der Nachweis einer solchen Störung im Hirngewebe ist jedoch mit größten methodischen Schwierigkeiten behaftet. Rein klinisch ist es auch von Interesse, daß praktisch jene Hirnstammkerne von der Imbalance des Katecholamin- bzw. Indolamin-Stoffwechsels ergriffen sind, die innigste Verknüpfung zur Psychomotorik, zur körperlichen und antriebsmäßigen Befindlichkeit erkennen lassen. Es muß daher diskutiert werden, ob die in den Hirnstammkernen nachweisbaren Balancestörungen etwa das biochemische Korrelat zu der bei der Depression klinisch geläufigen Antriebsstörung sind. Die innige Verflechtung von Antrieb, Psyche und Stimmung wird durch diese Befunde erneut unterstrichen.

Die Bestimmung von Transmittersubstanzen in definierten Kerngebieten des Gehirns gestattet lediglich die Aussage, daß diese Transmitter in den untersuchten Kerngebieten vorkommen und funktionell eine bestimmte Bedeutung haben. Änderungen der Funktion können mit dieser Methode nur global dargestellt werden. Die Frage, ob die

Transmitterstörung im Kern, an der Synapse oder am Rezeptor begründet ist, läßt sich aufgrund dieser Untersuchungen nicht beantworten. Eine Aussage über eine globale Funktionsstörung ist jedoch unseres Erachtens in der durchgeführten Art und Weise gestattet. In diesem Zusammenhang sei auf die Befunde bei der remittierten Depression verwiesen, welche die Überlegung nahelegen, daß sich die Remission in einer Normalisierungstendenz des Katecholamin- bzw. Indolamin-Stoffwechsels auch im Gehirn anzeigt. Dieser Befund könnte den Unterschied zwischen echtem Amin-Defizit (Parkinson-Syndrom) und funktioneller Balancestörung (Depression) plausibel machen.

Der verminderte Noradrenalin-Turnover sowie die Störungen im Indolamin-Stoffwechsel mögen für die Störungen autonomer Funktionen, z.B. gastrointestinale Störungen, Schwindel, Kopfschmerz, Salivation und Störung im Schlaf-Wach-Rhythmus, verantwortlich sein. Der bemerkenswerte Abfall von Noradrenalin im Nucleus ruber, der als Zentrum der Motorintegration anzusehen ist (*Ward* 1968, *Olszewski* und *Baxter* 1954), könnte eine Erklärung für die typische Haltung von depressiven Patienten sein. Diese Haltung wird durch die Hypoaktivität der γ-Schleife reflektiert. Diese Schleife wird durch Noradrenalin reguliert (*Andén et al.* 1972). Es scheint auch die Annahme durchaus plausibel zu sein, daß ein Defizit an Dopamin im Striatum zu einem Verlust an Antrieb und emotionaler Aktivität führt und daß ein Defizit von Serotonin in der Raphe mit der Schlaflosigkeit vieler Patienten korrelierbar ist. Die in jeder Beziehung nachweisbare Minus-Symptomatik des Depressiven kann als Verlust der Balance neuronaler Systeme interpetiert werden (*Riederer* und *Birkmayer* 1980).

Es erhebt sich die Frage, wie antidepressive Drogen ein derart unterschiedlich betroffenes System beeinflussen. Tierexperimentelle Untersuchungen zeigen, daß die meisten tri- und tetrazyklischen Antidepressiva Hemmer des Serotonin- und Noradrenalin-Uptakes und bis zu einem gewissen Grad auch des Dopamin-Uptakes sind (*Carlsson* und *Lindquist* 1978). Es gibt jedoch einige Hinweise dafür, daß einige antidepressiv wirkende Substanzen, wie z.B. Mianserin oder Iprindol, den Reuptake nur schwach oder gar nicht beeinflussen und trotzdem gute Wirkung haben (*Maj et al.* 1977, *Ross et al.* 1971). Neuere Befunde zeigen, daß Mianserin die Dopamin- und Noradrenalin-Synthese steigert (*Carlsson* und *Lindquist* 1978). Nomifensin, ein gutes Antidepressivum, hemmt den Noradrenalin- und Dopamin-Uptake, hemmt aber auch die Dopamin-, Noradrenalin- und Serotonin-Synthese (*Carlsson* und *Lindquist* 1978). Da auch die meisten Monoaminoxidasehemmer, z.B. Tranylcypromin, gute antidepressive Eigenschaften haben, scheint der funktionelle Verlust während der depressiven Phasen in mehr als nur einem biochemischen Prozeß zu liegen. Ob also die Transmittersynthese, der Release, Reuptake, die postsynaptische Aktion oder der Metabolismus betroffen sind, kann derzeit nicht gesagt werden. Unsere Studien zeigen nur, daß eine Imbalance von Neurotransmittern beim Depressionssyndrom existiert. Wir haben das als „hirnkernspezifische Imbalance" bezeichnet, wobei wir vor allem zum Ausdruck bringen wollen, daß bei einem depressiven Geschehen funktionelle Störungen nur in einzelnen Gehirnregionen, nicht aber notwendigerweise im gesamten Gehirn, auftreten.

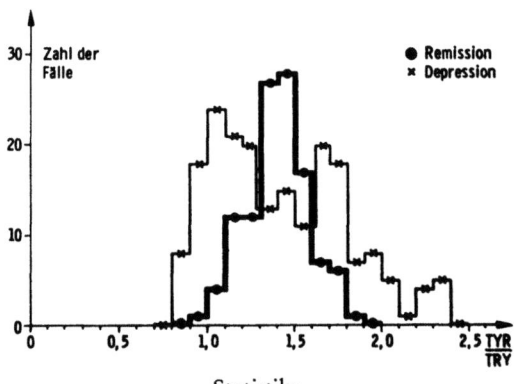

Statistik:

	$\bar{x}$	s	χ^2
Tyr/Try (Depression)	1,42	0,41	56,61
Tyr/Try (Remission)	1,41	0,18	8,08

Abb. 33. Die Abhängigkeit der Depressions- und Remissionsphase vom Verhältnis Tyrosin/Tryptophan

Konsequenterweise vermuten wir, daß antidepressive Substanzen in Abhängigkeit von der physiochemischen Charakteristik ihre Wirkungen an den – bei der Depression betroffenen – spezifischen Gehirnarealen ausüben. Hinweise für einen derartigen Wirkungsmechanismus stammen nicht nur von den verschiedenen pharmakologischen Profilen antidepressiver Substanzen, sondern auch von den verschiedenartigen, klinisch erkennbaren Formen depressiven Geschehens. Antidepressive Substanzen gleichen daher, je nach biochemischem und/oder pharmakologischem Profil, eine gestörte Balance von Transmittersubstanzen aus. Korrelierbar wären dann:

1. die verschiedenartige klinische Symptomatik depressiver Patienten,
2. die nach den Symptomen lokalisierbaren gestörten Gehirnareale,
3. die bei verschiedener Symptomatik andersartigen biochemischen Störungen,

4. die je nach Symptomatik verschiedene Response des Patienten auf medikamentöse Therapie.

Eine andere entscheidende Frage ist die, ob das depressive Geschehen auch peripher faßbar und damit einer biochemischen Analytik zugänglich ist. Mit dem derzeitigen Wissensstand kann man durch Blut- oder Harnanalysen keine (exakte) Differenzierung zwischen nosologisch differenten Depressionen erzielen. Blut- und Harnanalysen verschiedener, mit dem Katecholamin- und Indolamin-Stoffwechsel verknüpfbarer Substanzen ergeben aber bemerkenswerte Unterschiede zur Norm. Bestimmt man im Nüchternserum morgens die Aminosäuren Tyrosin und Tryptophan und ermittelt man den Quotienten aus beiden Aminosäuren, so findet man bei denselben Patienten während der depressiven Phase häufig unterschiedliche Werte im Vergleich zur Remissionsphase (Abb. 33). Eine derartige Verschiebung im Aminosäuremuster kann durchaus zur Beeinflussung der Aufnahmen von Aminosäuren durch die Blut-Hirn-Schranke und damit zu einer veränderten Neurotransmission beitragen (*Fernstrom* und *Wurtman* 1971, *Baumann* 1979).

Die Harnausscheidung von HVA, VMA und 5-HIAA unterliegt einem zirkadianen Rhythmus, wobei die Katecholamin-Metaboliten während des Tages signifikant höher liegen als während der Nacht (*Riederer et al.* 1974). Der endogen Depressive läßt diese Rhythmik vermissen (Abb. 34). Die Konzentrationen von HVA und VMA sind besonders am Morgen und vormittags signifikant niedriger als die Kontrollwerte, nachmittags gleichen die Werte denen der Kontrollen. Wir vermuten, daß hiebei einige gute Korrelationsmöglichkeit zwischen morgendlicher Verstimmung und abendlicher Remission mit biochemischen Daten besteht. 5-HIAA zeigte keine verschiedenen Werte im Vergleich zu den Kontrollen. Weitere Untersuchungen sind notwendig, um zu zeigen, daß diese oder andere peripher erhobenen Befunde charakteristisch für Depressive sind, ob diese Unterschiede primärer oder sekundärer Natur sind und ob Parameter gefunden werden können, die eine Differenzierung nosologisch unterschiedlicher Formen erlauben.

Die aus diesen biochemischen Veränderungen resultierenden Symptome sind im wesentlichen Verlustsymptome, wie sie aus der von uns verwendeten Bewertungsskala ersichtlich sind (*Birkmayer et al.* 1973b; Tab. 17). Die vitale Lustlosigkeit, der Antriebsmangel und die Angst stehen im Vordergrund des Beschwerdebildes. Dem Arzt springen diese psychischen Symptome um so mehr in die Augen, wenn sich der Parkinson-Kranke gut bewegt, ausgezeichnet hält und nur einen geringen Tremor aufweist, trotzdem aber eine Summe von Klagen vorbringt. Es war naheliegend, eine Substitutionstherapie sowohl mit L-Dopa als auch mit L-Tryptophan zu versuchen. Es gibt Berichte, wonach De-

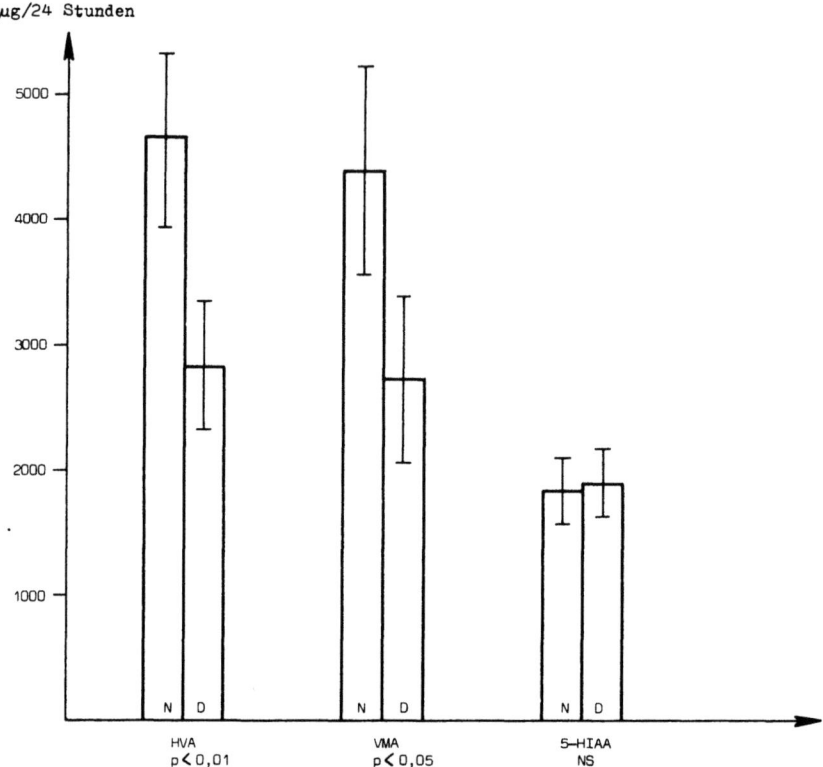

Abb. 34. Ausscheidungswerte von Homovanillinsäure (HVA) und Vanillinmandelsäure (VMA) und 5-Hydroxyindolessigsäure (5-HIAA) im 24-Stunden-Harn depressiver Patienten. Die Ausscheidungswerte der depressiven Patienten (21; D) [2. Säule] bei HVA und VMA sind im Vergleich zu Kontrollen (13; N) signifikant erniedrigt ($\bar{x}$ ± SD)

pressionen im Verlauf einer Dopa-Therapie ausgelöst wurden (*Klermann et al.* 1963, *Goodwin et al.* 1970). Es gibt aber auch Mitteilungen, die über günstige Erfolge einer Dopa-Medikation bei Depressionen berichten (*Matussek et al.* 1966, *Knopp* 1970, *Murphy et al.* 1971). Auch die Substitution mit L-Tryptophan plus einem Dekarboxylasehemmer, Benserazid, ergab teilweise günstige Ergebnisse (*Coppen et al.* 1965, *Birkmayer et al.* 1972). Es ist verständlich, daß durch L-Tryptophan-Zufuhr die erniedrigten Serotonin-Werte in der Formatio reticularis erhöht werden, wodurch die Schlafstörungen in günstigen Fällen verschwinden. Desgleichen kann eine Dopa-Medikation die erniedrigten Dopamin-Werte im Striatum erhöhen, wodurch der Antrieb gebessert wird. Ebenso kann eine Kombination von L-Phenylalanin und (–)Deprenyl bei endogenen Depressionen hervorragende Therapieer-

Tabelle 17. *Depressions-Bewertungsskala (Ambrozi, Birkmayer)*

	0	1	2	3
1. vitale Unlust				
2. lustlos				
3. freudlos				
4. interesselos				
5. antriebslos				
6. entschlußlos				
7. konzentrationslos				
8. verminderte Leistungsfähigkeit				
9. Verlangsamung der Arbeit				
10. schlaflos				
11. appetitlos				
12. Gewichtsabnahme				
13. Obstipation				
14. Libidoverlust				
15. Ausbleiben der Menses				
16. abendliche Remission				
17. Zwangsgrübeln				
18. Zukunftssorgen				
19. pessimistische Ideen				
20. Selbstvorwürfe				
21. Schuldgefühle				
22. Angst				
23. Suizidtendenz				
24. hypochondrische Beschwerden				
25. reduzierter Muskeltonus				
26. starre Mimik				
27. spannungslose Stimme				

0 = normal
1 = leicht
2 = mittel
3 = schwer

folge bewirken (*Birkmayer et al.* 1984). Das hervorstechendste Symptom der Depression, die allgemeine Lustlosigkeit, die wir als klinischen Ausdruck des Verlustes des harmonischen Gleichgewichts ansehen, ist weder durch Substitution der Katecholamine noch der Indolamine zu beseitigen. Auch die Medikation von Hemmstoffen, wie Parachlorphenylalanin, einem Hemmstoff der Tryptophanhydroxylase, also der Serotonin-Synthese, wie auch α-Methyl-p-Tyrosin, einem Hemmstoff der Tyrosinhydroxylase, erweisen sich bei Depressionen als wirkungslos.

Die einmaligen therapeutischen Erfolge der verschiedenen antidepressiven Medikamente, deren Wirkung auf einer Blockade des Reuptakes beruhen soll, kommen – unserer Meinung nach – vorwiegend durch eine Wiederherstellung der biochemischen Balance zustande (*Ambrozi et al.* 1973).

Pharmakotoxische Psychosen, Bradyphrenie und Demenz

Neben diesen affektiven Störungen können im Laufe der Parkinson-Krankheit echte Phasen von exogenen Reaktionstypen aufscheinen.

Die Hauptgruppen psychischer Störungen beim Morbus Parkinson sind Depressionen, pharmakotoxische Psychosen und dementielle Veränderungen. Pharmakotoxische Psychosen sind nicht nur gravierende Befindlichkeitsstörungen, sie signalisieren die eingeschränkten weiteren therapeutischen Möglichkeiten. Das außerordentlich häufige Vorkommen dieser Psychosen – nämlich 30–60% in den Endstadien der Erkrankung – läßt eine besondere Beziehung zwischen Antiparkinsontherapie und zunehmender Transmitterstörung erkennen (*Danielczyk* 1983a). Beobachtungen von psychopathologischen Verhaltensweisen sind schon lang vor der modernen L-Dopa-Therapie beschrieben worden (*König* 1912, *Bostroem* 1922, *Ajuriaguerra* 1971). Am häufigsten sieht man Verwirrtheitsphasen; in unserem Krankengut 21%. *Ajuriaguerra* (1971) hat den gleichen Prozentsatz beobachtet. Es besteht eine zeitliche und örtliche Orientierungsstörung, eine Einengung der Bewußtseinslage und ein Verlust der kritischen Denkfähigkeit. Wir unterscheiden zwei Formen: Delirien mit motorischer Agitiertheit, etwa nach dem Schema des Delirium tremens. Wir bezeichnen sie als „agitierte Konfusion". Ferner treten Verwirrtheitszustände ohne jede affektive und motorische Begleitsymptomatik auf, nach dem Schema der senilen Demenz. Wir nennen sie „gehemmte Konfusion". Solche Verwirrtheitsphasen kommen fast regelmäßig bei Patienten mit pathologischem EEG und mit hirnatrophischen Befunden im Computertomogramm vor. Wir beobachten sie spontan im Verlauf einer anticholinergischen Therapie, am häufigsten aber bei der L-Dopa- und Bromocriptin-Therapie. Halluzinationen scheinen meist in Kombination mit deliranter Verwirrtheit auf; in unserem Krankengut bei 10%. Es kommen aber optische, seltener akustische Halluzinationen auch bei klarer Bewußtseinslage vor. Solche Patienten behaupten, daß irgendein Angehöriger sich im Zimmer befindet, der nicht antwortet, wenn sie mit ihm sprechen. Auch fremde Eindringlinge werden gesehen, die den Patienten belästigen, aber selten so bedrohen, daß der Kranke in einen ängstlichen Ausnahmezustand gerät. Die Patienten versuchen, mit einem Stock oder mit einem Besen die Eindringlinge unter dem Bett oder hinter einem Vorhang aufzustöbern und zu vertreiben. Akustische Halluzinationen sind seltener und haben nie die emotionale Resonanz wie bei paranoiden schizophrenen Patienten. Die Kranken sind wohl ängstlich erregt, echte Aggressionen gegen die Umgebung treten jedoch kaum auf. Sie sind nicht ablenkbar, obwohl sprachliche Kontakte möglich sind. Gespannte Erregung, inkohärente Verwirrtheit, Halluzinationen und Wahnideen sind fraglos Symptome, die auch im schizophrenen Formenkreis aufscheinen. Gedankenentzug, Autismus und eine Leere der sprachlichen Produktion fehlen bei den Parkinson-Kranken. Im Tagesrhythmus treten solche psychopathologische Entgleisungen, gepaart mit Angst, häufiger in der Nacht, auf. Solche pseudoschizophrenen Reaktionen kommen spontan im Verlauf der Krankheit, aber, wie erwähnt, auch als Nebenwirkungen der Therapie, vor. Wir konnten nach einer kombinierten Therapie mit L-Dopa plus verschiedenen Monoaminoxidasehemmern erstmals solche psychotischen Nebenwirkungen beschreiben (*Birkmayer* 1966). *Cotzias et al.* (1969) haben unter Verwendung einer hochdosierten Dopa-Therapie gleichfalls psychotische Episoden beschrieben. In der angloamerikanischen Literatur laufen sie unter „toxisches Delir". Natürlich sieht man ähnliche Delirien nach Belladonna- oder Amphetamin-Vergiftung. Die psychotischen Phasen im Rahmen des Parkinson entstehen, wie unsere biochemischen Analysen ergeben haben, durch eine Balanceverschiebung einzelner biogener Amine in verschiedenen Kerngruppen. Wir sprachen von einer „Kernspezifischen Imbalance" (*Birkmayer et al.* 1977a).

Die Reduktion der geistigen Leistung wird als Bradyphrenie bezeichnet. Sie ist gekennzeichnet durch eine Verlangsamung des Gedankenduktus, wobei Konzentrationsstörungen, Aufmerksamkeitsschwäche und Perseveration als Begleitsymptome aufscheinen. Die verschiedenen Untersucher beschäftigt immer noch die Frage, ob es eine spezifische Reduktion der geistigen Leistungsfähigkeit beim Parkinson-Kranken gibt, etwa als intellektuelles Korrelat zur motorischen Akinesie, oder ob ganz einfach eine senile Demenz bei den meist älteren Patienten vorliegt (*Lewy* 1912). *Talland* und *Schwab* (1964) fanden in ihren Untersuchungen keinen Unterschied zwischen organischer Demenz und der Demenz bei Parkinson-Kranken. Es ist auch nicht überraschend, daß Fälle mit organischer Demenz bei idiopathischem Parkinson häufiger aufscheinen als beim postenzephalitischen (*Talland* 1962). Der idiopathische Parkinson tritt eben erst im späteren Lebensalter auf. *Jacobi et al.* (1978) haben in einer umfangreichen Testuntersuchung gefunden, daß die Intelligenz der Parkinson-Kranken ihrem Alter entspricht. Es besteht eine fixe Korrelation zwischen hirnorganischem Syndrom, Atrophie im Computertomogramm, Verlangsamung im EEG und den motorischen Defekten Akinesie und Rigor (*Schneider et al.* 1978).

Nach unseren Erfahrungen muß man die organische Demenz von der Bradyphrenie trennen. Letztere imponiert nur bei oberflächlicher Beobachtung als Demenz. Die Bradyphrenie ist das psychische Korrelat zur Akinesie. Der Antrieb der Gedankenführung ist reduziert, das Operieren mit Begriffen und die Urteilsfähigkeit sind ungestört. Das Ingangsetzen der Gedanken fällt schwer, analog dem Start bei der Motorik. Der Wortfluß ist verständlicherweise verlangsamt, was aber nur von Nichtpsychiatern mit einer Demenz verwechselt werden kann. Nach *Ajuriaguerra* (1971) ist auch die Kapazität des Gedächtnisses nicht herabgesetzt. Ein kognitives Defizit besteht beim Parkinson-Kranken nicht, nur die Geschwindigkeit des Erkennungsakts ist verlangsamt (*Jacobi et al.* 1978). Der Kranke ist nur in seiner Konzentrationsfähigkeit leichter störbar, leichter ablenkbar, und seine Denkleistungen sind sehr von der jeweiligen Stimmung abhängig. Gerade die bradyphrenen Denkstörungen sind durch die Dopa-Therapie besserungsfähig, zumindest was den Denkantrieb und das Tempo der geistigen Leistung betrifft. Die Symptome der echten organischen Demenz sind natürlich durch Dopa in keiner Weise zu beheben. Wir haben bei Patienten mit Alzheimer-Krankheit L-Dopa verwendet, mit dem Resultat, daß die Triebhaftigkeit gesteigert wurde und ein hektischer, ungezielter Aktivitätsdrang in Erscheinung trat. Es handelte sich aber nur um psychische Leerläufe ohne Zielkonkretisierung. *Bowen et al.* (1973) untersuchten Parkinson-Gruppen, die verschieden lang mit Dopa behandelt wurden. Der IQ einer vergleichbaren Kontrollgruppe war 114, der gleiche Wert wurde bei Parkinson-Kranken gefunden (IQ 113); nach 2 Jahren Dopa-Therapie 114, nach 3 Jahren Dopa-Therapie 115. Diese geringen Verschiebungen zeigen, daß die Intelligenzleistung des Parkinson-Kranken durch eine Dopa-Behandlung keineswegs steigerungsfähig ist. Das Fortschreiten der senilen Demenz bei Parkinson-Kranken ist auch durch eine Dopa-Medikation nicht aufzuhalten. Auch bei seniler Demenz, ohne Parkinson-Krankheit, konnte durch eine Dopa-Therapie keine entscheidende Verbesserung erzielt werden (*Woert et al.* 1970).

Darüber gibt es keine Zweifel, daß die Fälle von seniler Demenz vom Alzheimer-Typ beim Parkinson zunehmen. Eine kausale Erklärung ist derzeit nicht möglich. Es werden darüber Diskussionen geführt, daß die Dopa-Behandlung dafür verantwortlich zu machen wäre. Das können wir nicht bestätigen. Wenn von etwa 1000 Parkinson-Kranken, die im Lauf eines Jahres unsere Abteilung aufsuchen, etwa 5–10% eine senile Demenz vom Alzheimer-Typ zeigen, obwohl alle eine Dopa-Behandlung bekommen, scheint mir der Prozentsatz für einen kausalen Zusammenhang zu niedrig zu liegen. Einleuchtend wäre auch die Erklärung, daß durch die moderne Therapie die Patienten länger leben und daher der Prozentsatz der auftretenden Demenz-Symptome höher liegt. Ein zusätzlicher Gesichtspunkt erfordert gleichfalls Beachtung: man weiß heute, daß Störungen des Gedächtnisses und die Abnahme anderer intellektueller Leistungen, wie die Orientierung, mit einem Abfall des Azetylcholins als kortikalem Neurotransmitter zusammenhängen. Dabei ist die Cholinazetyltransferase (CAT) reduziert. Es wird diskutiert, daß eine langdauernde anticholinergische Medikation diesen Prozeß beschleunigen könnte. Die Anmerkung, daß wir in unserem Krankengut trotz hohen Alters niedrige Raten von seniler Demenz haben, möchten wir darauf zurückführen, daß wir nur ausnahmsweise eine langfristige anticholinergische Therapie durchführen.

Eine permanent ausgeprägte Demenz im Sinne des DSM III gehört zu den Krankheitssymptomen des typischen Morbus Parkinson. Dementielle Veränderungen sind bei anderen chronischen zerebralen Erkrankungen intensiver und häufiger (*Danielczyk* 1983a, b).

Schneider et al. (1982) berichten über hirnorganische Leistungsstörungen in 72,4% bei behandelten und in 58,7% der Fälle bei unbehandelten Patienten. Die dementiven Veränderungen erweisen sich als abhängig von der Dauer der Erkrankung und dem Lebensalter und waren korrelierbar zu CT-erfaßten hirnatrophischen Befunden. Diesen Autoren zufolge sprechen Parkinson-Patienten mit Demenz schlechter auf L-Dopa-Therapie an als solche ohne dementive Veränderungen (*Schneider et al.* 1979, 1982, *Portin et al.* 1984).

Es empfiehlt sich bei systematischen Untersuchungen, die S.C.A.G.-Skala (Sandoz Clinical Assessment-Geriatric) zu verwenden. Sie kann in ihren 19 Items krankheitscharakteristische Anhaltspunkte liefern (Tab. 18).

Wenn auch eine depressive Verstimmung, eine emotionale Labilität, eine Müdigkeit, ein Appetitverlust, eine Angst eher dem depressiven Syndrom zuzurechnen sind, liefert diese Palette doch eine breite Erfassung und wird vor allem im Lauf umfassender Untersuchungszahlen mehrere Defektmuster aufschließen können.

Alle psychischen Funktionen, die wir üblicherweise dem Hirnstamm zuordnen (*Reichhardt* 1928), sind beim Parkinson-Kranken gestört. Die Anpassungsleistungen des Menschen an seine Umwelt, an sein soziales Milieu, erfordern eine bestimmte Kapazität seiner biochemischen Transmitter. Ein Defizit an Serotonin in der Formatio reticularis muß zu Schlafstörungen führen. Ein Mangel an Dopamin im Nucleus ruber führt zur bekannten Beugehaltung des Parkinson-Kranken. Das Dopamin-Defizit im Striatum ist für die Akinesie, aber auch für den gesamten Antriebsverlust verantwortlich zu machen, wie unsere biochemischen Befunde sowohl beim Parkinson-Kranken als auch bei der Depression gezeigt haben.

Tabelle 18. *Bewertungsskala für Demenz (S.C.A.G.-Skala)*

1. Verwirrtheit
2. Reduzierte geistige Klarheit
3. Beeinträchtigung des Frischgedächtnisses
4. Desorientiertheit
5. Depressive Verstimmung
6. Stimmungslabilität
7. Fehlende Selbständigkeit und Körperpflege
8. Ängstlichkeit
9. Fehlende Motivation und Initiative
10. Reizbarkeit, Mißmut
11. Feindseligkeit
12. Aufdringlichkeit
13. Gleichgültigkeit gegenüber der Umgebung
14. Ungeselligkeit
15. Unkooperatives Verhalten
16. Müdigkeit
17. Appetitlosigkeit
18. Schwindel
19. Gesamteindruck des Arztes vom Patienten

1 = nicht vorhanden,
2 = sehr gering,
3 = gering,
4 = gering bis mittelschwer,
5 = mittelschwer,
6 = schwer,
7 = sehr schwer.

Biochemische und morphologische Aspekte der Demenz

Demenz kann als Ausdruck zerebraler Atrophie, „seniler" und extranigraler Läsionen und/oder als Veränderung neurochemischer Prozesse aufgefaßt werden. CT-Studien geben Hinweise für eine stärkere kortikale Atrophie bei dementen als bei nichtdementen Parkinson-Patienten. Korrelationen zu Alter und Dauer der Erkrankung sind gegeben. Morphologische Untersuchungen zeigen, daß keine verstärkte Bereitschaft zu Hirnatrophie bei Morbus Parkinson ohne Demenz besteht. Ferner zeigen diese Befunde, daß gleichzeitiges Auftreten von Morbus Parkinson und Alzheimerscher Erkrankung oder Alzheimer-ähnlichen Veränderungen bei der Parkinson-Krankheit nicht häufiger ist als bei anderen neurologischen Erkrankungen. Somit ist die typische Parkinson-Krankheit (75% aller Fälle) nicht mit Demenz gekoppelt. Nur ein geringer Prozentsatz von atypischen Formen ist gut korreliert (*Jellinger* und *Riederer* 1984). Biochemische und morphologische Hinweise liegen für eine etwa 60%ige Reduzierung cholinerger Neuronen im Nucleus basalis Meynert vor, welcher kortikale Areale innerviert. Dieser Befund ist gut korreliert mit der Reduktion von Cholinazetyltransferase in Neokortex und Hippocampus. Ebenso wird auf katecholaminerge Veränderungen hingewiesen (*Adolfsson et al.* 1980). Neuere Untersuchungen zeigen, daß der Nucleus raphes dorsalis bei Demenz ebenfalls, aber weit weniger intensiv, betroffen ist (siehe dazu *Curcio* und *Kemper* 1984). *Mann* und *Yates* (1983) weisen auf reduzierten RNS-Gehalt und verringertes nukleäres Volumen in Nucleus basalis Meynert, dorsalem Raphekern und anderen Gehirnarealen hin. Damit scheinen Multisystemerkrankungen durch quantitativ ähnliche, aber qualitativ unterschiedliche Ausprägung der Läsion charakterisiert zu sein.

Man muß sich bei der Parkinson-Krankheit immer wieder vor Augen halten, daß nicht nur das striäre System biochemische Defekte aufweist, sondern auch das gesamte Mittelhirn und das limbische System. Die Substantia nigra, als biochemischer Verteilerkopf, steht als Moderator zwischen motorischen, vegetativen und affektiv-emotionalen Funktionen im Mittelpunkt. Delirien – ohne oder mit Dopa-Therapie – finden gerade im Mittelhirn ihre neuropathologische Basis. Es ist daher nicht verwunderlich, daß die Leistungen des Parkinson-Kranken so sehr von seiner Stimmung, vom Wetter, von Infekten, von affektiven Streßsituationen usw. abhängig sind. *Schwab* und *Zieper* (1965) haben diese Beziehungen herausgearbeitet. Wie erwähnt, gibt es im Rahmen der Parkinson-Krankheit neben der fast spezifischen Affektstörung „Depression" kein abnormes Verhalten, das nicht zur Beobachtung kommt. Verdichtet man die Erfahrungen von 25 Jahren, dann erinnert man sich immer wieder an hysterische Mechanismen, an neurotische Verhaltensschablonen, was natürlich den Sitz der Neurose im Hirnstamm vermuten läßt. Die häufigsten Störungen sind aber psychopathische Entgleisungen. Besonders eindrucksvoll sind aggressive Entladungen, die meist sinnlos in Gang gesetzt werden. Eine Patientin unserer Abteilung hatte Phasen, in denen sie das Auto unseres Oberarztes mit einer Feile zerkratzte. Nach dieser Leerlaufhandlung war sie wieder mehrere Wochen hindurch ein sanftes Lämmchen. Ein anderer Patient hatte Phasen von nächtlichen homosexuellen Attacken auf Mitpatienten, wieder andere hatten einen Wandertrieb, der sie in Spitalskleidung durch ganz Wien führte. Bemerkenswert ist, daß in unserem Krankengut der Alkoholismus als psychische Entgleisung kaum zur Beobachtung kam. Nicht einmal depressive Parkinson-Kranke verfallen auf Alkohol als Therapeutikum. Eine andere klinische Besonderheit, die man nur beobachten kann, wenn man jahrelang an einer Parkinson-Abteilung arbeitet, ist folgende: Es ist möglich, zehn an multipler Sklerose Erkrankte in einem Zimmer unterzubringen. Es ist möglich, zehn Patienten nach Schlaganfällen in einem Zimmer zusammenzulegen. Es ist aber unmöglich, zehn Parkinson-Kranke in einem Zimmer unterzubringen, ohne daß psychopathische Entgleisungen erfolgen. In der Gruppe der an multipler Sklerose Erkrankten bildet sich sofort ein Alpha-Patient, der die hierarchische Ordnung im Zimmer steuert und aufrechterhält. Die Anpassungsfähigkeit des Parkinson-Kranken an eine Gemeinschaft ist durch seine phasenhaften, vegetativen und affektiven Dekompensationen so erschwert, daß sich keine Rangordnung entwickeln kann. Diese soziologischen Adaptationsdefekte sind insofern bemerkenswert, als man daraus erkennt, daß die Fähigkeit des Menschen, neben anderen und mit anderen Menschen gedeihlich zusammenzuleben, an die Kapazität seiner biogenen Amine im Hirnstamm gebunden ist. Dort, wo diese Fähigkeit durch biochemische Defekte verlorengegangen ist, sind Störungen des Befindens, des Verhaltens und des Zusammenlebens die Regel. Diese sozialen Defekte des Parkinson-Kranken, die prämorbid nicht vorhanden waren, sind Ausdruck seiner Hirnstammkrankheit. Sie können weder durch eine Dopa- noch durch eine Tryptophan-Zufuhr gebessert werden. Antidepressiva können die Spitzen solcher Entgleisungen verkleinern, aber sie können sie nicht zum Verschwinden bringen. Eine Verbesserung erreicht man durch die Vergrößerung des biologischen Wirkfeldes. Das heißt, das Territorium eines Parkinson-Kranken muß größer sein als bei anderen Kranken, damit man durch Vergrößerung der biologischen Distanz die affektiven Irritationen reduziert. Diese soziopathologischen Schablonen sind für das Zusammenleben in einem Pflegeheim von großer Bedeutung.

Therapie

Anticholinergische Therapie

Das Ziel jeder Therapie ist, ein durch den pathologischen Prozeß verlorengegangenes Gleichgewicht wiederherzustellen. Dieses Grundprinzip ist begrenzt durch den jeweiligen Wissensstand und die jeweils zur Verfügung stehenden pharmakologischen Substanzen. Das durch den striären Dopamin-Verlust entstandene Übergewicht der cholinergischen Aktivität konnte nach dem früheren Stand des Wissens ausschließlich durch anticholinergische Drogen korrigiert werden. Dadurch war es möglich, Plus-Symptome dieses Balanceverlustes, wie Tremor und Rigor, relativ ausreichend zu neutralisieren. Das Minus-Symptom, die Akinesie, blieb natürlich durch diese Therapie unbeeinflußt. Erst die Erkenntnis des Dopamin-Defizits im Striatum und die Möglichkeit einer Substitution mit dem schrankengängigen Präkursor L-Dopa ermöglichten einen zweiten Weg zur Wiederherstellung des biochemischen Gleichgewichts. Die Dekarboxylase bewirkt in den dopaminergen Zellen die Umwandlung von L-Dopa zu Dopamin. Diese Synthese erfolgt leider nicht nur im Zentralnervensystem, sondern auch in der gesamten Peripherie. Diese periphere Dopamin-Synthese löst eine Überaktivität aus, deren klinisches Resultat durch das Auftreten verschiedener Nebenwirkungen, speziell im gastro-intestinalen und im vaskulär-kardialen Funktionssystem, charakterisiert ist. Erst die Entdeckung des Dekarboxylase-Hemmeffekts durch Benserazid (*Birkmayer* und *Mentasti* 1967) ermöglichte es, die peripheren Nebenwirkungen fast völlig auszuschalten und eine optimale Dopa-Quantität ins Zentralnervensystem zu bringen.

Ein kritisches Detail der Parkinson-Krankheit besteht darin, daß der Kranke außerstande ist, biochemische Balanceverluste durch Feedback-Mechanismen zu regulieren. Während der Gesunde durch Dopa-Medikation weder vegetativ noch psychopathologisch, noch motorisch Nebenwirkungen produziert, zeigt der Parkinson-Kranke bei der geringsten Dopa-Überdosierung Nebenwirkungen. Wenn beim Gesunden durch Madopar oder Nacom (Sinemet) ein Überangebot im striären System entsteht, setzt ein Feedback-Mechanismus ein, der durch Blockierung der Tyrosinhydroxylase-Aktivität die Dopamin-Synthese hemmt und dadurch wieder ein Gleichgewicht herstellt. Diese mangelhaft aktivierbare Feedback-Funktion des Parkinson-Kranken erschwert das Erreichen eines optimalen therapeutischen Wirkungsgrades.

Ein Überangebot an Dopa bewirkt eine Verschiebung des cholinerg-dopaminergen Gleichgewichts im Striatum zugunsten des letzteren, mit der klinischen Auswirkung von Hyperkinesien. Ferner kann durch Dopa-Zufuhr die Dopamin-Serotonin-Balance im Hirnstamm so verändert werden, daß eine Depression ausgelöst wird. Durch die fortschreitende Degeneration der nigro-striären Strukturen kann durch Dopa-Zufuhr eine Entleerung von Serotonin ausgelöst werden, mit dem klinischen Resultat einer Psychose von exogenem Reaktionstyp. Schließlich kann durch eine übermäßige L-Tryptophan-Medikation, die bei der Behandlung der Dopa-Psychosen erfolgreich sein kann, Dopa verdrängt werden und durch den folgenden Dopamin-Mangel eine verstärkte Akinesie verursacht werden (*Riederer* 1980). Solche fehlenden Feedback-Korrekturen sind für die Nebenwirkungen anzuschuldigen. Es ist dabei unerklärbar, aufgrund welcher Kriterien diese Selbstregulierung biochemischer Balancestörungen ausbleibt. Grundsätzlich kann ein ungenügend erregbarer Rezeptor keine Informationen liefern, oder die Übermittlung zum Regulationszentrum kann defekt sein, und schließlich kann die Produktionsstätte der chemischen Korrekturstoffe unzureichend funktionieren. Die progressive Degeneration der nigro-striären Neuronen kann als kausaler Faktor bei der unzureichenden Feedback-Regulierung angeschuldigt werden. Eine neuroleptische Therapie (z. B. Haldol) bei schizophrenen Kranken blokkiert einerseits die dopaminergen Rezeptoren und stimuliert andererseits die Tyrosinhydroxylase zur vermehrten Dopamin-Produktion. Das Resultat sind extrapyramidale Nebenwirkungen als Ausdruck einer dopaminergen Hyperaktivität. Gibt man einem Parkinson-Kranken Haldol, dann kommt es sehr rasch zu einer beträchtlichen Zunahme der Akinesie, nie aber zu hyperkinetischen Nebenwirkungen. Das heißt, das defekte dopaminerge Neuron des Parkinson-Kranken kann über Feedback-Regulationen nicht zu einer vermehrten Dopamin-Synthese angeregt werden. Ein weiteres Beispiel: Bei langjähriger Therapie mit neuroleptischen Drogen kommt es bei schizophrenen Patienten zu hyperkinetischen Zwangsbewegungen (tardive Dyskinesie). Man nimmt an, daß diese Nebenwirkungen durch eine dopaminerge Hyperaktivität zustande kommen. Therapeutische Versuche wurden in der Richtung unternommen, durch Präkursoren des Azetylcholins die biochemische Balance zwischen Azetylcholin und Dopamin wiederherzustellen. Es wurden Cholininfusionen verabreicht, und tatsächlich konnten durch diese Medikation die Zwangsbewegungen unterdrückt werden. Gegen die hyperkinetischen Nebenwirkungen bei Parkinson-Kranken hatten solche Cholininfusionen keinen Erfolg (*Yahr* 1979). Das heißt, die strukturellen Läsionen des Parkinson-Kranken schließen eine Feedback-Regulierung aus. Die Parkinson-Therapie bewegt sich daher immer zwischen der Scylla der dopaminergen Hypoaktivität und der Charybdis der durch Dopa-Medikation erzielten dopaminergen Hyperaktivität.

Eine optimale therapeutische Wirkung hängt beim Parkinson-Kranken somit von der Menge der intakten Neuronen ab. Je weniger dopaminerge Neuronen funktionstüchtig sind, um so geringer ist der therapeutische Effekt und um so größer sind die Nebenwirkungen. Das Tempo der progressiven Degeneration ist sicher von der individuellen Konstitution abhängig, und wir haben maligne und benigne Typen unterschieden (siehe Verlaufskapitel, S. 198), die aufgrund der vorhandenen dopaminergen Neuronen verschieden lang und verschieden intensiv auf die Dopa-Medikation reagieren. Unabhängig von dieser Gliederung besteht aber die Wiener Grundregel der Therapie darin, so rasch als möglich – aber so gering als effektiv – mit einer Dopa-Substitution zu beginnen. Die hohe Cotzias-Dosierung hat sicher initiale Begeisterung erweckt. Der an sich defekte Enzymapparat hat aber fraglos zu einer beschleunigten Degeneration mit einer Summe von Nebenwirkungen geführt. Das Auftreten der Nebenwirkungen ist sicher Ausdruck eines progressiven Defekts im nigro-striären System. Bei hoher Dosierung treten sie früher auf.

Die niedrige Dosierung der Wiener Schule nimmt geringere therapeutische Wirkungen in Kauf, um die Progression der Krankheit nicht zu beschleunigen.

Die erste erfolgreiche Therapie wurde von *Charcot* (1892) mit Belladonna-Extrakten eingeführt. Belladonna-Extrakte wie auch Atropin

Tabelle 19. *Zeittafel der entscheidenden Schritte der Parkinson-Therapie*

1892	*Charcot*	Belladonna
1946	*Sigwald*	Synthetische Anticholinergika
1961	*Birkmayer–Hornykiewicz*	L-Dopa i.v.
1961	*Barbeau–Sourkes*	L-Dopa oral
1962	*Birkmayer–Hornykiewicz*	MAO-Hemmer, orales Dopa
1962	*Gerstenbrand et al.*	orales Dopa
1967	*Birkmayer*	L-Dopa plus Benserazid (Dekarboxylasehemmer)
1967	*Cotzias*	hohe Dosen (oral) von L-Dopa
1972	*Birkmayer–Neumayer*	L-Tryptophan-Zusatz zu L-Dopa gegen psychische Nebenwirkungen
1974	*Calne*	Dopamin-Agonisten, Bromocriptin
1975	*Birkmayer–Riederer–Youdim*	Deprenyl, spezifisch wirkender MAO-Hemmer

inhibieren die cholinerge Hyperaktivität und schaffen ein Gleichgewicht zwischen Azetylcholin und Dopamin, allerdings auf einem tieferen Niveau. Wie erwähnt, kann diese Belladonna-Medikation aber nur Plus-Symptome, wie Tremor und Rigor, beseitigen oder bessern. Zur Behandlung der Plus-Symptome sind auch heute noch sämtliche synthetisch hergestellten anticholinergen Drogen empfehlenswert. *Sigwald et al.* (1946) führten die ersten synthetischen anticholinergen Medikamente (Disipal) ein. Synthetische cholinolytische Substanzen sind dem Atropin vorzuziehen, da die zentralen anticholinergen Eigenschaften über die unangenehmen peripheren überwiegen. Aus der Fülle der angebotenen Drogen möchten wir nur einige anführen, die in langjähriger Erfahrung persönlich erprobt wurden (Tab. 20). Wie erwähnt, sind sie gegen Tremor, Rigor und auch gegen die vegetativen Plus-Symptome des Speichelflusses, der Schweißausbrüche und der Seborrhöe angezeigt. *Yahr et al.* (1969) konnten mit dieser konservativen Therapie eine 20%ige Verbesserung aller Symptome erreichen.

Tabelle 20. *Anticholinergische Drogen in bezug auf Rigor- und Tremorwirkung*

Präparat	allgemeine Tagesdosis	Rigorwirkung	Tremorwirkung
Artane	5— 10 mg	gut	mäßig
Cogentin	4 mg	gut	mäßig
Kemadrin	10— 20 mg	gut	mäßig
Akineton	4— 8 mg	gut	mäßig
Disipal	100—200 mg	gut	mäßig
Aturban*	5— 10 mg	mäßig	u. U. gut
Tremaril	15— 30 mg	mäßig	u. U. gut
Rigidyl	50— 75 mg	gut	mäßig
Sormodren	4— 12 mg	mäßig	gut

u. U. = unter Umständen.
* Nicht im Handel.

Anticholinerge Therapie sollte nur bei Patienten ohne kognitive Störungen und Demenz angewendet werden. Bei Patienten mit kognitiven Störungen muß man darauf verzichten, da die Degeneration der cholinergen Nucleus-basalis-Meynert-Kortex-Projektion eine Therapie mit Azetylcholinvorstufen (Cholin, CDP-Cholin, Lecithin etc.) oder muskarinischen Rezeptoragonisten erfordern würde.

L-Dopa-Therapie

Einen entscheidenden therapeutischen Fortschritt brachte die Verabreichung des Präkursors L-Dopa (*Birkmayer* und *Hornykiewicz*

1961; Abb. 35; *Barbeau et al.* 1961). Unabhängig voneinander begannen das Wiener und das kanadische Team mit der Verabreichung von L-Dopa. Die Wiener Grundlagen basierten auf dem Dopamin-Defizit im Striatum, und die kanadischen Grundlagen basierten auf einer verminderten Dopamin-Ausscheidung im Harn von Parkinson-Kranken.

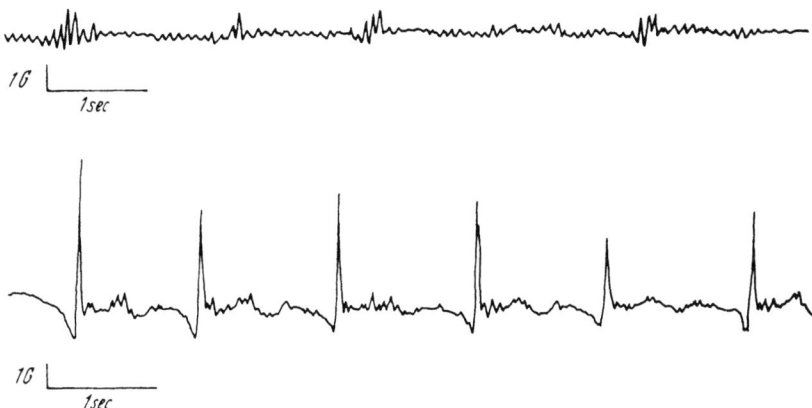

Abb. 35. Registrierung eines geraden Stoßes mit der rechten Hand mit einem Physiological-acceleration-transducer (72 Jahre alter Parkinson-Patient, Dauer der Erkrankung = 4 Jahre). Obere Kurve: ohne Therapie, kinetische Energie 1 G (9,81). Untere Kurve: 30 min nach 50 mg L-Dopa, kinetische Energie 5 G. Eine Zunahme der Bewegungsenergie, die durch kein anderes Medikament je erreicht werden kann

Die ersten positiven Ergebnisse brachten es mit sich, daß auch andere Substanzen getestet wurden. Von allen Aminosäuren zeigte nur L-Dopa (i.v., oral und rektal) eine starke kinetische Response bei den Parkinson-Kranken. Die anderen Aminosäuren waren unwirksam. Neuere tierexperimentelle Untersuchungen zeigen allerdings, daß Phenylalanin und Tyrosin in hoher Dosierung eine Stimulierung der Katecholamin-Synthese im Gehirn hervorrufen können (*Wurtman et al.* 1974). Diese Befunde bestätigen die früheren Ergebnisse mit niedrig dosiertem p-Tyrosin und NADPH, die bei Behandlung von Parkinson-Patienten keine kinetischen Effekte zeigten (*Birkmayer* 1969). Alpha-Methyl-p-Tyrosin verschlechterte erwartungsgemäß die Parkinson-Akinesie, da diese Substanz ein spezifischer Hemmer der Tyrosinhydroxylase ist. Eine Hemmung dieses die Geschwindigkeit bestimmenden Enzyms muß daher die ohnehin gestörte Parkinson-Symptomatik verschlechtern (*Birkmayer* 1969).

D-Dopa wird durch die aromatische Aminosäuredekarboxylase nicht oder nur schlecht dekarboxyliert, so daß Dopamin nicht oder nicht ausreichend synthetisiert wird. Daher sieht man nach Verabreichung von D-Dopa keinen kinetischen Effekt.

Die Verwendung von 4-Hydroxy-3-methoxy-D,L-phenylalanin (3-O-Methyldopa) brachte ebenfalls keine positiven Ergebnisse bezüglich der Parkinson-Akinesie. In vivo wird diese Substanz aus L-Dopa durch die COMT synthetisiert. Da 3-O-Methyldopa im Gewebe nach Dopa-Gaben angereichert wird, wurde der Schluß gezogen, daß es eine Speicherform für Dopa sein könnte.

Die Verabreichung von DOPS (D,L-Threo-3,4-dihydroxyphenylserin), welches durch Dekarboxylierung in vitro in Noradrenalin verwandelt wird, ergab keine Veränderung der Akinesie (*Birkmayer* und *Hornykiewicz* 1962).

Dopamin, i.v. verabreicht, hat ebenfalls keine kinetischen Effekte, da es die Blut-Hirn-Schranke nicht passieren kann. Die peripheren Nebenwirkungen des Kreislaufs sind nicht tolerierbar.

Tryptophan und 5-Hydroxytryptophan-Gaben wirken, wie erwähnt, nur dann stimulierend auf das serotonerge System, wenn sie mit Hemmern der Tryptophan-2,3-Dioxygenase (z.B. Nicotinamid) und/oder Hemmern der aromatischen Aminosäuredekarboxylase (z.B. Benserazid) kombiniert werden. Eine Stimulierung serotonerger Aktivität im Gehirn könnte eine Aktivierung der serotonergen Bahn von der dorsalen Raphe zur Substantia nigra bzw. zum Striatum mit Hemmung dopaminerger Aktivität bewirken. Gleichzeitig wird wegen der kompetitiven Wechselwirkung der aromatischen Aminosäuren an Membranen (z.B. Blut-Hirn-Schranke, neuronale Membran) Dopa am Durchdringen dieser Membranen gehindert, so daß die dopaminerge Aktivität auch über diesen Mechanismus eingeschränkt wird. Umgekehrt behindern hohe Dopa-Gaben Tryptophan am Durchtritt durch die Blut-Hirn-Schranke, wodurch es zu einem reduzierten Angebot an dieser Aminosäure im Gehirn und speziell in serotonergen Neuronen kommen kann. Bei fortgeschrittenem Morbus Parkinson kann Dopa in den degenerierenden dopaminergen Neuronen nur noch schlecht in Dopamin umgewandelt werden. Bei einem Überangebot an Dopa kann dieses zu einer Aktivität extrasträrer dopaminerger Neuronen führen oder in anderen neuronalen Systemen (z.B. serotonergen) metabolisiert werden, wodurch es zu einer Ausschüttung von Serotonin mit möglicher falscher dopaminerger Neurotransmission in serotonergen Strukturen kommen kann. Tryptophan-Gaben erhöhen die zerebrale Konzentration an dieser Aminosäure, und durch die bessere Affinität zu serotonergen Neuronen verdrängt Tryptophan Dopa aus diesen Neuronen. Tryptophan muß aber wegen der Metabolisierung über Tryptophan-2,3-Dioxygenase hoch dosiert oder mit Hemmern der Tryptophan-2,3-Dioxygenase kombiniert werden. Allopurinol hemmt dieses Enzym nur in vitro, nicht aber in vivo (*Chouinard et al.* 1978). Eine Kombination von Tryptophan mit Benserazid, welches nicht nur die Dekarboxylase hemmt, sondern auch hemmende Wirkung auf die Tryptophan-2,3-Dioxygenase hat, hat sich auch wegen der Vermeidung von peripheren Nebeneffekten durch Serotonin bewährt.

5-Hydroxytryptophan hat zwar den Vorteil, daß Tryptophan-2,3-Dioxygenase nicht angreifen kann, so daß nach Kombination mit peripheren Dekarboxylasehemmern das Gehirn mit dieser Aminosäure gut versorgt wird. Der Nachteil besteht aber in einer in allen neuronalen Strukturen möglichen Dekarboxylierung, da die aromatische Aminosäuredekarboxylase nicht spezifisch ist. In diesem Sinn sind Hinweise zu verstehen, die eine Steigerung des Dopamin-Metabolismus durch hohe Dosen von 5-Hydroxytryptophan nachwiesen (*Moir* 1971).

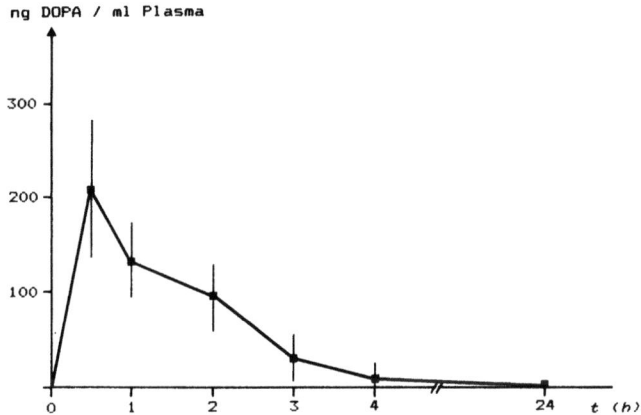

Abb. 36. Plasma-Dopa-Konzentration nach einer einmaligen Verabreichung von 50 mg L-Dopa i.v. (Mittelwerte von 24 Parkinson-Patienten) ($\bar{x} \pm SD$). Aus: *Birkmayer, W.,* et al., J. Neural Transm. 34, 133 (1973)

Alle diese Versuche zeigen, daß nur L-Dopa therapeutisch zur Beseitigung der Akinesie verwendbar ist. Konsequenterweise sind zwei Parameter für den kinetischen Effekt verantwortlich:
1. die Verfügbarkeit von L-Dopa im Plasma,
2. die Verwertbarkeit von L-Dopa in spezifischen neuronalen Systemen des Gehirns.

Kinetische Effekte sind im Verlauf einer Dopa-Behandlung nur möglich, wenn ein entsprechender Plasmaspiegel nachweisbar ist. Die Konzentration von L-Dopa im Plasma korreliert aber nicht unbedingt mit der kinetischen Response. Der Dopa-Spiegel im Plasma hängt von verschiedenen Parametern ab: a) von der Dosis und Frequenz der

Gabe, b) vom Körpergewicht, c) von der Resorptionsrate, d) vom Metabolismus.

Daraus ist zu ersehen, daß bei reiner Dopa-Medikation ein konstanter Plasma-Spiegel der Aminosäuren schlecht optimierbar ist. Bedingt durch den raschen Metabolismus dieser „Minute"-Aminosäure müssen hohe Dosen verwendet werden, die zu starken peripheren Nebeneffekten führen. Abb. 36 zeigt deutlich, daß eine Verabreichung von 50 mg L-Dopa nur zu einem maximalen Dopa-Spiegel im Blut von

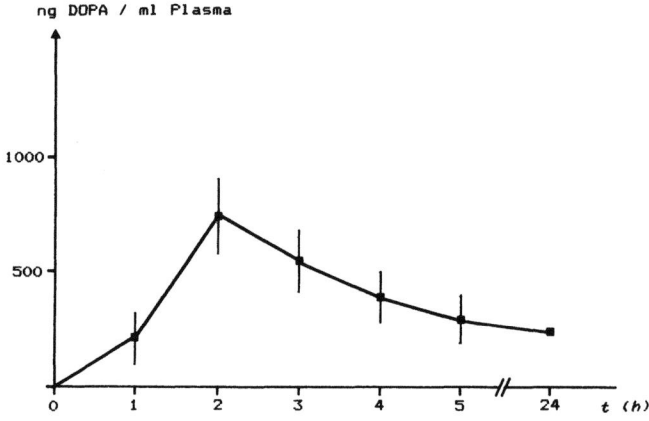

Abb. 37. Plasma-Dopa-Konzentration von 4 Parkinson-Patienten nach 500 mg L-Dopa oral (Mittelwerte ± SD). Aus: *Birkmayer, W., et al.*, J. Neural Transm. *34*, 133 (1973)

etwa 200 ng/ml führt und daß diese Konzentration in kurzer Zeit auf nicht effektive Werte absinkt. Eine mehrmalige intravenöse Gabe von L-Dopa pro Tag ist daher erforderlich. Obwohl solche intravenösen Verabreichungen in verschiedenen kritischen Phasen ihre Berechtigung haben und manchmal die einzige Wahl sind, muß man danach trachten, die Effizienz des zugeführten L-Dopa zu steigern.

Auch die orale Zufuhr von L-Dopa führt zu keinem ausreichenden Plasmaspiegel (Abb. 37). *Cotzias* versuchte, dieses Manko durch extrem hohe Dosen zu umgehen. Der therapeutische Effekt war exzellent, die Nebenwirkungen aber nicht tolerierbar (*Cotzias et al.* 1970).

Andere Strategien mußten daher zur Anwendung gelangen. Sehr bald nach der Entdeckung der L-Dopa-Therapie wurden an der Neurologischen Abteilung des Pflegeheimes Lainz Enzymhemmer getestet. Es handelte sich dabei um Hemmer der Monoaminoxidase. Verschiedene Hemmsubstanzen zeigten tatsächlich verbesserte kinetische Effekte. Sie mußten trotzdem abgesetzt werden, da sowohl periphere als auch zentrale Nebenwirkungen (Psychosen) einen weiteren Einsatz nicht gestatteten (*Birkmayer* und *Hornykiewicz* 1962).

Wie später ersichtlich ist, können MAO-Hemmer – wenn sie selektiv und daher sauber sind – auch bei der Parkinson-Krankheit mit Erfolg eingesetzt werden. Prinzipiell war daher das Konzept richtig. Eine andere Möglichkeit der Verstärkung des L-Dopa-Effekts sollte in der Hemmung der aromatischen Aminosäuredekarboxylase liegen.

Kombinationsbehandlung L-Dopa plus Benserazid bzw. Carbidopa
(Madopar® bzw. Nacom® [Sinemet®])

Birkmayer und *Mentasti* beschrieben 1967 die Potenzierung von L-Dopa mit Ro 4-4602 (N^1-DL-Seryl-N^2-[2,3,4-Trihydroxybenzyl-]Hydrazin · HCl), einer Substanz, die wesentlich stärker als α-Methyldopa hätte sein sollen und daher die Hypertonie günstig beeinflussen sollte. α-Methyldopa hemmt die Dekarboxylase, vermindert den Dopamin-Gehalt und sediert Patienten mit Chorea Huntington. Da Ro 4-4602 (Benserazid) bei Patienten mit Chorea Huntington eine enorme Zunahme der Bewegungsunruhe und in Kombination mit L-Dopa bei Parkinson-Kranken nicht nur eine Verbesserung, sondern auch eine Verlängerung des kinetischen Effekts hervorrief, war eine Substanz gefunden worden, die den ursprünglichen Vorstellungen (möglichst geringe Dopa-Dosis bei lang anhaltender guter Wirkung) entgegenkam (*Birkmayer* und *Mentasti* 1967). Dieser Befund stieß zunächst auf Skepsis, da nicht einzusehen war, warum eine Hemmung der aromatischen Aminosäuredekarboxylase eine Verbesserung der Parkinson-Akinesie verursacht, wo doch nachgewiesenermaßen der Dopamin-Gehalt im Striatum signifikant vermindert ist. Nachfolgende Untersuchungen von *Bartholini et al.* (1967) ergaben, daß Dopa durch Benserazid vermehrt ins Gehirn gelangt und dort vermehrt in Dopamin umgewandelt wird (Abb. 38). Benserazid – so wurde gezeigt – wirkt nur peripher, nicht aber zentral. Abb. 39 zeigt den Dopa-Spiegel im Plasma nach 50 mg Dopa plus 125 mg Ro 4-4602. Abb. 40 zeigt eine verstärkte und verlängerte Konzentration von Dopa nach oraler Verabreichung von 150 mg L-Dopa plus 100 mg Benserazid. Die Dopa-Dosis konnte daher bei ebenso gutem therapeutischem Erfolg niedrig gehalten werden (*Birkmayer et al.* 1973a).

Zusätzlich kann gezeigt werden, daß auch die routinemäßig erhobenen Laborkontrollwerte durch Benserazid nicht verändert werden (Tab. 21).

Im Madopar®, einer Kombination von L-Dopa und Benserazid, wurde dieses therapeutische Prinzip verwirklicht. Im Nacom® (Sine-

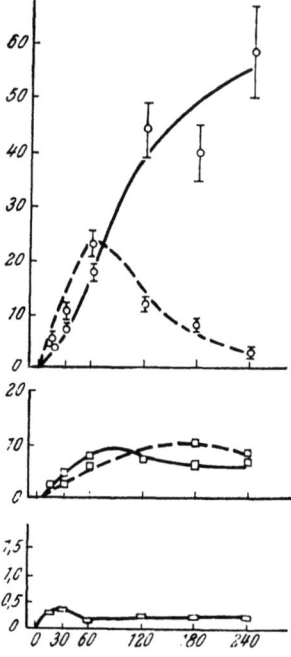

Abb. 38. Wirkung von Benserazid auf die periphere und zentrale Konzentration von Katecholaminen. Oberer Teil der Abb.: ---- Gehirn ³H-Dopa, —— Gehirn ³H-Katecholamine nach peripherer Gabe von L-Dopa + Benserazid. Mittlerer Teil der Abb.: ---- Plasma ³H-Dopa, —— Herz ³H-Dopa. Unterer Teil der Abb.: —— Herz ³H-Katecholamine. Den Kontrollen wurde 375 γ/Ratte ³H-Dopa i.p. verabreicht, während eine andere Gruppe von Tieren 50 mg/kg Benserazid i.p. und 30 min später 375 γ ³H-Dopa verabreicht bekam (3–5 Experimente; x̄ ± sem). (Nach *A. Pletscher und Mitarbeitern*)

met®) wird Carbidopa (α-Methyldopahydrazin) als Dekarboxylasehemmer verwendet. Benserazid und L-Dopa sind im Verhältnis 1 : 4 gemischt, Carbidopa und L-Dopa im Verhältnis 1 : 10. Bei einem klinischen und biochemischen Vergleich (*Podiwinsky et al.* 1979) konnten bezüglich der Laboruntersuchungen keine signifikanten Unterschiede in der Auswirkung durch beide Präparate nachgewiesen werden. Untersucht wurden: GOT, alkalische Phosphatase, Kreatinin, Harnstoff, Blutzucker, Sahli, Färbeindex, Erythrozytenzahl, Leukozytenzahl, Differentialblutbild und Thrombozytenzahl. Bei einem Vergleich der Plasma-Dopa-Spiegel beider Präparate können kaum signifikante Unterschiede getroffen werden. Carbidopa und Benserazid unterscheiden sich qualitativ im pharmakologischen Experiment nur bei Anwendung von Dosen, die in der Humanmedizin bei weitem nicht erreicht werden (*Lotti* 1973).

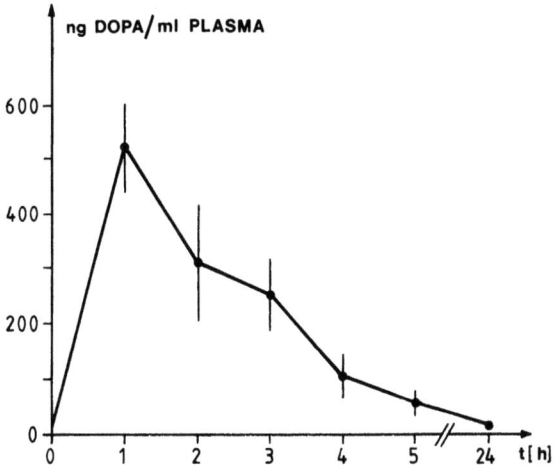

Abb. 39. Plasma-Dopa-Konzentration nach Verabreichung von 50 mg L-Dopa i.v. plus 125 mg Ro 4-4602 (oral 60 min vor der Dopa-Verabreichung) ($\bar{x} \pm SD$). Aus: *Birkmayer, W., et al.*, J. Neural Transm. *34*, 133 (1973)

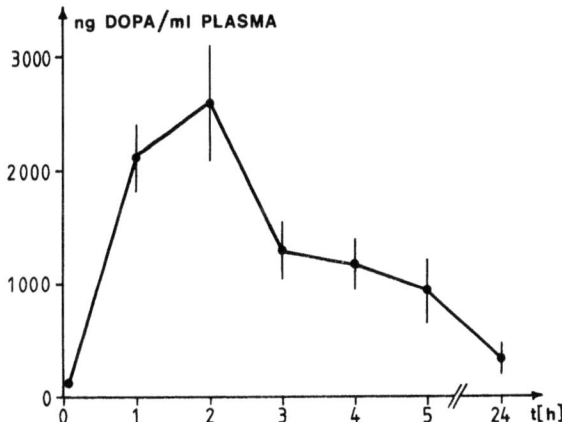

Abb. 40. Plasma-Dopa-Konzentration nach oraler Verabreichung von 150 mg L-Dopa und 100 mg Ro 4-4602 ($\bar{x} \pm SD$). Aus: *Birkmayer, W., et al.*, J. Neural Transm. *34*, 133 (1973)

Mit Hilfe anderer experimenteller Anordnungen konnten *Liebermann et al.* (1978) zeigen, daß Madopar bei Einzelpatienten früher Spitzenwerte an Dopa im Plasma liefert als Nacom® (Sinemet®). Andererseits ist die Halbwertszeit von Dopa unter Nacom® (Sinemet®) signifikant länger als jene unter Madopar. Diese Ergebnisse zeigen die

Tabelle 21. *Laborkontrollwerte*

	vor Behandlung		Laborkontrolle		
	M	±S	M	±S	Signifikanz
Erythrozyten ($\times 10^6/\mu l$)	4,4	1,16	4,52	0,92	n. s.
Leukozyten ($\times 10^2/\mu l$)	55	9,4	53	7,2	n. s.
Neutrophile (%)	58	3,6	58	3,16	n. s.
Lymphozyten (%)	35	3,66	36	3,66	n. s.
Bilirubin (mg%)	0,54	0,155	0,59	0,135	n. s.
Harnstoff (mg%)	33	5,6	32	7,1	n. s.
Alkalische Phosphatase (U/l)	25	7,0	14,6	13,15	n. s.
SGOT (mU/ml)	7,4	2,8	13,9	5,08	n. s.
SGPT (mU/ml)	6,9	3,0	10,7	4,25	n. s.
Hämoglobin (g%)	12,64	1,31	13,04	0,92	n. s.

Anzahl der Patienten: 118, weibliche Patienten: 70, männliche Patienten: 48. Alter: 68 ± 7,5 Jahre. Untersuchungszeitraum: 2 Jahre. M = Mittelwert, S = Standardabweichung, n. s. = nicht signifikant.

Gleichwertigkeit beider Präparate, vor allem dann, wenn man Parameter wie Krankheitsdauer, Fortschreiten der Krankheit mit ins Kalkül zieht.

Wir wählten am Beginn der Dopa-Ära primär die i.v. Applikation von L-Dopa (50–100 mg) und hatten das Glück, gleich bei den ersten Patienten bisher nie beobachtete Verbesserungen der Akinesie zu sehen. Der kinetische Effekt hatte seinen Höhepunkt 2–3 Stunden nach der Applikation und hielt 1 bis maximal 5 Tage an. Später verabreichten wir auch orale Dosen (dreimal täglich 100 mg) und sahen einen analogen kinetischen Effekt, allerdings verstärkte Nebenwirkungen (*Birkmayer* und *Hornykiewicz* 1962).

Im wesentlichen zeigten 30% unserer Parkinson-Kranken nach L-Dopa sehr gute Ergebnisse, 30% mäßige und 40% keinerlei Besserung (Non responders). Diese Ergebnisse wurden im wesentlichen von europäischen Untersuchern bestätigt (*Gerstenbrand et al.* 1962, *Umbach* und *Baumann* 1964, *Hirschmann* und *Mayer* 1964, *Völler* 1968).

Unsere Überlegungen, betreffend die Ursachen des Dopamin-Defizits, liefen in drei Richtungen:

1. Die Erklärung, der verminderte Dopamin-Gehalt sei auf einen vermehrten Turnover im Neuron zurückzuführen, konnte ausgeschlossen werden, da die Homovanillinsäure, der Metabolit des Dopamins, im Liquor und im Gewebe erniedrigt war (*Bernheimer et al.* 1962).

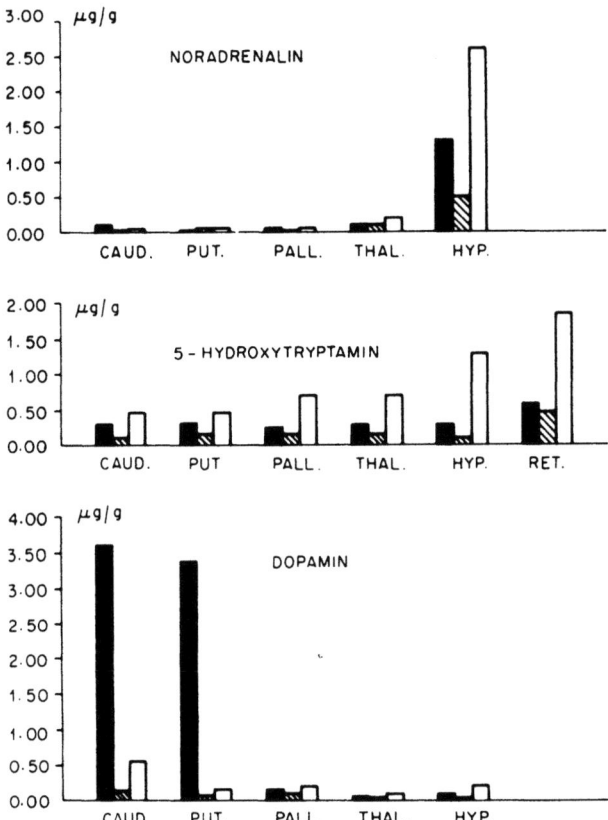

Abb. 41. Der Noradrenalin-, Serotonin- und Dopamin-Gehalt in verschiedenen Hirnregionen. 1. Säule: Kontrollfälle; 2. Säule: Parkinson-Kranke; 3. Säule: Parkinson-Kranke, die mit L-Dopa plus, einem MAO-Hemmer, mehrere Monate behandelt wurden. Der Noradrenalin- und Serotonin-Gehalt steigt nach MAO-Hemmer-Therapie an, der Dopamin-Gehalt bleibt niedrig. (*Bernheimer et al.* 1962)

2. Eine Kombinationsbehandlung mit L-Dopa und verschiedenen Hemmstoffen der MAO zeigte post mortem im striären System einen Anstieg von Noradrenalin und Serotonin. Die Dopamin-Werte hingegen zeigten fast keinen Anstieg (*Bernheimer et al.* 1962; Abb. 41).

3. Eine dritte Möglichkeit könnte im Syntheseblock der Dopamin-Synthese bestehen. Phenylalanin-Verabreichungen (oral 100 mg, i.v. 50 mg) brachten wohl eine Stimmungsaufhellung, jedoch keinerlei kinetische Effekte (*Birkmayer* 1965). Infusionen von p-Tyrosin brachten ebenfalls keinerlei Verbesserung der aktiven Beweglichkeit. Nur in Kombination mit NADH konnten geringe kinetische Verbesserungen beobachtet werden. *Spector et al.* (1965) entdeckte im Tierversuch, daß

die Tyrosinhydroxylase, das Enzym, das den Schritt vom Tyrosin zum Dopa katalysiert, durch α-Methyl-p-tyrosin gehemmt wird. Aufgrund dieser Befunde verabreichten wir Parkinson-Kranken 500 mg α-Methyl-p-tyrosin i.v. und konnten zeigen, daß die kinetischen Leistungen, gemessen mit einem Physiological acceleration transducer (Firma Philips), von 3 G (G = Erdbeschleunigung) auf 1,4 G absanken. Die Hyperkinesien bei 5 Chorea-Patienten konnten mit der gleichen Dosis für 24 Stunden ruhiggestellt werden (*Birkmayer* 1969a; Abb. 42). Unsere daraus resultierende Hypothese, daß eine Insuffizienz der Tyrosinhydroxylase als Ursache des Dopamin-Mangels anzunehmen sei, konnte erst in jüngster Zeit verifiziert werden (Übersicht bei *Birkmayer et al.* 1979a).

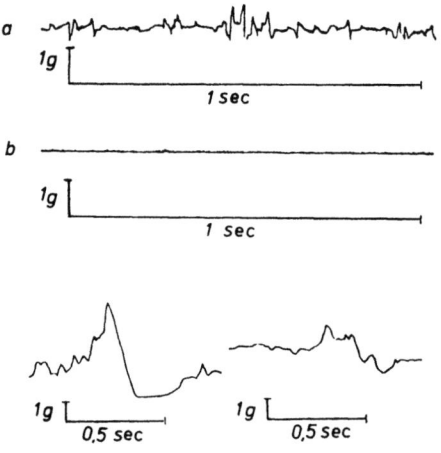

Abb. 42. α-Methyl-p-Tyrosin-Effekt bei Chorea- und bei Parkinson-Patienten. Obere Kurve a: choreatische Unruhe (Kopfbewegungen); Linie b: völlige Bewegungsruhe 60 min nach 500 mg α-Methyl-p-Tyrosin. Untere Kurve: links gerader Stoß nach vorn, kinetische Energie 3 G; rechtes Bild: gerader Stoß 2 Stunden nach 500 mg α-Methyl-p-Tyrosin i.v., kinetische Energie 1,4 G

Die von uns 1967 beobachtete Verbesserung der Akinesie durch eine Kombination von L-Dopa mit dem peripheren Dekarboxylasehemmer Benserazid konnte bei gesenkter Dopa-Dosis den gleichen kinetischen Effekt erzielen, wobei die peripheren Nebenwirkungen reduziert werden konnten (*Birkmayer* und *Mentasti* 1967). Die Bestätigungen erfolgten von *Siegfried et al.* (1969), *Tissot et al.* (1969), *Barbeau et al.* (1971). Tab. 22 zeigt einen Vergleich zwischen 108 Parkinson-Kranken, die nur mit Dopa behandelt wurden, und 80 Patienten, die mit der Kombination Dopa plus Benserazid behandelt wurden (*Birkmayer et*

Tabelle 22. *Vergleichsergebnisse zwischen reiner L-Dopa- und Madopar®-Therapie*

	reine L-Dopa-Behandlung	Madopar
	108 Patienten	80 Patienten
kein Effekt	11 %	2,5 %
mäßiger Effekt	25,9 %	13,5 %
guter Effekt	40,7 %	45 %
sehr guter Effekt	22,4 %	39 %

al. 1971). Die Kombinationsbehandlung erbrachte einen erhöhten Prozentsatz an sehr guten Erfolgen und einen geringeren Prozentanteil an Patienten, die nicht ansprachen.

Ein kinetischer Erfolg bei Parkinson-Kranken ist von zwei Voraussetzungen abhängig:

1. Es muß eine bestimmte Menge L-Dopa im Plasma verfügbar sein. Diese Bedingung kann durch Bestimmung des Dopa-Spiegels festgestellt werden.

2. Das dem ZNS angebotene L-Dopa muß in dopaminergen Neuronen verwertet werden. Je mehr dopaminerge Neuronen degeneriert sind, um so weniger ist das angebotene Dopa verwertbar. Es fehlen speziell die präsynaptischen Neuronen zur Synthese und Speicherung (Abb. 43). Die erste Bedingung der Verfügbarkeit von L-Dopa im Plasma ist durch die Kombinationsbehandlung optimal erfüllt. Abb. 37 zeigt den Dopa-Spiegel im Plasma nach 500 mg L-Dopa oral, Abb. 40 zeigt den Dopa-Spiegel nach 150 mg Dopa plus 100 mg Benserazid oral. Die Höhe des Dopa-Spiegels ist bei der Kombinationsmedikation höher und die Dauer des erhöhten Niveaus verlängert (*Birkmayer et al.* 1973a). Eine zweijährige Dauermedikation der Kombinationstherapie zeigte, daß die Verbesserung aller Parkinson-Symptome auch längere Zeit andauert (Abb. 44). Schließlich zeigt Fig. 44 eine signifikante Verbesserung der mit der Webster rating scale erfaßten Kriterien (*Birkmayer et al.* 1974b).

1967 erschien die erste Mitteilung von *Cotzias* über Behandlungserfolge mit D,L-Dopa bei Parkinson-Kranken. Er verabreichte sehr hohe Dosen. Später verwendete er wegen der toxischen Nebenwirkungen von D-Dopa reines L-Dopa; bis zu 10 g täglich. Die hohe Dosierung zeigte besonders gute kinetische Erfolge, begreiflicherweise auch die entsprechenden Nebenwirkungen. Hyperkinesien, Dopa-Psychosen, On-off-Effekte wurden von *Cotzias et al.* (1969) beobachtet. Es waren an sich keine neuen Erkenntnisse, denn Hyperkinesien und Dopa-Psychosen wurden schon früher beobachtet. Auch der On-off-

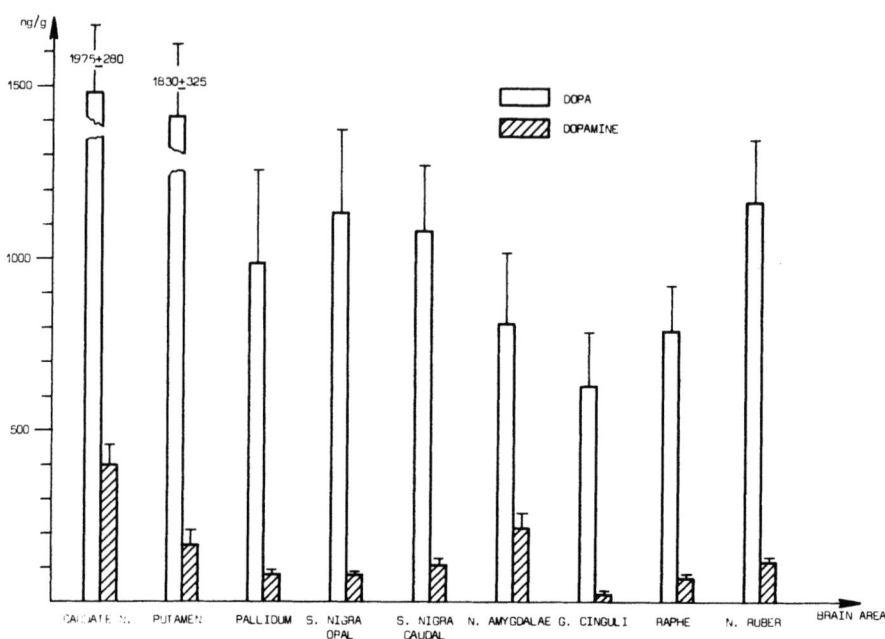

Abb. 43. Verteilung von Dopa und Dopamin in verschiedenen Arealen des Gehirns bei M. Parkinson nach Verabreichung von 750 mg L-Dopa plus Ro 4-4602 (n = 3), x̄ ± sem). Aus: *Birkmayer, W.*, und *Riederer, P.:* J. Neural Transm. *37*, 175 (1975a)

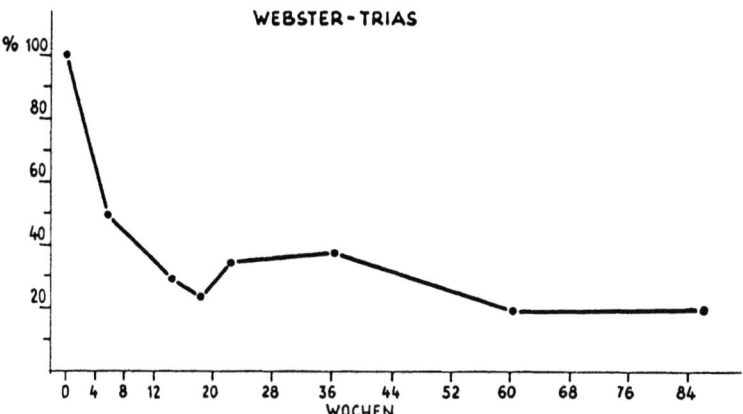

Abb. 44. Webster-Trias: Gesamt-Score von Akinesie, Rigor und Tremor. Die Verbesserung der Disability-Bewertung (in %) ist durch eine kombinierte Dopa-Behandlung lang anhaltend

Effekt ist kein neues Phänomen. Phasen fluktuierender motorischer Leistungen und Phasen, in denen Parkinson-Kranke plötzlich bewegungsunfähig sind, sind allen Experten bekannt. Wir nannten solche Phasen „akinetische Krisen". Man könnte den biochemischen Defekt, der zu einer akinetischen Krise (Langzeit-Off-Phasen) führt, durch folgende Prinzipien erklären: 1. durch einen Block der Dopamin-Synthese, entweder durch eine insuffiziente Enzymsynthese oder eine verminderte Affinität der Kofaktoren zum Enzym; 2. durch einen verstärkten Abbau durch die MAO oder COMT; 3. durch eine Blockade der Release-Vorgänge; 4. durch eine plötzliche Unempfindlichkeit der postsynaptischen Rezeptoren.

Die Kombination von L-Dopa mit einem peripheren Dekarboxylase-Hemmstoff war ein entscheidender Durchbruch zur breiten therapeutischen Anwendung von L-Dopa. Durch die periphere Blockade der Dekarboxylase konnten die peripheren Nebenwirkungen fast völlig unterbunden werden, und die dem ZNS zugeführte höhere Dopa-Menge brachte weitaus bessere kinetische Effekte. Dadurch war es möglich, niedrigere Dopa-Dosen zu verwenden. Ein von uns immer vertretener Standpunkt, mit der niedrigst wirksamen Dopa-Dosis eine Langzeittherapie zu gestalten, hat sich in langjähriger Erfahrung bestätigt (*Birkmayer* 1971). Unphysiologisch *hohe* Dopa-Dosen beschleunigen die progressive Degeneration durch verstärkte prä- und postsynaptische dopaminerge Imbalance.

Bis jetzt sind zwei Präparate verfügbar: Madopar® (= L-Dopa plus Benserazid, Relation 4 : 1, Hoffman-La Roche); Nacom® (Sinemet® [= L-Dopa plus Carbidopa, Relation 10 : 1 bzw. 4 : 1], Merck, Sharp & Dohme). Die Dosierung von Madopar® liegt vor in Madopar® 250, Madopar® 125 und Madopar® 62,5. Die verschieden hohen Dosen sind zum Einschleichen sehr praktisch, da bei niedriger Anfangsdosierung so gut wie keine Nebenwirkungen aufscheinen. Ferner erfordern die Tagesschwankungen der Leistungsfähigkeit eine individuelle Dosierung. Je nach dem klinischen Bild kann man bei morgendlicher Unbeweglichkeit mit Madopar® 250 starten und mittags und abends nur je ein Madopar® 62,5 bzw. 125 verabreichen. Es gibt zahlreiche Patienten, die sich von morgens bis abends mit nur einer Kapsel Madopar® 125 völlig normal bewegen können. Erst nachmittags leiden sie unter einer stärkeren Akinesie. Da gibt man eben mittags Madopar® 250 und spätabends Madopar® 125. Andere Patienten starten mit Madopar® 250 morgens und benötigen erst nachmittags und abends je ein Madopar® 62,5. Die drei verschiedenen Dosierungen erlauben es, auf jede individuelle Tagesschwankung einzugehen und dadurch eine optimale Wirkung und nur geringe Nebenwirkungen zu erzielen. Nacom® (Sinemet®), in der Dopa-Dosierung etwas höher (250 mg bzw. 100 mg), kann man in analoger Weise dem individuellen Leistungszustand anpassen. Positive Berichte stammen von *Calne et al.* (1971), *Papavasiliou et al.* (1972), *Marsden* (1973), *Mars* (1974), *Markham* und *Diamond* (1974). Eine Vergleichsuntersuchung an unserem Institut erbrachte keine signifikanten Unterschiede zwischen Madopar® und Nacom® (Sinemet®), weder in der klinischen Wirksamkeit noch in der Höhe und Dauer des Dopa-Spiegels im Plasma (*Podiwinsky et al.* 1979). Die Tatsache, daß es zwei verschiedene Kombinationspräparate gibt, ist sehr vorteilhaft für den Arzt. Er kann beim Nachlassen der Wirkung einer Droge auf die andere übergehen, was den Bewegungseffekt häufig wieder verbessert. Wir verwenden mit Erfolg Madopar® und Nacom® (Sinemet®) gleichzeitig. Meiner persönlichen Erfahrung nach löst Nacom® (Sinemet®) häufiger Nebenwirkungen, wie Übelkeit, Erbrechen und Schwindel, aus. Diese Nebenwirkungen können durch Zusatz von Carbidopa (25 mg) oder Benserazid (50 mg) verhindert werden. Beide Präparate sind leider nicht im Handel. Madopar® und Nacom® (Sinemet®) brachten einen Durchbruch in der Parkinson-Therapie, da die reine Dopa-Medikation doch bei einem großen Prozentsatz der Kranken durch die Nebenwirkungen eine Einschränkung erfuhr.

L-Dopa-Release-Präparate
(Woods et al., 1973)

Die Idee, die Wirkungsdauer von L-Dopa zu verlängern, wurde zunächst durch die Entwicklung der Dekarboxylasehemmer Benserazid und Carbidopa verwirklicht und durch den Einsatz selektiver MAO-Hemmer weiter verbessert.

Galenische Formen von L-Dopa, welche dieses langsam kontinuierlich freisetzen, haben prinzipiell den Vorteil, daß Spitzenwerte an Plasma- und Gehirn-Dopaminspiegel vermieden werden. Langsames Anfluten und gleichmäßiges Halten eines Plateauwertes im Plasma sollen garantieren, daß Fluktuationen im motorischen Bereich (Hyperkinesien, On-off-Effekte etc.) möglichst vermieden werden. Unter der Voraussetzung, daß ausreichende Plasmakonzentrationen mit „Dopa-Release-Präparaten" erreicht werden, sind günstige Effekte auf die Motorik bei verminderter Bereitschaft zu Nebenwirkungen zu erwarten. Klinische Berichte dazu gibt es zur Zeit noch wenige. *Sandler et al.* (1974) haben keine Verbesserung der neurologischen Symptomatik beschrieben, während *Eriksson et al.* (1984), *Siegfried* und *Dubuis* (1984) sowie *Nutt et al.* (1984) günstige Auswirkungen auf die On-off-Symptomatik beschreiben, wobei vor allem auf Zusammenhänge zu den kompetitiven Wechselwirkungen mit den neutralen Aminosäuren (Phenylalanin, Tyrosin, verzweigtkettige Aminosäuren) hingewiesen wird. Die Aufnahme dieser Aminosäuren in das Gehirn wird durch L-Dopa-Release-Medikamente durch Vermeidung von Dopa-Spitzenwerten verbessert. Unsere persönlichen Erfahrungen sprechen allerdings dafür, daß On-off-Effekte als Symptome der Erkrankung primär mit Fluktuationen des Rückkopplungsmechanismus zugrundegehender Neuronen gekoppelt sind. Sekundär können derartige Störungen im Neuron eventuell auch durch starke Variation des verfügbaren L-Dopa ausgelöst werden. Stabilisierung dieser sekundären Phänomene kann daher bei Patienten mit starken individuellen Schwankungen des Plasma-Dopaminspiegels (abhängig von Tagesrhythmik, Dosis, Nahrungsaufnahme, Resorption aus dem Darm, endokrine Steuerung, Wechselwirkung mit anderen Aminosäuren) von Vorteil sein. Dopa-release-Präparate sowie der Einsatz von Infusionspumpen sind daher auf ein kleines Krankengut beschränkt.

Amantadin

Schwab et al. (1969) berichteten über günstige kinetische Erfolge nach Amantadin-Medikation. Nach unseren Erfahrungen hat Amantadin eine kinetische Wirkung, die bei weitem nicht an die Dopa-Wirkung heranreicht.

Der Wirkungsmechanismus von 1-Aminoadamantan (Amantadin) und des Adamantan-Derivates 1-Amino-3,5-dimethyladamantan (Memantine) ist nicht völlig geklärt. Amantadin dürfte über Stimulierung dopaminerger, noradrenerger und serotonerger Neuronen wirken. Memantine hat günstige Effekte auf Rigor und Tremor (*Fünfgeld* 1976) und dürfte über Dopa-Rezeptorstimulierung (*Svensson* 1973) oder gesteigerte Freisetzung von Dopamin und Serotonin aus den Nervenenden wirksam sein (siehe dazu *Wesemann et al.* 1979, 1980). Neuere Untersuchungen zeigen, daß Amantadin und Memantine über Veränderung der Fluidität neuronaler Membranen wirkt (*Wesemann* 1984). Es ist wahrscheinlich, daß gerade dieser Effekt bei der Therapie von akinetischen Krisen pathogenetisch zum Tragen kommt. Akinetische Krisen als Ausdruck fortgeschrittener Denervierung mit gestörten Rückkopplungsmechanismen könnten somit auch Störungen prä- und postsynaptischer Membranfunktionen einschließlich defekter Rezeptor-Effektor-Kopplung als pathophysiologisch wichtigen Mechanismus einschließen.

Von praktischen Ärzten wird Amantadin am Beginn der Erkrankung meist in Kombination mit einem Anticholinergikum (Akineton®, Artane®, Kemadrin® usw.) bevorzugt verordnet. Das Motiv liegt im wesentlichen darin, daß bei geringer Symptomausbildung diese beiden Medikamente ausreichen. Außerdem hat diese Kombination den großen Vorteil, fast keine Nebenwirkungen zu verursachen. Das Medikament wird im allgemeinen in Dosen von 300 bis 500 mg täglich verabreicht. Es gibt drei Präparate: Symmetrel® (Amantadinhydrochlorid, 100 mg), P. K. Merz® und Contenton® (1-Adamantylaminsulfat, je 100 mg). Als Nebenwirkungen können Schlafstörungen, Erregungszustände und Livedo reticularis auftreten. *Parkes* (1971) empfiehlt Amantadin bei leichten Fällen und eine Kombination von Amantadin plus L-Dopa bei mittelschweren Fällen. Nach unseren Erfahrungen ist Amantadin eine brauchbare zusätzliche Medikation zur Dopa-Therapie. Von Amantadin allein haben wir keine entscheidenden Verbesserungen gesehen. Amantadin-Infusionen (P.K. Merz i.v.) hingegen zeigen bei initialen akinetischen Krisen in den ersten Phasen häufig ergiebige kinetische Erfolge (*Danielczyk* und *Korten* 1971). Bei derartigen Krisen geben wir täglich Infusionen von P.K. Merz plus 1–2 Ampullen Larodopa (25 mg). Der pharmakologische Wirkungsmechanismus ist noch nicht restlos geklärt; wir sind der Meinung, daß es, der klinischen Wirkung nach, als dopaminpotenzierend einzustufen ist. Bemerkenswert ist, daß nach oralen Amantadin-Gaben Psychosen auftreten können, ein Effekt, der, neueren Untersuchungen zufolge, auf eine Stimulierung von dopaminergen Rezeptoren (limbisch?) schließen läßt.

In einer placebo-kontrollierten Multicenter-Studie mit Memantine (derzeit nur in der BRD als Akatinol® verfügbar) wurden bei leichten und beginnenden Formen der Parkinson-Krankheit signifikante Verbesserungen des Tremors und der Gesamtbewertungsskala festgestellt (*Schneider et al.* 1984). Memantine hat sich auch bei der Behandlung schwerer spastischer und extrapyramidaler Bewegungsstörungen (Hyperkinesien, Dystonien) bewährt (*Mundinger* und *Milios* 1985).

Zunächst schien es, daß mit Madopar® und Nacom® (Sinemet®) eine Dopa-Effekt nach 5–7 Jahren nachläßt und trotz Steigerung der Dosis keine Verbesserung zu erzielen ist.

Kombinierte Behandlung mit Madopar® oder Sinemet® (Nacom®) plus Deprenyl (Jumex®)

Eine neue Phase brachte die zusätzliche Verwendung eines spezifisch wirkenden Hemmstoffes der Monoaminoxidase. Die intraneuronale Konzentration im Gehirn kann entweder durch Steigerung der Syntheserate mittels des Präkursors L-Dopa oder durch Hemmung des wichtigsten katabolischen Enzyms, der Monoaminoxidase, erfolgen.

Fox (1952) führte Iproniazid in die Behandlung der Tuberkulose ein und beobachtete eine Verbesserung des psychischen Zustandes. Im selben Jahr zeigten *Zeller* und *Barsky* (1952), daß Iproniazid ein Hemmer der mitochondrialen MAO ist, und einige Jahre später wies *Crane* (1956) auf die guten Effekte derartiger Substanzen bei psychiatrischen

Erkrankungen hin. Aus diesem Grund führte *Kline* (1958) die MAO-Hemmer als „psychische Energizer" in die Therapie der Depression ein. Die darauffolgenden Jahre brachten, vor allem durch die Synthese verschiedener MAO-Hemmer (*Pletscher et al.* 1961), eine Fülle von grundlegenden Erkenntnissen bezüglich der biochemisch-pharmakologischen Wirkungsweise. *Birkmayer* und *Hornykiewicz* (1962) konnten z.B. den kinetischen Effekt von L-Dopa mit MAO-Hemmern verstärken. Da die Nebenwirkungen, wie toxische Psychosen, Hypotension, gastrointestinale Beschwerden, nicht tolerierbar waren, konnten die MAO-Hemmer in der klinischen Praxis nicht weiterverwendet werden (*Hunter et al.* 1970). *Johnston* (1968) beschrieb einen neuen MAO-Hemmer, nämlich Clorgylin, und zeigte die Irreversibilität dieses Hemmers der MAO und desgleichen, daß diese Hemmung des Enzyms substratabhängig war. Die Hemmung des Enzyms war mit sehr niedrigen Konzentrationen des Hemmers komplett, wenn er Serotonin einsetzte. Bei Anwendung von Tyramin ergab sich eine biphasische Kurve. Ein ähnliches Resultat erhielt er bei Testung von Dopamin. *Johnston* interpretierte diese Ergebnisse derart, daß er die Gegenwart von zwei Enzymarten annahm, wobei diese in ihrer Substratspezifität und Sensitivität gegenüber Clorgylin differierten. Konsequenterweise unterteilte er die beiden Arten in den Typ A, der aktiv gegenüber Serotonin und Tyramin als Substrat war, und in den Typ B, der weniger empfindlich gegenüber Clorgylin, hingegen aktiv gegen Benzylamin und Tyramin war. Einige Jahre früher entdeckte die Gruppe um *Knoll* (*Knoll et al.* 1965) einen MAO-Hemmer, nämlich Deprenyl, der sich später als wesentlich besserer Hemmer von MAO-Typ B als von MAO-Typ A erwies. Die Inhibitorspezifität ist in der Tab. 23 dargestellt.

Weitere Untersuchungen ergaben den wichtigen Hinweis, daß im Gehirn des Menschen etwa 80% der MAO als Typ B vorliegen und nur

Tabelle 23. *Selektivität von MAO-A- bzw. MAO-B-Hemmern*

	Inhibitoren von MAO A	Inhibitoren MAO B	Nichtselektive Hemmer
Irreversible Inhibitoren	Clorgylin	(−)Deprenyl, (+)Tranylcypromin AGN 1135 Pargylin	Phenelzin (±)Tranylcypromin Nialamid Isocarboxazid Iproniazid
Reversible Inhibitoren	Harmalin (+)Amphetamin MD 780515 Ro 11-1163	MD 780236 verschiedene trizyklische Antidepressiva (z.B. Imipramin, Desimipramin)	

20% dem Typ A zuzuordnen sind. Die MAO der Thrombozyten ist fast ausschließlich vom Typ B (*Murphy* 1976), während intestinal die MAO zu 80% aus dem Typ A besteht. Leber und Lunge enthalten beide multiple Formen zu gleichen Teilen (Tab. 24). In-vitro-Studien zeigten zunächst, daß Deprenyl gegenüber der Gehirn-MAO empfindlicher und selektiver ist als Clorgylin (*Youdim* 1976, *Youdim* und *Holzbauer* 1976).

Tabelle 24. *Verteilung von MAO A und MAO B in verschiedenen Organen des Menschen*

	MAO A in % der Gesamtaktivität (A- + B-Typ)
Niere	60
Leber	73, 45, 54
Lunge	92, 55
Gehirn	< 20, 38, 53
Herz	98
Thrombozyten	5
Ileum	89, 75
Plazenta	> 90

(Nach *Youdim* und *Finberg* 1982.)

Gegenüber der intestinalen MAO ist Deprenyl aber unempfindlicher als Clorgylin. *Collins et al.* (1972) trennten elektrophoretisch MAO des menschlichen Gehirns in mehrere Fraktionen auf, wobei eine Enzymform eine höhere spezifische Aktivität für Dopamin im Vergleich zu den anderen Substraten zeigte. Tierexperimentelle Untersuchungen an Ratten ergaben bei Testung von Deprenyl einen Anstieg von Dopamin (*Neff et al.* 1974, *Dzoljic et al.* 1977). Wie erwähnt, ist die Verabreichung von unspezifischen MAO-Hemmern mit schweren Nebeneffekten verbunden. Hypertensive Krisen – vor allem bei Patienten, die Nahrungsmittel mit hohem Tyramin-, Tryptamin-, Phenylethylamin-, Tyrosin-, Tryptophan- oder Dopa-Gehalt zu sich genommen haben – lösen toxische Delirien und gastrointestinale Beschwerden aus. Deprenyl ist demgegenüber eine Ausnahme. Im Gegensatz zu MAO-Hemmern, wie Tranylcypromin und Pargylin, antagonisiert Deprenyl den Tyramin-Effekt (*Knoll* 1976, *Knoll* und *Magyar* 1972). Deprenyl und D, L-Tranylcypromin hemmen den Noradrenalin-Uptake in vitro und in vivo, während Pargylin und Nialamid keinen Effekt zeigen. Deprenyl hemmt auch den Release-Effekt von Noradrenalin, es verändert auch nicht die Empfindlichkeit noradrenerger (*Knoll* 1976) und dopaminerger Rezeptoren (*Riederer et al.* 1978b).

In vitro hat Deprenyl im Striatum keine Effekte auf Adenylzyklase (sogenannte D1-Rezeptoren) und auch keine auf D2-Rezeptoren, weder im Sinne einer Stimulierung noch einer Hemmung.

Erste klinische Versuche haben gezeigt, daß Deprenyl eine ausgezeichnete Substanz zur Verbesserung der Akinesie und des psychischen Verhaltens bei der Parkinson-Krankheit ist (*Birkmayer et al.* 1975a, 1977, *Birkmayer* 1978) (Tab. 26 und 27), und es wurde der Schluß gezogen, daß Dopamin im Gehirn des Menschen ein gutes Substrat für MAO B sein muß (*Birkmayer et al.* 1975). Spätere experimentelle Untersuchungen von *Glover et al.* (1977) bestätigten diese Annahme. Die nachfolgenden *In-vitro*-Studien in verschiedenen Post-mortem-Gehirnregionen des Menschen zeigen, daß Dopamin zwar ein sehr gutes, aber nicht ausschließliches B-Substrat ist (*Riederer et al.* 1980, *Garrick* und *Murphy* 1980, *Tipton et al.* 1984).

Welche Eigenschaften soll ein MAO-Hemmer haben?

1. Einsetzen der therapeutischen Wirksamkeit innerhalb kurzer Zeit (20–30 Minuten bei i.v. Verabreichung, wenige Stunden bei oraler Gabe).

2. Es dürfen keine Nebeneffekte auftreten, welche klinisch schwer steuerbar sind (z.B. plötzliche Blutdruckkrisen).

3. Es sollte speziell die MAO des Gehirns gehemmt werden.

Die MAO-Hemmer der 1. Generation (irreversible, unspezifische MAO-Blocker) erfüllen diese Forderung nicht. Sie sind klinisch schlecht steuerbar, das heißt, das Einsetzen der Wirksamkeit dauert etwa 1–2 Wochen, nach Absetzen dieser Substanz dauert es ebensolange, bis der klinische Effekt nachläßt. Bei Hemmern dieser Klasse treten unter Umständen starke Nebenwirkungen auf (gastrointestinal, Blutdruckkrisen).

MAO-Hemmer der 2. Generation (irreversibel, selektiv) weisen zwar noch den Nachteil auf, daß das Enzym lange und irreversibel blockiert ist, doch gibt es bei Substanzen wie Deprenyl (Selegilin, Jumex®) keine peripheren Nebeneffekte und keine Blutdruckkrisen. Dies deswegen, weil 1. (−)Deprenyl nur MAO B blockiert und den Abbau von Noradrenalin, Serotonin, Tyramin etc. in der Peripherie nicht beeinflußt und 2. (−)Deprenyl den Tyramin-Effekt auf das noradrenerge System antagonisiert (daher keine hypertensive Krise).

Es gibt aber bis dato noch keine irreversiblen, spezifischen MAO-A-Hemmer (z.B. Clorgylin), welche frei von Blutdruckkrisen sind und schon in klinischer Verwendung stehen.

MAO-Hemmer der 3. Generation (reversibel, spezifisch) haben den Vorteil, daß sie gut steuerbar sind, das heißt, das gehemmte Enzym kann nach Absetzen der Substanz innerhalb kurzer Zeit (Stunden bis 2 Tage) wieder in den aktiven Zustand übergehen. Die Spezifität bezieht sich wieder auf die Substrate, wobei es vorwiegend A-Hemmer sind, die bis dato entwickelt wurden. Die wichtigsten reversiblen B-Hemmer stellen auch viele trizyklische Antidepressiva dar.

Neuere tierexperimentelle Befunde stützen die Erfahrung, daß MAO-Hemmer durchaus mit Blockern der „Wiederaufnahme" als Antidepressiva zu kombinieren sind. Die neuen Generationen von MAO-Blockern kommen diesem Konzept noch entgegen.

Überprüfung des Wirkerfolges bzw. der Einnahme von MAO-Hemmern

Die Messung der Hemmung von Thrombozyten-MAO ist für irreversible, unspezifische und irreversible, spezifische Hemmer des B-Typs am geeignetsten. Thrombozyten-MAO enthält zu 95% MAO B und kann daher in Abhängigkeit von der Hemmung durch MAO-Blocker als Marker für die Gehirn-MAO (80% B-Typ) wertvolle Aufschlüsse zur Beeinflussung des Zielorgans geben.

Während die Messung der Thrombozyten-MAO bei irreversiblen Hemmern keine Schwierigkeiten bereitet, ist bei reversiblen Hemmern eine Messung nur unter bestimmten methodischen Voraussetzungen möglich.

Die MAO-Aktivität der Thrombozyten ist bei Parkinson-Kranken kaum verändert (*Riederer et al.* 1978c).

Intravenöse Verabreichung von 10 mg Deprenyl hemmt innerhalb von 30 Minuten die Aktivität des Enzyms zu mehr als 90% (Abb. 45). Orale Verabreichung der gleichen Menge hemmt das Enzym nach etwa 2 Stunden in demselben Ausmaß (Abb. 46). Die Hemmung durch eine Einzeldosis ist lang andauernd und bis zu 24 Stunden nachweisbar. Die maximale Hemmung der Thrombozyten-MAO ist mit dem klinischen Effekt einer Verbesserung der „Disability" korrelierbar. Das Enzym läßt noch nach 24 Stunden eine 50%ige Hemmung erkennen. Dieser Befund ist insofern von Bedeutung, weil dadurch die mehrmalige Verabreichung von Deprenyl zu einer Akkumulierung der Substanz selbst oder ihrer Metaboliten führen kann. Der schnellere Abfall der Hemmung bei i.v. Applikation von 5 mg Deprenyl läßt sich mit der eventuell schnelleren Metabolisierung von 5 mg Substanz bei Leberpassage erklären. Diese peripheren Studien sind in gutem Einklang mit Ergebnissen von Post-mortem-Studien im Gehirn. MAO-A- und MAO-B-Aktivitäten im Gehirn sind in Tab. 25a dargestellt. Bei Parkinson-Patienten, die aus therapeutischen Gründen im Endstadium der

Kombinierte Behandlung mit Madopar® oder Sinemet® plus Deprenyl 143

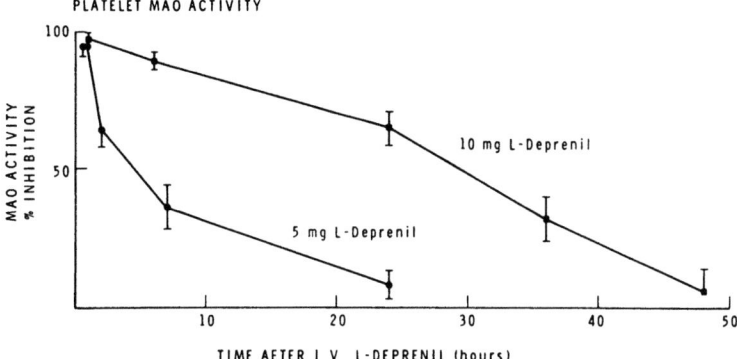

Abb. 45. Monoaminoxidase-Aktivität in Blutplättchen nach Verabreichung von (−)Deprenyl. Die MAO-Aktivität einer Kontrollgruppe betrug 5,62 ± 0,68 nmol/min/10^9 Plättchen mit Kynuramin als Substrat. Je 5 bzw. 10 mg (−)Deprenyl wurden als intravenöse Einzeldosis um 8 Uhr morgens 10 Freiwilligen (Alter: 60 ± 2,5 Jahre; 6 männlich, 4 weiblich) verabreicht ($\bar{x}$ ± sem). Aus: *Riederer, P., et al.*, J. Neural Transm. *43*, 47 (1978c)

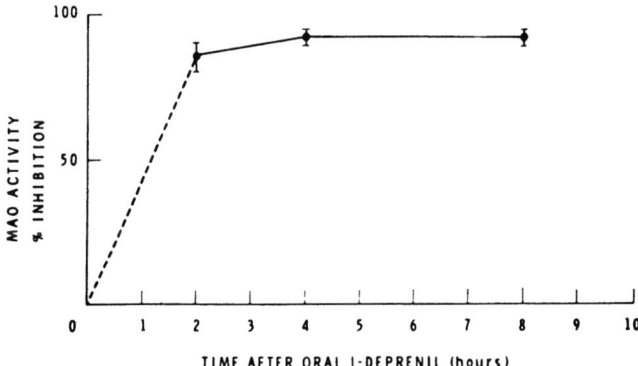

Abb. 46. Der Effekt einer einmaligen oralen Verabreichung von (−)Deprenyl auf die Blutplättchen-MAO. 10 mg (−)Deprenyl wurden um 7 Uhr früh verabreicht. Die Blutproben wurden vor und nach erfolgter Gabe von (−)Deprenyl abgenommen. Die MAO wurde in den Blutplättchen mit Kynuramin als Substrat gemessen (n = 5, $\bar{x}$ ± sem). Aus: *Birkmayer, W., et al.*, Lancet *1977*, 439

Krankheit mit Deprenyl behandelt worden waren, ergab sich eine ausreichende Hemmung bei Verwendung von Dopamin als Substrat, während andererseits die Desaminierung von Serotonin bei Patienten, die kurze Zeit mit Deprenyl behandelt worden waren, nur eine Hemmung von 30 bis 40% in Abhängigkeit von der Gehirnregion gemessen werden konnte.

Tabelle 25a. *MAO-A- und -B-Aktivität bei Parkinson-Krankheit*

Substrate (nmol/min · mg Protein)

	Kontrollen			Parkinson-Krankheit		
	PEA	DA	5-HT	PEA	DA	5-HT
Substantia nigra	1,16 ± 0,12 (9)	0,79 ± 0,06 (9)	0,43 ± 0,06 (6)	1,44 ± 0,14 (10)	0,93 ± 0,07 (10)	0,56 ± 0,07 (7)
Putamen	0,91 ± 0,09 (9)	0,61 ± 0,04 (9)	0,32 ± 0,02	1,17 ± 0,10 (10)	0,68 ± 0,04 (10)	0,33 ± 0,02 (7)
Nucleus caudatus	1,24 ± 0,09 (8)	0,74 ± 0,03 (6)	0,34 ± 0,03 (6)	1,21 ± 0,10 (10)	0,67 ± 0,05 (10)	0,32 ± 0,02 (7)
Frontal-Rinde	0,57 ± 0,11 (3)	0,36 ± 0,02 (3)	0,27 ± 0,003 (3)	0,59 ± 0,11 (6)	0,30 ± 0,05 (6)	0,33 ± 0,03 (6)

Mittelwert ± SEM: Zahl der Gehirne in Klammern.
M. Parkinson: Alter: 72,6 ± 2,3 Jahre; 6 weibl.; 4 männl.; Krankheitsdauer: 9–12 Jahre; Post-mortem-Zeit: 11,7 ± 2,5 Std.
Kontrollen: Alter: 79,0 ± 2,4 Jahre; 6 weibl.; 3 männl.; Post-mortem-Zeit: 14,6 ± 0,4 Std.

Tabelle 25b. *Hemmung (%) der Gehirn-MAO des Menschen nach Langzeittherapie mit (–)Deprenyl*

Substrat:	Dopamin		5-Hydroxytryptamin	
Behandlung:	Kurzzeit	Langzeit	Kurzzeit	Langzeit
N. caudatus	85,6 ± 1,8	89,0	65,7 ± 5,0	70,3
Putamen	83,4 ± 2,2	89,2	61,7 ± 5,7	66,1
Gl. pallidus	86,5 ± 1,9	90,5	70,8 ± 3,7	74,4
Thalamus	86,0 ± 4,2	77,3	50,0 ± 6,8	55,7
S. nigra	88,0 ± 2,2	88,7	74,5 ± 4,0	66,7
Raphe	86,0 ± 2,6	85,4	70,6 ± 4,1	72,3
N. amygdalae	82,0 ± 2,8	85,6	70,3 ± 4,5	69,8

Mittelwerte ± s.e.
Die Gehirne von 7 Parkinson-Patienten (Alter: 72 ± 1,3 Jahre; Dauer der Krankheit: 9,8 ± 1,8 Jahre; 5 weiblich, 2 männlich) wurden 7,6 ± 2,3 Stunden post mortem bis zur Analyse bei – 70 °C eingefroren. Die MAO-Aktivität wurde mit den Substraten Dopamin und Serotonin gemessen. Die Kontrollaktivitäten sind der Tab. 25a zu entnehmen. Die Parkinson-Patienten waren mit (–)Deprenyl (10 mg täglich bis zu 6 ± 1,8 Tagen vor dem Tod) zur Verbesserung der schweren akinetischen Krisen behandelt worden. Die Langzeittherapie der letzten Jahre bestand vorwiegend in einer Verabreichung von durchschnittlich 3 × 250 mg Madopar® täglich.

Die Effizienz von Deprenyl, die Wirkung von Dopa-Präparaten zu potenzieren, liegt sicherlich in der nahezu totalen Hemmung der dopamin-sensitiven MAO, während die Hemmung der serotonin-sensitiven MAO nicht ausreichend ist, um die Serotonin-Konzentration zu steigern oder eine Abnahme von 5-Hydroxyindolessigsäure zu bewirken (*Riederer et al.* 1978c; Tab. 25b).

Es muß allerdings darauf hingewiesen werden, daß Deprenyl seine Selektivität bei Langzeittherapie mit Dosen von *mehr* als 10 mg pro Tag verliert. Tatsächlich steigt nach Behandlung eines Parkinson-Patienten mit 100 mg pro Tag, und das 7 Tage hindurch, nicht nur der Dopamin-Gehalt, sondern auch der Serotonin-Gehalt in allen untersuchten Arealen an (*Riederer et al.* 1978c). Tierexperimentelle Untersuchungen von *Knoll* (1978) haben eine Selektivität für Deprenyl bei Gaben bis zu 0,15 mg pro kg ergeben. Deprenyl verliert seine Selektivität im Tierversuch bei 1 mg pro kg (*Waldmeier* und *Felner* 1978). Bei der Parkinson-Krankheit liegt die optimale Dosis bei 1 mg pro 10 kg Körpergewicht (*Riederer et al.* 1978c) und ist demnach vergleichbar mit den Ergebnissen von *Knoll* (1978). Höhere Konzentrationen als 1 mg pro 10 kg Körpergewicht dürften auch beim Menschen nach Langzeittherapie zu einer unspezifischen Hemmung beider

MAO-Typen führen. Als Hinweis für eine Akkumulierung von Deprenyl im Gehirn kann die im Vergleich zur Kurzzeittherapie wesentlich höhere Konzentration an Amphetamin, einem Metaboliten von Deprenyl, gewertet werden (*Reynolds et al.* 1978).

Ein Therapiestart mit 10–15 mg Deprenyl/Gesamtkörpergewicht mit nachfolgender (1–2 Wochen) Senkung der Dosis auf 1 mg pro 10 kg Körpergewicht ist daher zur Erhaltung der selektiven Hemmung empfehlenswert. Die gezielte unspezifische Hemmung von MAO bei 15 mg Deprenyl und mehr eröffnet bei diesem sauberen MAO-Hemmer andere Indikationsmöglichkeiten (siehe dazu *Youdim et al.* 1979). Die dopaminerge Wirkung von Deprenyl spiegelt sich auch bei manchen Patienten in den akut auftretenden L-Dopa-Psychosen wider. Diese L-Dopa-Psychosen können durch β-adrenerge Blocker nicht verhindert werden (*Birkmayer et al.* 1974a).

Trasicor lindert in der Dosierung dreimal 80 mg pro Tag die Angst und Ruhelosigkeit der Patienten, nicht aber Halluzinationen, Wahnideen und Delirien. Außerdem wird es von den Patienten nicht gut vertragen.

Pharmakologische Aspekte des Deprenyls

Die Metaboliten von (–)Deprenyl, Amphetamin und Metamphetamin (*Reynolds et al.* 1978) haben aber mit großer Wahrscheinlichkeit keine Bedeutung zur Erklärung der guten therapeutischen Effekte, da bei den derzeit im eigenen Krankengut von etwa 1000 behandelten Patienten weder Entzugssymptome nach Absetzen des Medikaments noch amphetaminbedingtes Verhalten der Patienten während einer Langzeittherapie beobachtet wurden (*Birkmayer et al.* 1984). Diese Beobachtungen stimmen mit klinischen Studien von *Elsworth et al.* (1982) überein, welche nach Deprenyl-Gabe gute therapeutische Erfolge erzielten, bei Gabe äquivalenter Amphetaminmenge jedoch keinen Effekt festgestellt haben. Euphorische Wirkung und Tendenzen zur Gewöhnung bzw. Entzugssymptome wurden von *Lees et al.* (1977) erst ab Dosierungen von mehr als 40 mg pro Tag bei 4 Patienten beobachtet. Diese Dosis ist allerdings etwa vierfach höher, als zur Therapie der Parkinson-Krankheit notwendig ist. Bei höheren Dosierungen ist auch mit einer Hemmung der Dopamin-Aufnahme zu rechnen. Tierexperimentelle Daten weisen bei höherer Dosierung auch auf Förderung der Freisetzungsrate von Dopamin und auf Beeinflussung postsynaptischer D2-Rezeptoren hin (*Knoll, Zsilla* persönliche Mitteilung). Post-mortem-Untersuchungen haben allerdings keine Beeinflussung der Basalaktivität bzw. Stimulierbarkeit von dopaminstimulierter Adenylatzyklase gezeigt. *In vitro* hat Deprenyl ebenfalls keinen Effekt auf D2-Rezeptoren des Putamens ergeben.

Ein weiterer möglicher Wirkungsmechanismus des Deprenyls bezieht sich auf β-Phenylethylamin (PEA), das ein bevorzugtes Substrat für MAO-Typ B ist. Endogenes PEA ist sowohl im Tier- als auch im Menschengehirn nachgewiesen worden (*Fischer et al.* 1972, *Boulton* und *Baker* 1975, *Inwang et al.* 1973).

Die Konzentration von PEA wird nach Deprenyl selektiv erhöht (*Reynolds et al.* 1978, *Yang* und *Neff* 1973). PEA hat eine amphetaminähnliche Wirkung (*Mantegazza* und *Riva* 1963), welche auch die Arousal im Elektrokortikogramm bei der Katze (*Nakajima et al.* 1964) und bei der Ratte (*Dzoljic et al.* 1977) einschließt. Die das Deprenyl potenzierende Wirkung des L-Dopa-Effekts könnte daher auch teilweise auf die gesteigerten Konzentrationen von PEA zurückzuführen sein. Die Wirkung dürfte aber über das dopaminerge System gehen, da die Verabreichung von α-Methyl-p-Tyrosin diesen Effekt blockiert (*Braestrup et al.* 1975). PEA bewirkt eine Ausschüttung von Dopamin und Noradrenalin in vitro und in vivo (*Baker et al.* 1976), wobei vorwiegend Dopamin betroffen ist. Dopamin, welches durch Dopadekarboxylierung in Kapillaren oder nach MAO-Hemmung in der Glia vermehrt gebildet wird, könnte theoretischen Überlegungen zufolge eventuell postsynaptische Dopaminrezeptoren (humoral) erreichen und wirksam werden. Die klinische Erfahrung zeigt aber, daß Patienten in akinetischer Endphase (und wahrscheinlich komplett degenerierten präsynaptischen Elementen) weder auf DOPA-Gabe noch auf MAO-Hemmung reagieren, so daß diese Möglichkeit als effektiver Antiparkinsonmechanismus unwahrscheinlich ist.

Klinische Erfahrungen mit selektiven MAO-Hemmern

Der erste Erfahrungsbericht (44 Fälle) zeigte, daß nach mehrjähriger Madopar-Behandlung durch Deprenyl-Zusatz eine Besserung der Akinesie auftrat (*Birkmayer et al.* 1975). Die Disability von durchschnittlich 64 konnte auf 36 gesenkt werden, was einer Verbesserung der motorischen Leistungsfähigkeit von 56% entspricht. Bei 41 Patienten konnte auch der On-off-Effekt zum Verschwinden gebracht werden. Bei Patienten, die in einer akinetischen Krise Deprenyl bekommen hatten und noch in dieser Krise verstarben, konnte durch Deprenyl keine Besserung erzielt werden. Eine spätere Übersicht über 223 Patienten (*Birkmayer et al.* 1977b) zeigte, daß in einer Gruppe mit einer Krankheitsdauer von 0 bis 6 Jahren bei 115 Fällen mit einer Ausgangs-Disability von 54,30 nach 18 Monaten Madopar-Behandlung die Disability score auf 36,50 gesenkt werden konnte; nach weiteren 6 Monaten Behandlung mit Madopar plus Deprenyl fiel die Disability auf 25,31. Eine zweite Gruppe, mit einer Krankheitsdauer von 7 bis 15 Jahren, zeigte eine initiale Disability von 60,05; nach 48 Monaten Behandlungsdauer mit Madopar besserte sich die Disability auf 37,23, und nach 7 Monaten Kombinationsbehandlung mit Madopar plus Deprenyl sank die Disability sogar auf 23,35. Die Besserung durch die kombinierte Behandlung betrug bei der ersten Gruppe 53%, bei der zweiten 61%. Abb. 48 zeigt die Besserung der Disability im Verlauf der Krankheit; durch Madopar allein, aber noch mehr durch Madopar plus Deprenyl.

Die Disability ohne Therapie steigt im Laufe der Krankheitsdauer. Auch bei Dopa-Therapie kommt es im Laufe der Jahre zur Verschlechterung der motorischen Leistung. Durch Deprenyl-Zusatz blieb die Höhe der motorischen Leistungsfähigkeit im Laufe der Jahre etwa gleich. Das hängt sicher damit zusammen, daß durch Deprenyl-Zusatz die Dopa-Dosis besonders niedrig gehalten werden kann, wodurch die progressive Degeneration verzögert wird. Ferner gibt es – wie wir später zeigen werden – benigne Fälle, bei denen sowohl die Krankheitsdauer wesentlich verlängert ist als auch die Nebenwirkungen viel später in Erscheinung treten. Bei diesen benignen Fällen hat die kombinierte Madopar-Deprenyl-Behandlung eine intensivere und vor allem eine längere Wirkungsdauer. Deprenyl blockiert den Dopamin-Abbau durch den MAO-Typ B in den Zellen des geschädigten dopaminergen Systems und ermöglicht dadurch eine verbesserte Speicherung und Verfügbarkeit von Dopamin in den dopaminergen Neuronen. Schließlich brachte eine Langzeitstudie an 564 Parkinson-Kranken (81 Parkinson-Kranke wurden von Beginn ihrer Krankheit an mit der Kombination „Dopa plus Deprenyl" behandelt), die mit Madopar bzw. Nacom® (Sinemet®) plus Deprenyl behandelt wurden, folgende Ergebnisse: Die Besserungen der klinischen Symptome in der Deprenyl-Gruppe waren schon in den ersten 6 Monaten größer als in der reinen Madopar-Gruppe. Während die Erfolge einer Dopa-Behandlung im Laufe der Jahre abnehmen, zeigt die Deprenyl-Gruppe eine konstante Zunahme (*Birk-*

Tabelle 26. *Nebenwirkungen während einer Madopar®- und einer Madopar®-plus Deprenyl-Behandlung*

	Madopar® % von 1414 Patienten	Madopar® plus Deprenyl % von 381 Patienten
Nausea	2,5	0,30
Krämpfe	7,0	0,05
Hyperkinesien	18,5	0,15
Konfusionen	15,5	0,10
Halluzinationen	5,2	0,21
Depressionen	15,0	–
Non responders	3,5	14,00

Kombinierte Behandlung mit Madopar® oder Sinemet® plus Deprenyl 149

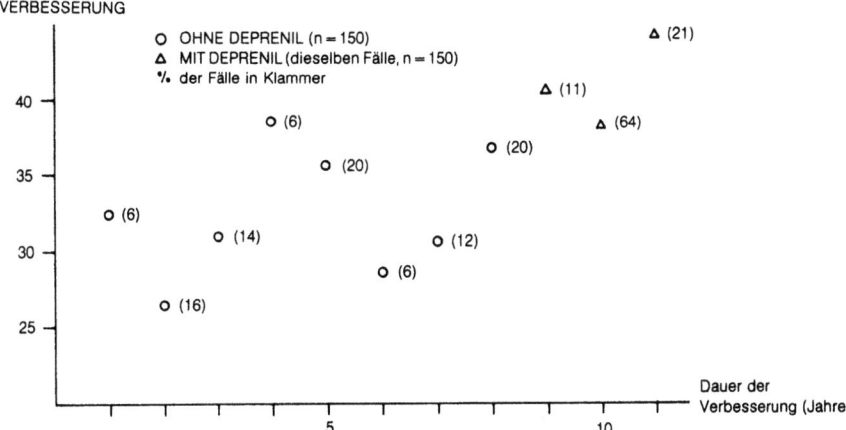

Abb. 47. 150 Parkinson-Kranke wurden 8 Jahre lang mit Madopar® behandelt. Die Besserungen betrugen im Schnitt 33%. Nach 8 Jahren wurde die Behandlung mit Deprenyl-Zusatz bei denselben Patienten fortgesetzt. Dadurch kam es zu einer Besserung um 42% (Bewertung siehe S. 89). ○ ohne Deprenyl (n = 150), △ mit Deprenyl (dieselben Fälle, n = 150), % der Fälle in Klammern

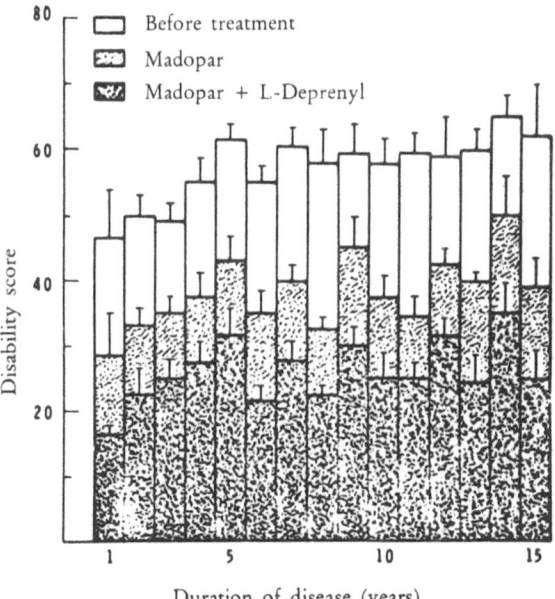

Abb. 48. Verbesserung der Symptome von Parkinson-Kranken durch Madopar® bzw. Madopar® plus Deprenyl

mayer et al. 1985). Schließlich zeigt eine Gruppe von 150 Parkinson-Kranken, die mehr als 8 Jahre mit Madopar bzw. Nacom® (Sinemet®) behandelt wurden, eine durchschnittliche Besserung von 33%. Nach diesen 8 Jahren wurde dieselbe Gruppe mit Dopa plus Deprenyl-Zusatz weiterbehandelt und zeigte eine Besserung von 42%. Trotz der längeren Behandlungsdauer ergab sich eine zusätzliche Besserung durch Deprenyl um 9% (Abb. 47). *Stern* (1978) teilte mit, daß 19 von 39 Kranken gute Ergebnisse bei der End-of-dose-Akinesie zeigten; hingegen reagierte nur ein Fall günstig bei On-off-Effekt. *Yahr* (1978) berichtete, daß ein Zusatz von Deprenyl bei der Hälfte seiner Fälle (35) die durch langdauernde Dopa-Behandlung reduzierte Leistungsfähigkeit um 25% besserte. 10 mg Deprenyl täglich war die optimale Menge; 15–20 mg verbesserten den kinetischen Effekt nicht zusätzlich. Der Dopa einsparende Effekt durch Deprenyl betrug 10%. *Rinne et al.* (1978) berichteten über signifikante Verbesserungen der On-off-Effekte bei 47 Parkinson-Kranken. Die Verbesserung durch Deprenyl war bei Fällen, die mit L-Dopa allein, und bei denen, die mit Madopar bzw. Nacom® (Sinemet®) behandelt wurden, gleich. *Csanda et al.* (1978) konnten diese Ergebnisse bestätigen.

Pathochemische Aspekte zur Erklärung der erhöhten Lebenserwartung nach MAO-B-Hemmung

Mehrere theoretische Betrachtungsweisen können für die Verbesserung der Lebenserwartung von Parkinson-Kranken nach langjährigem Zusatz von (–)Deprenyl zur konventionellen Antiparkinsontherapie angeführt werden.

a) Eine allgemeine Verbesserung des dopaminergen Tonus im Gehirn durch Sensibilisierung dopaminerger Neuronen mittels Deprenyl gegenüber physiologischen und pharmakologischen Stimuli (*Knoll* 1983).

In einer statistischen Studie zur Ermittlung des Langzeiteffekts einer Kombinationstherapie von L-Dopa plus Benserazid plus (–)Deprenyl (DBD) im Vergleich zu einer L-Dopa-plus-Benserazid-(DB-)Therapie an 941 Patienten (377 mit DB- und 564 mit DBD-Therapie) und einer Behandlungsdauer von längstens 15 Jahren wurde versucht, die Lebensspanne zu berechnen (*Birkmayer et al.* 1985). Dabei konnte gezeigt werden, daß die Überlebenszeit bei Zusatz von (–)Deprenyl signifikant verlängert war und eine leichte Verbesserung in der klinischen Bewertungsskala festzustellen war (Tab. 27, Abb. 49 a, b). Höheres Alter bei Beginn der Dopa-Substitutionstherapie, höhere tägliche Dopa-Dosierungen und höhere Zahlen im *Birkmayer-Neumayer-Bewertungssystem* (Patienten mit schlechterer Ausgangslage) hatten einen signifikant negativen Effekt auf die Lebenserwartung, während weibliche Patien-

Tabelle 27. *Die Auswirkungen einer Langzeit-Madopar®-Deprenyl-Behandlung auf die Disability[1] von Parkinson-Patienten*

Behandlung	n	Basiswert	Optimale Verbesserung
Madopar®[2]	377	47,2 ± 0,97	26,8 ± 0,78
Madopar® plus Deprenyl*	81	51,0 ± 1,95	23,6 ± 1,64
Madopar® plus Deprenyl**	483	Madopar®-Periode 49,7 ± 0,73 Madopar®- plus Deprenyl-Periode 39,4 ± 0,67	24,5 ± 0,55 23,6 ± 0,6

* Madopar®- und L-Deprenyl-Behandlung wurden zur selben Zeit gestartet.

** L-Deprenyl wurde zu unterschiedlichen Zeiten nach Madopar® zugesetzt.

[1] Birkmayer-Neumayer-Bewertungsskala.

[2] Die Patienten verbesserten sich unter Madopar®; später erschöpfte sich dieser positive Effekt; nach Deprenyl-Zusatz konnte erneut eine Verbesserung festgestellt werden.

ten, späteres Kalenderjahr des Dopa-Beginns und längere Zeit zwischen Diagnose der Erkrankung und Start der Dopa-Therapie einen günstigen Einfluß auf die Lebenserwartung hatten.

Wir sind auch der Meinung, daß ein früher Beginn der Dopa-Therapie plus Deprenyl bei gleichzeitig niedriger, aber doch optimaler Dosierung vorgesehen werden kann. Maximale Dosierung und Therapieerfolge, welche dann meist nur kurzfristig andauern, sind aber in Übereinstimmung mit dieser Studie abzulehnen. Individuell optimale Einstellung des Patienten ist anzustreben.

b) Unterbindung der Produktion von neurotoxischen Superoxid- und Hydroxyl-Radikalen durch MAO-B-Blockade bei gleichzeitiger Anreicherung von Radikalfängern (z. B. Noradrenalin, Dopamin) (*Cohen* 1983). L-Dopa-Präparate erhöhen die Konzentration von Dopamin und Noradrenalin bei gleichzeitig verstärkter Synthese von Wasserstoffsuperoxid durch MAO. Die Bildung dieser neurotoxischen Substanz sowie verschiedenster potenter Radikale (*Cohen* 1983) kann durch Hemmung der MAO blockiert werden. Der gleichzeitige Einsatz von MAO-Blockern und L-Dopa bewirkt demnach verstärkte Substitution von Dopamin und Noradrenalin bei gehemmter Radikalproduktion.

In Übereinstimmung mit dieser Hypothese sind bei der Parkinson-Krankheit die Superoxiddismutaseaktivität in Substantia nigra, Nucleus

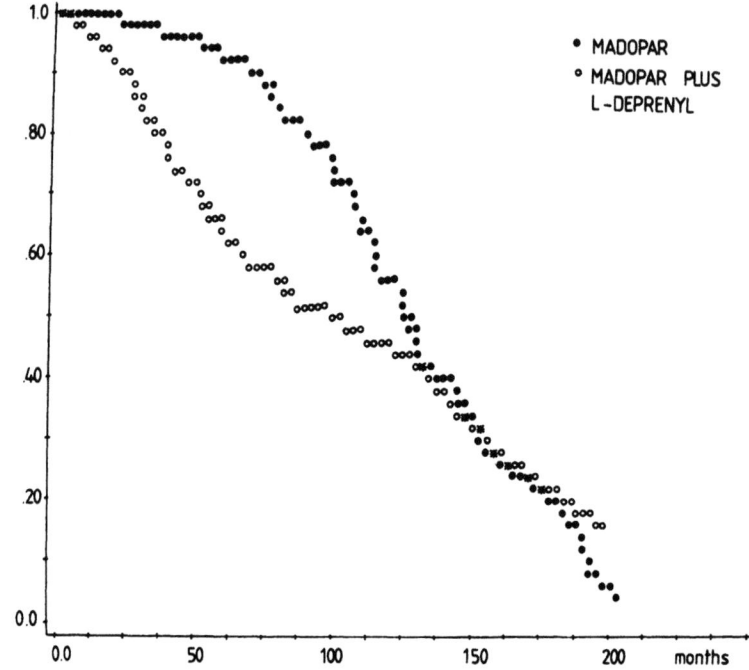

Abb. 49a. Überlebensfunktion von Madopar® (o) (n = 377) und l-Deprenyl plus Madopar® (•) (n = 564) behandelten Parkinson-Patienten. Wald-Statistik Chi^2-Test = 39,2, p < 0,001. Es kann gezeigt werden, daß die Wahrscheinlichkeit der Überlebensrate (y-Achse, 0 bis 1,0) bei l-Deprenylzusatz zur Therapie signifikant höher ist (x-Achse)

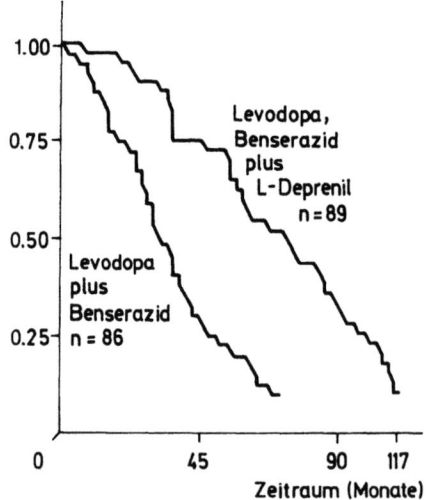

Abb. 49b. Überlebensfunktion von Madopar® (o) und l-Deprenyl plus Madopar® (•) behandelten Parkinson-Patienten der Altersgruppe über 75 Jahre. Die Überlebenszeit ist signifikant verbessert (p < 0,01) (y-Achse = Wahrscheinlichkeit der Überlebensrate)

Kombinierte Behandlung mit Madopar® oder Sinemet® plus Deprenyl 153

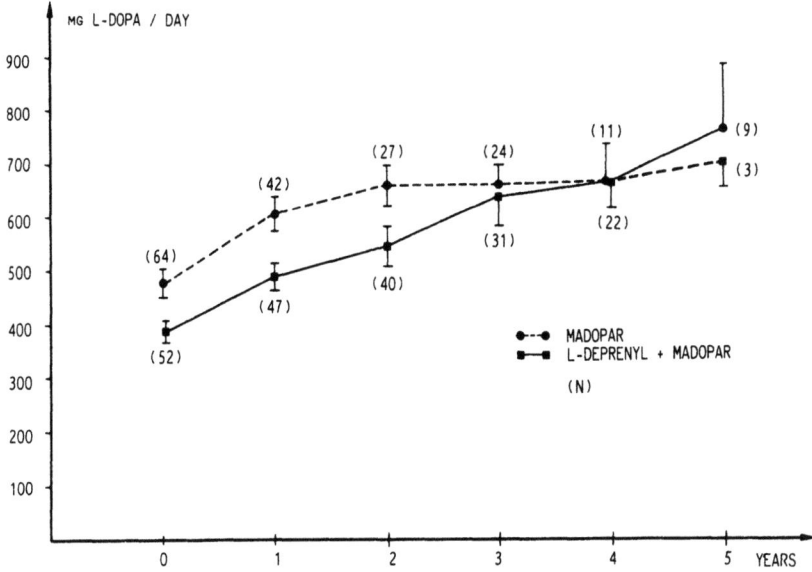

Abb. 49c. Mittlere tägliche Madopar®-Dosis in Madopar® und l-Deprenyl plus Madopar® behandelten Parkinson-Patienten.

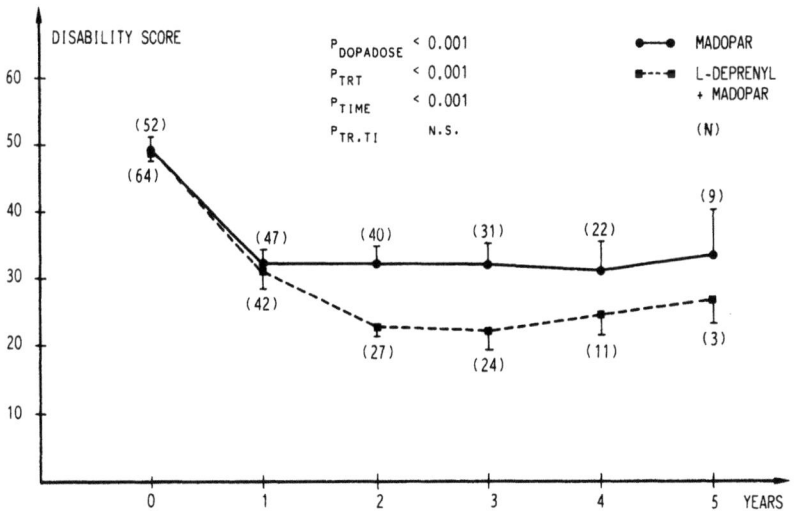

Abb. 49d. Disability-Bewertung bei Madopar® bzw. l-Deprenyl plus Madopar® behandelten Parkinson-Patienten. Trotz durchschnittlicher geringerer Madopar®-Dosis (Abb. 49c) wird ein besserer Effekt bei Parkinson-Kranken nachgewiesen

caudatus und Putamen und jene der Katalase in Substantia nigra und Putamen verringert (*Ambani et al.* 1975). Auto-Oxidation von Dopamin und Noradrenalin in entsprechende Quinone würde die Inkorporation dieser Substanzen in Neuromelanin bedingen und Wasserstoffsuperoxidmoleküle, Superoxidanionen und Hydroxylradikale in den Zellen anreichern. Diese zytotoxischen Substanzen könnten zu einer Schädigung von Zellmembranen und Organellen mit Abnahme des Zellkernvolumens und des zytoplasmatischen RNS-Gehalts führen (*Mann* und *Yates* 1983). Es scheint uns daher die Hypothese attraktiv zu sein, den Verlust der Tyrosinhydroxylaseaktivität auf die Reaktion von Eisen(II)-ionen (Co-Faktor des Enzyms) und H_2O_2 mit Auswirkung auf Enzymkonzentration bzw. -synthese zurückzuführen. Die Neuromelanin-Hypothese ist von *Marsden* (1983) ausführlich diskutiert worden. Er kommt zu dem Schluß, daß zytotoxisches Neuromelanin als primäre Ursache nicht für die Degenerationen bei Morbus Parkinson verantwortlich ist, da in Hirnarealen ohne Neuromelanin und ohne katecholaminerge Neuronen ebenfalls Lewy-Körper vorkommen. Er kommt zu dem Schluß, daß der Schlüssel zur Parkinson-Krankheit in den Lewy-Körpern zu suchen ist (siehe dazu *Jacob* 1983). – Da die Synthese von Neuromelanin aber über Radikalmechanismen verläuft, wäre dies ein zusätzlicher Parameter, welcher pigmentierte Gehirnregionen im Gegensatz zu nichtpigmentierten besonders vulnerabel gegenüber Neurotoxinen macht. Die Neuromelanin-Hypothese wäre daher unseres Erachtens in diesem Sinne zu interpretieren.

c) Hemmung der Synthese der neurotoxischen Substanz MPP^+ (1-Methyl-4-phenyl-pyridin) aus MPTP (1-Methyl-4-phenyl-1,2,3,6-tetrahydropyridin) durch Blockade der Dehydrogenierung mittels MAO-B-Blockern (*Heikkila et al.* 1984). Der Mechanismus der Reaktion ist nicht vollständig geklärt, doch ist bemerkenswert, daß (–)Deprenyl, Pargylin, Tranylcypromin und Nialamid – alle vier Substanzen hemmen MAO B – die neurotoxische Wirkung von MPTP unterbinden, während Clorgylin – ein selektiver MAO-A-Hemmer – diese Wirkung nur bei extrem hoher Dosierung erreicht. MAO B dürfte daher bei diesem Modell der Parkinson-Krankheit eine besondere Rolle spielen. Der degenerative Prozeß ist allerdings (im Gegensatz zur Parkinson-Krankheit) eine retrograde strio-nigrale dopaminerge Degeneration mit ähnlicher Symptomatik wie jene des Parkinson-Syndroms (*Heikkila et al.* 1984, *Burns et al.* 1983, *Chiba et al.* 1984. *Langston et al.* 1983).

Am Beginn der Neurotoxizität von MPTP ist eine starke Abnahme von Dopamin (bei gleichzeitiger Zunahme von 3-O-Methyldopamin von einer signifikanten Reduktion von DOPAC, nicht aber von HVS begleitet (*Pilebrod et al.* 1984). Die unerwartete Abnahme von DOPAC und die Hemmung der Neurotoxizität durch MAO-B-Hemmer lassen darauf schließen, daß die Dehydrogenierung von MPTP zum toxischen MPP$^+$ an der äußerden Mitochondrienmembran stattfindet und Mitochondrien damit entscheidende Träger der Pathogenese der MPTP-Neurotoxizität sind.

Obwohl bis dato die Vorstellung einer selektiven Beeinflussung spezifischer Gehirnareale durch chemische Substanzen schwer realisierbar erscheint, zeigen die Befunde mit MPTP, daß dies prinzipiell möglich ist. Dieses Konzept wird möglicherweise in Zukunft auch zu neuen Therapiestrategien führen, die selektiv spezifische Gehirnstrukturen beeinflussen.

Der Fortschritt einer zusätzlichen Deprenyl-Behandlung ist evident. Er liegt zunächst darin, daß von Anfang an eine reduzierte Dopa-Dosis verabreicht werden kann. Während bei langdauernder Dopa-Therapie ein Absinken der Wirkung entsteht, kommt es durch Deprenyl-Zusatz sogar zu einer Besserung. Schließlich kann man durch Deprenyl-Zusatz auch nach mehrjähriger Dopa-Medikation noch eine klinische Besserung erzielen. Durch die Reduktion der Dopa-Dosis sind auch die Nebenwirkungen geringer (*Birkmayer et al.* 1979a).

Dopamin-Agonisten (Bromocriptin)*

Als vorläufig letzte Stufe der bewegungsfördernden Behandlung der Parkinson-Kranken müssen die dopaminergen Agonisten angeführt werden. *Andén et al.* (1967) hatten gezeigt, daß Apomorphin die Dopamin-Rezeptoren stimuliert. *Schwab et al.* hatten schon 1951 auf die klinischen Verbesserungen durch Apomorphin aufmerksam gemacht. *Cotzias et al.* (1970) konnten die günstigen Ergebnisse bestätigen. Wegen toxischer Nebenwirkungen wurde diese Medikation nicht fortgesetzt. *Goldstein et al.* (1973) konnten zeigen, daß bei Affen, denen medial-tegmentale Läsionen gesetzt wurden, ein Tremor und eine Hyperkinesie entstanden, die durch Dopamin-Agonisten langfristig unterdrückt werden konnten.

Der Vorteil derartiger Agonisten liegt darin begründet, daß sie die präsynaptisch lokalisierten synthetisierenden Enzymsysteme von Dopamin (Tyrosinhydroxylase, Dopa-Dekarboxylase), die bei der Parkinson-Krankheit defekt sind, nicht benötigen, um in einer aktiven Form wirksam zu werden. Damit könnte eine Verbindung zur Verfügung stehen, die eine konstantere Konzentration des stimulierenden Agens an der postsynaptischen Membran garantiert.

Für die optimale Wirkungsweise dopaminerger Agonisten wäre noch wünschenswert, daß diese eine lange biologische Halbwertszeit

---

* Bromocriptin in Österreich: Umprel®; in der BRD: Pravidel®; in der Schweiz: Parlodel®.

haben, gut resorbierbar sind, über eine gute Schrankengängigkeit (Blut-Hirn-Schranke) verfügen und wenig Nebeneffekte aufweisen.

Eine Reihe derartiger Verbindungen zeigen bei pharmakologischen und endokrinologischen Experimenten dieselben oder ähnliche Eigenschaften wie Dopamin. Es konnte gezeigt werden, daß sie die Prolaktin-Ausschüttung bei Hyperprolaktinämie hemmen (*del Pozo et al.* 1972) und die Konzentration des zirkulierenden Wachstumshormons bei der Akromegalie vermindern (*Thorner* 1975). In Tierexperimenten, welche die Symptome der Parkinson-Krankheit simulieren sollten, konnte eindeutig eine Stimulierung der dopaminergen Neurotransmission beobachtet werden (*Corrodi et al.* 1973, *Miyamoto et al.* 1974). Die erste derartige Substanz war 2-Brom-α-ergokryptin (*Calne et al.* 1974). Bromocriptin (Umprel®) wirkt primär über Dopamin-Rezeptoren (*Corrodi et al.* 1973, *Fuxe et al.* 1974). Tierexperimentelle Studien haben eine Verringerung des Dopamin-Turnovers um 30% ergeben. Die Veränderung in der motorischen Aktivität der Tiere war mit der Abnahme des Dopamin-Turnovers korrelierbar (*Snider et al.* 1976b). Metabolische Studien haben außerdem ergeben, daß der Homovanillinsäuregehalt (als Maß für den Dopamin-Turnover) in der Zerebrospinalflüssigkeit von Parkinson-Kranken während der Behandlung signifikant abnahm (*Kartzinel et al.* 1976). *Hutt et al.* (1977) weisen allerdings auf eine biphasische Wirkungsweise des Bromocriptins hin. Niedrige Dosierungen hemmen, hohe Dosierungen stimulieren die motorische Aktivität im Tierexperiment. Eine Erklärung für dieses Phänomen geben die präsynaptisch lokalisierten „Autorezeptoren" (*Carlsson* 1975, *Hjorth et al.* 1980; siehe auch Seite 36). Geringe Dosierungen eines dopaminergen Agonisten aktivieren diese inhibierenden Autorezeptoren, vermutlich aufgrund einer besseren Affinität bzw. einer größeren Anzahl von Rezeptoreinheiten im Vergleich zu den postsynaptischen Neuronen. Eine Aktivierung derartiger Autorezeptoren bedingt eine Hemmung der Dopamin-Synthese und in der Folge des Release, wodurch die motorische Aktivität vermindert wird (*Carlsson* 1975, *Strömbom* 1975). Hohe Dosierungen stimulieren sowohl die präsynaptischen Autorezeptoren als auch die postsynaptischen. Über die Stimulierung der postsynaptischen Neuronen kommt eine gesteigerte Aktivität der Tiere zustande. Die Verabreichung von Dopa plus Bromocriptin führt zu einer gesteigerten Homovanillinsäureproduktion. Dieser Effekt könnte auf eine schwache Hemmung der Dopamin-Aufnahme zurückzuführen sein. Eine Reduktion von Dopamin im Nervenende wäre die Folge. Durch die gleichzeitige Dopa-Gabe wird aber Dopamin im vermehrten Maße synthetisiert und auch abgebaut (*Corrodi et al.* 1973). Tierexperimentelle Untersuchungen zeigen außerdem, daß die Wirksamkeit von Bromocriptin nach Vorbehandlung der Tiere mit Reserpin beträchtlich reduziert ist. Dies ist ein weiterer Hinweis dafür, daß Dopamin als Mediator zur Wirkungsentfaltung benötigt wird. Eine direkte Beeinflussung des noradrenergen Systems durch Bromocriptin dürfte nicht gegeben sein, indirekte Einflüsse über Aktivierung des dopaminergen Systems werden aber nicht ausgeschlossen (*Carlsson* 1975, *Fuxe et al.* 1974).

Diese Ergebnisse waren die Basis dafür, drei Drogen (Piribedil, Lergotril und Bromocriptin) bei Parkinson-Kranken zu versuchen (*Calne et al.* 1974, *Chase et al.* 1974, *Liebermann et al.* 1976, *Marttila et al.* 1976). Am erfolgreichsten erwies sich bis jetzt Bromocriptin. Sowohl Akinesie wie auch Rigor und Tremor werden bei schweren Parkinson-Fällen mit langer Krankheitsdauer signifikant gebessert (*Calne* 1976). Piribedil bessert vor allem den Tremor (*Liebermann et al.* 1976, *Marttila et al.* 1976). Lergotril bessert Akinesie und Tremor. Bromocriptin hat die dem Dopa ähnlichste Wirkung, wenn auch in der Intensität wesentlich geringer. Wenn man Parkinson-Fälle sieht, die schon 10 Jahre krank sind und mehr als 7 Jahre mit Dopa behandelt wurden, dann ist man sehr oft über die günstige Wirkung von Bromocriptin überrascht. Länger anhaltende akinetische Krisen, die auf Dopa nicht mehr ansprachen, zeigen auf Bromocriptin positive kinetische Effekte. In diesen späten Phasen, in denen anscheinend viele dopaminerge Neuronen degeneriert sind und daher eine Dopamin-Synthese völlig unzureichend bleiben muß, ist man für die positive Wirkung von Dopamin-Agonisten sehr dankbar.

Haben wir früher die Behandlung der Spätphasen beim Morbus Parkinson als eine Domäne des Bromocriptins angesehen, so sind wir heute aufgrund der Erfahrungen der letzten Jahre zur Ansicht gelangt, daß der therapeutische Fortschritt in einer frühen Kombination niedriger Dosen Umprel® (Bromocriptin) mit L-Dopa liegt.

Der Verwendung von Piribedil und Lergotril stehen stark ausgeprägte Nebenwirkungen entgegen. Bromocriptin ist auch in seinen Nebenwirkungen dem Dopa am ähnlichsten. Neben Hyperkinesien, toxischem Delir, Verwirrtheit, Nausea ist – unserer Erfahrung nach – die orthostatische Hypotension am unangenehmsten. Schwindelzustände und Kollapsneigung sind für die meisten Patienten so unangenehm, daß sie die Medikation unterbrechen. Wie bei der Dopa-Therapie, kann man durch Reduktion der Dosis die Bromocriptin-Wirkung in erträglichem Ausmaß halten. Wieder analog zur Dopa-Therapie, stellt sich bei langsamer Steigerung eine Gewöhnung und Verträglichkeit ein. Die Dosierung ist (wie immer) individuell. Wir beginnen mit einer halben Tablette Umprel® (= 1,25 mg Bromocriptin) und steigern wöchentlich, wie im nachfolgenden Schema angegeben. Bei dieser Vorgangsweise ist es möglich, sich an eine individuelle Optimaldosis heranzutasten und die Nebenwirkungen gering zu halten.

In mehr als 200 Publikationen mit mehr als 2000 untersuchten Patienten wurde die klinische Wirksamkeit von Bromocriptin geprüft. Dabei haben sich große Differenzen in Fragen der Dosierung (5-300 mg täglich) ergeben. *Teychenné et al.* (1981) berichten über gute Effekte schon bei einer niedrigen Dosierung von 14 mg pro Tag (siehe auch S.163), und das entspricht in etwa auch unserer Erfahrung: so wenig wie möglich, so viel wie notwendig. Ebenso wird über die Verbesserung einzelner Symptome unterschiedlich gewertet. *Ludin et al.* (1976) und *Völler* und *Ulm* (1979) finden vor allem Verbesserungen im Bereich des Rigors und der Akinesie, während andere gute Resultate auch beim Tremor beschreiben (*Schneider* und *Fischer* 1982a, *Jellinger* 1982, *Liebermann et al.* 1979, *Molina-Negro* 1982, *Grimes* und *Hassan* 1983). Die meisten dieser Autoren kombinieren Bromocriptin mit L-Dopa-Präparaten, und es besteht auch über diese Vorgangsweise keine einheitliche Meinung. *Stern et al.* (1979) weisen nach, daß bei einer Gruppe von Patienten die Monotherapie so gut wie die L-Dopa-Medikation ist. Von 40 Patienten ohne L-Dopa-Medikation waren nach 1 Jahr Bromocriptin-Behandlung 18 zu 45% gebessert (70 mg pro Tag). Nach 2 Jahren zeigten nur noch 5 Patienten eine Besserung. Die 22 Patienten, welche auf Bromocriptin allein nicht reagierten, zeigten eine Verbesserung nach Zusatz von L-Dopa. Monotherapien sind auch mit „de novo"-Patienten erfolgreich durchgeführt worden.

Bessere Übereinstimmung herrscht vor zur Frage, wann mit der Therapie dopaminerger Agonisten zu beginnen ist (*Yahr* 1981, *Liebermann et al.* 1976, 1980a, b, *Gopinathan* und *Calne* 1981). Sofortige Verabreichung ist indiziert bei Patienten, welche auf L-Dopa nicht reagieren, bei „end of dose"-Akinesie und L-Dopa-induzierten Dyskinesien. Kombinationsbehandlung mit L-Dopa ist bei Patienten angebracht, welche auf dopaminerge Agonisten allein nicht reagieren (*Parkes* 1979, *Stern et al.* 1980, *Ulm* 1981, *Hoehn* 1981, *Godwin Austen* 1981, *Schneider* und *Fischer* 1982). Während die Wirkung von L-Dopa nach etwa 5-7 Jahren nachzulassen beginnt, sprechen Langzeitstudien mit dopaminergen Agonisten (Bromocriptin, Lisurid) dafür, daß die Wirkung bereits nach 2-3 Jahren nachläßt. Es gibt allerdings keine Langzeitstudien mit dopaminergen Agonisten als Monotherapie, welche den Zeitraum von 5 Jahren erreichen.

Eine Übersicht von *Ringwald et al.* (1982) gibt eine Verbesserung der Symptome um 40-60% an. Diese Quote entspricht derjenigen von L-Dopa-Präparaten. Unsere Erfahrung weist (bei niedriger Dosierung) eine etwa 20%ige Verbesserung der Gesamtbewertung nach. *Liebermann et al.* (1979) beschrieben gute Auswirkungen auf Off-Symptome

Schema 1. *Dosierungsschema von Umprel®*

Woche	Tägliche Umprel-Dosis während der Mahlzeiten einnehmen			Umprel in mg/die
	morgens	mittags	abends	
1			◐	1,25
2	◐		◐	2,5
3	◐	◐	◐	3,75
4	◐	◐	◍	5,0
5, 6, 7	◐	◐	◍	5,0 bei 20% der Patienten ausreichend
8	◍	◍	◍	7,5
9, 10, 11	◍	◍	◍	7,5
12	◍	◍	◍ ◍	10,0
13, 14, 15	◍	◍	◍ ◍	10,0
16	◍ ◍	◍	◍ ◍	12,5
17, 18, 19	◍ ◍	◍	◍ ◍	12,5
20	◍ ◍	◍ ◍	◍ ◍	15,0
21, 22, 23	◍ ◍	◍ ◍	◍ ◍	15,0 häufigste notwend. Tagesdosis

Weitere Dosissteigerung nach diesem Schema möglich.

und akinetische Zustände, welche erfahrungsgemäß nicht auf L-Dopa reagieren. Diese Erfahrungen bestätigen auch die Ergebnisse von *Ulm* (1981) und *Riederer et al.* (1985c) (Tab. 28).

Lisurid scheint uns der derzeit potenteste dopaminerge Agonist zu sein. Pergolid hat stärkere Effekte auf den Tremor, während Lergotril, das aber eine hohe Hepatotoxizität besitzt (*Calne et al.* 1984), Tremor und Akinesie beeinflußt. Unserer Erfahrung nach wirkt Bromocriptin nicht nur in den Spätphasen der Erkrankung. Die Nebeneffekte von Bromocriptin ähneln sehr denjenigen von L-Dopa; Hyperkinesien, toxische Delirien, Konfusion, Übelkeit und orthostatische Hypotension sind die wichtigsten Nebeneffekte. Auch Schwindel und Fallneigung werden als lästige

Tabelle 28. *Klinische Effizienz und Nebenwirkungen von Bromocriptin*

	Webster* (0–3)	Pharmakotoxische Psychosen*	Dyskinesien*	Akinetische Krisen*	On-off-Phasen** Nr./Tag	Verbesserung (%)	Frequenz %
Ohne Bromocriptin	0 (9)	0 (19)	0 (6)	0 (16)	2 (3)	7:00 – mittags	
	1 (2)	1 (1)	1 (1)	1 (4)	3 (5)		52,4
	2 (13)	2 (0)	2 (10)		4 (2)	–	
	3 (5)	3 (0)	3 (3)		5 (7)		
					6 (1)	mittags – 7:00 p.m.	47,6
					7 (2)	–	
x̄ ± SEM	2,15 ± 0,59	0,05 ± 0,224	1,5 ± 1,1	0,2 ± 0,41	4,2 ± 1,5		
Mit Bromocriptin	0 (2)	0 (19)	0 (8)	0 (19)	0 (10)	7:00 a.m. – mittags	
	1 (15)	1 (0)	1 (10)	1 (1)	1 (1)		58,4
	2 (2)	2 (1)	2 (2)		2 (2)		
	3 (1)	3 (0)	3 (0)		3 (2)	mittags – 7:00 p.m.	
					4 (4)		41,6
					5 (1)		
x̄ ± SEM	1,1 ± 0,64	0,10 ± 0,447	0,7 ± 0,66	0,05 ± 0,224	1,6 ± 1,8		
p <	0,0005	n.s.	0,005	n.s.	0,0005		

Bei 2 Patienten mußte die Therapie wegen schwerer Nebeneffekte abgebrochen werden; ( ) Anzahl der Patienten; statistisches Verfahren: Student-t-Test; n.s. = nicht signifikant.
* Bewertungsskala für: pharmakotoxische Psychosen, Dyskinesien und akinetische Krisen: 0 = nicht vorhanden; 1 = leichter, 2 = mäßiger, 3 = schwerer Nebeneffekt.
** On-off-Phasen: Zahl der Off-Phasen während einer 12-Stunden-Periode (7:00–19:00 Uhr).
Aus: *Riederer et al.* (1985c)

Tabelle 29. *Symptome und Nebeneffekte, assoziiert mit dopaminergen, noradrenergen und serotonergen Funktionen bei „Agonisten-Therapie"*

Agonist	% Verbesserung			% Nebeneffekte			Referenz
	Akinesie (A)	Rigor (R)	Tremor (T)	Schwindel (Sch) und Hypotension (OH)	Schlafanstoß (S) und Schlaflosigkeit (I)	Hypo-thermie	
Lisurid	50	65	54	30 OH	0	–	*Jellinger* 1985
	43	45	37	14	–	–	*Ulm* 1983
	18–30	25–40	28–50	–	–	–	*Agnoli et al.* 1983
	21	13	56	14 OH	28 I	10	*Rinne et al.* 1983
				34 Sch			
	18	34	18	35	45 S	–	*Gopinathan et al.* 1981
	Maximum 62 (A + R + T)			29	68 S (i.v.)	1	*Quinn et al.* 1983
					10–20 S (oral)		
Bromocriptin	16	9	49	Ja	Ja	–	*Rinne et al.* 1983
	59	83	69	32	32 I	–	*Jellinger* 1982

Ja = wurde beobachtet, aber keine %-Werte angegeben.

Tabelle 30a. *Auswirkungen von Lisurid auf die Disability bei Parkinson-Krankheit*

	Gruppen nach Krankheitsdauer			
	I	II	III	IV
Dauer der PK (Jahre)	5–10	10–15	15–20	1–5
Art der PK[1]	B	B	B	M
Zahl der Patienten	12	14	14	12
Geschlecht (w/m)	7/5	9/5	8/6	8/4
Alter (Jahre, Bereich)	58–78	61–79	64–96	56–62
Dauer der L-Dopa + DH-Therapie vor Lisurid-Zugabe (Jahre)	6,5	9,5	7,4	3,0
% Verbesserung nach L-Dopa + DH[2,3]	47,9	43,9	35,5	10,0
Disability bei Start der Lisurid-Therapie	68,5	53,5	68,5	60,0
Dauer der Lisurid-Therapie (Monate)[4]	17 (7)	12 (8)	14 (10)	24 (12)
% Verbesserung durch Lisurid[2]	26 (7)	21 (8)	24 (10)	10 (12)

[1] Nach *Birkmayer et al.* 1979a; B = benign, M = malign; PK = Parkinson-Krankheit; DH = Dekarboxylasehemmer; ( ) Zahl der Patienten, welche mindestens 1 Jahr behandelt wurden.
[2] Nach *Birkmayer* und *Neumayer* 1972a.
[3] Madopar®; 3mal 125 mg täglich im Durchschnitt.
[4] Lisurid-Hydrogenmaleat 0,6–1,2 mg/Tag.

Tabelle 30b. *Nebeneffekte von Lisurid, welche zu einem Absetzen des Medikaments führten (klinische Details: Tab. 30a sowie bei Birkmayer und Riederer 1982)*

Gruppe	Anzahl der Patienten bei Start der Lisurid-Therapie	Nebenwirkungen (Drop-out)		
		Hyperkinesie (n)	Toxisches Delirium (n)	Orthostatische Hypotension (n)
I	12	3	2	0
II	14	2	2	2
III	14	1	2	1
IV	12	0	0	0

Nebeneffekte angegeben. Reduzierung der Dosis hilft manchmal. Bei kombinierter Behandlung mit L-Dopa kann dieses häufig reduziert werden (*Schachter et al.* 1979, 1980, *Lees* und *Stern* 1981, *Liebermann et al.* 1980a, b, 1981, *Parkes et al.* 1981c, *Le Witt et al.* 1982a, *Tanner* und *Klawans* 1982, *Schneider et al.* 1984, *Seemann et al.* 1984, *Gopinathan et al.* 1981, *Schneider et al.* 1983, *Riederer et al.* 1984). Tab. 29 gibt die Wirkung von Lisurid und Bromocriptin sowie einige Nebeneffekte an, wie sie der Literatur entnommen wurden (aus *Riederer* und *Jellinger* 1984a, b).

Wir haben die Wirksamkeit von Lisurid bei 58 Patienten in einer Langzeitstudie geprüft (*Birkmayer* und *Riederer* 1982). Alle Patienten erhielten Madopar für viele Jahre, bevor Lisurid zu dieser Behandlung zugesetzt wurde. Eine signifikante Verbesserung in allen Funktionen der Bewertungsskala (36–38%) war das Resultat. Ausnahme waren Patienten mit malignem Verlauf (siehe S. 198), bei welchen eine nur etwa 10%ige Verbesserung nachweisbar war. Bei einer Dosis von nur 0,6–1,2 mg pro Tag zeigte Lisurid eine gute Wirkung auf die Parameter der Motorfunktion. Tägliche Fluktuationen und Langzeitoszillationen wurden gebessert oder verschwanden vollständig. Als Nebeneffekte waren vor allem toxische Delirien und orthostatische Hypotension vorherrschend. Einige wenige Patienten in akinetischen Krisen reagierten dramatisch auf die Lisurid-Therapie. Wir haben zwei dieser Fälle an anderer Stelle ausführlich beschrieben (*Birkmayer* und *Riederer* 1983). Wir sind der Meinung, daß in solchen Fällen Lisurid über Aktivierung psychomotorischer Funktionen wirkt. Eine Einsparung von 30 bis 40% L-Dopa kann erreicht werden. In fortgeschrittenen Fällen wirkt Lisurid besser als in der Frühphase der Erkrankung. Die besten Resultate werden dort erzielt, wo auch L-Dopa gut wirkt (Tab. 30a und 30b) (*Gopinathan et al.* 1980, *Liebermann et al.* 1981).

Das „slow and low"-Konzept

Das „slow and low"-Konzept von *Teychenné et al.* (1981) wurde für die Anwendung von dopaminergen Agonisten, speziell Bromocriptin, entwickelt. Es besagt, daß man Bromocriptin langsam bis zum Therapieerfolg steigern soll. Damit kann man bis zu einem gewissen Grad Nebeneffekte (gastrointestinale, Blutdruckabfall), wie sie bei initialer Gabe von hohen Dosierungen vorkommen, verhindern. *Teychenné* beginnt mit 1 mg Bromocriptin täglich und steigert bis auf etwa 10 mg pro Tag nach 12 Wochen (siehe Schema 1, S. 159).

Am Beginn der Therapie mit DA-Agonisten wurde allgemein die Meinung vertreten, daß bei Nachlassen der Dopa-Wirkung ein Zusatz von Umprel®* empfehlenswert sei. Auch wir verwendeten in den letz-

---

* BRD: Pravidel®, Schweiz: Parlodel®.

ten 5 Jahren diese Zusatzbehandlung. Unsere Höchstdosen liegen im Durchschnitt bei dreimal 2,5 bis dreimal 5 mg Umprel® täglich. Nur in wenigen terminalen Fällen konnten wir die Dosis steigern. Nun berichtete *Teychenné* über bemerkenswerte Erfolge bei initialem Start mit Umprel®, entweder als Mono- oder als Kombinationsbehandlung.

Grundsätzlich möchten wir hier anmerken, daß bei initialen Fällen jede Therapie erfolgreich ist; in den ersten 2 Jahren ist auch eine anticholinergische wie eine Behandlung mit Amantadin erfolgreich. *Yahr* (1980) zeigte, daß auch die Monotherapie mit Deprenyl bei frischen Parkinson-Patienten erfolgreich war. Eine analoge frühzeitige Indikation hat *Teychenné* mit Bromocriptin angegeben.

Was zeigt das an?

Nicht mehr und nicht weniger, als daß bei initialen Fällen die autochthone Dopamin-Synthese in den lädierten Neuronen noch ausreichend funktioniert. Für die unzureichenden motorischen Aktionen sind daher alle Additiva per se schon erfolgreich. Die Frage ist: wie lange?

Kalkulierend könnte man sagen: so lange, wie der Dopamin synthetisierende Apparat im Neuron in der Lage ist, ausreichende Transmittermengen zur Verfügung zu stellen.

Die nächste Frage, die noch immer diskutiert wird, betrifft den Zeitpunkt der Dopa-Medikation.

Es gibt Stimmen, die anführen, daß ein früher Start mit L-Dopa vorzeitig zu einem Versagen des Bewegungseffektes führen kann und man daher erst in späteren Krankheitsphasen mit L-Dopa beginnen sollte *(Fahn* 1984). Dazu meinen wir: Man soll nie mit hohen Dosen L-Dopa beginnen, genausowenig wie mit hohen Dosen Umprel® oder Amantadin. Es ist sicher unzweckmäßig, wenn praktische Ärzte mit Dosen von drei- bis sechsmal Madopar 250 täglich beginnen. Desgleichen sind Dosen von dreimal 10 mg Umprel® täglich am Beginn der Krankheit nicht zu empfehlen. Aufgrund unserer Erfahrungen möchten wir einen möglichst frühzeitigen Beginn der L-Dopa-Medikation – allerdings mit Jumex®- und Umprel®-Zusatz – empfehlen. Voraussetzung: niedrigst dosieren.

Das „Optimal-statt-Maximal"-Prinzip

Wir sind der Meinung, daß allgemeine Therapievorschriften gerade bei der Parkinson-Krankheit häufig auf individuelle Verhältnisse zugeschnitten werden müssen. Allgemein kann man festhalten, daß man mit möglichst niedrigen Dosierungen langsam einschleichend mit Medikamenten beginnen sollte, welche gut steuerbar sind und wenig Anlaß zu Nebeneffekten geben.

Maximaldosierungen, wie sie im angloamerikanischen Raum beschrieben werden, zeigen unter Umständen hervorragende Verbesse-

Tabelle 31. *Plasma-Katecholamine und Harnmetaboliten bei Parkinson-Krankheit: Einfluß von Bromocriptin*

			Vor Bromocriptin	Bromocriptin
Plasma:	Dopa	(µg/ml)	0,70 ± 0,068 (75)	0,65 ± 0,15 (35)
	NA	(ng/ml)	0,84 ± 0,129 (31)	0,67 ± 0,09 (12)
	A	(ng/ml)	0,169 ± 0,08 (18)	0,156 ± 0,065 (12)
	DA	(ng/ml)	4,52 ± 0,98 (31)	3,7 ± 0,58 (12)
Urin:	VMS	(µg/ml)	6,48 ± 0,53 (79)	5,91 ± 0,5 (39)
	MHPG	(µg/ml)	1,48 ± 0,18 (48)	1,96 ± 0,258 (13)
	DOPAC	(µg/ml)	3,59 ± 0,46 (47)	3,42 ± 0,63 (13)
	HVS	(µg/ml)	5,80 ± 0,79 (78)	2,58 ± 0,38 (39)
	5-HIES	(µg/ml)	2,09 ± 0,17 (78)	2,72 ± 0,43 (39)

Mittelwerte ± SEM; ( ) Anzahl der Proben; die Patienten wurden mit zusätzlicher Antiparkinsontherapie einschließlich L-Dopa + DH behandelt.
(Aus: *Riederer et al. 1983.*)

Tabelle 32. *Plasma-Katecholamine und Harnmetaboliten bei Parkinson-Krankheit: Einfluß von Lisurid*

			Vor Lisurid	Lisurid
Plasma:	NA	(ng/ml)	0,46 ± 0,08	0,38 ± 0,06
	A	(ng/ml)	0,039 ± 0,016	0,020 ± 0,016
	DA	(ng/ml)	0,297 ± 0,16	0,226 ± 0,15
Urin:	HVS	(µg/ml)	27,2 ±11,0	21,2 ± 5,7
	5-HIES	(µg/ml)	13,6 ± 3,5	2,8 ± 0,6*

Mittelwerte ± SEM (n = 9).
* $p < 0,01$; die Patienten wurden mit zusätzlicher Antiparkinsontherapie einschließlich L-Dopa + DH behandelt.
(Aus: *Riederer et al. 1983.*)

rungen der Symptome, doch werden diese guten Effekte bald von Nebeneffekten, Off-Phasen, Fluktuationen etc. begleitet. Man sollte den Patienten daher besser „optimal" behandelt, mit dem Ziel, die zu erwartende Lebensspanne zu verlängern, indem man die für die notwendigen täglichen Bedürfnisse optimale Therapie einschließlich Dosis wählt.

Auswirkung von Bromocriptin und Lisurid auf Plasma-Katecholamine und Harnmetaboliten

Bromocriptin und Lisurid als Zusatztherapien zu bestehender Antiparkinsontherapie einschließlich L-Dopa plus periphere Dekarboxylasehemmern zeigen initial eine kurzdauernde Abnahme des Plasma-Noradrenalingehalts, welcher mit den hypotensiven Eigenschaften dieser Substanzen korrelieren könnte (*Riederer et al.* 1984). Längere Anwendung weist nur noch tendenzmäßig auf eine Abnahme hin (Tab. 31 und 32). Sowohl Bromocriptin als auch Lisurid bewirken eine Abnahme der Harn-Homovanillinsäurekonzentration. 5-Hydroxyindolessigsäure weist unter Bromocriptin eine Tendenz zu Erhöhung, bei Lisurid eine solche zu Reduktion auf. Periphere Nebeneffekte könnten mit der Wirkung von dopaminergen Agonisten auf periphere neuronale Systeme in Zusammenhang stehen.

Domperidon

Domperidon, ein peripherer Dopamin-Antagonist, verhindert Übelkeit und Erbrechen als Folge einer Therapie mit Dopamin-Agonisten (*Quinn et al.* 1981, *Agnoli et al.* 1981a, *Agid et al.* 1981). Wir verabreichen dreimal 10 mg Domperidon pro Tag und finden, daß orthostatische Hypotension, Krämpfe und Schwindel gebessert werden können.

MIF (Melanostatin)

Die Therapie mit dem Tripeptid L-Prolyl-L-leucylglycinamid (PGL-NH$_2$), das die Freisetzung des melanozytenstimulierenden Hormons (Melanotropin, MSH) hemmt, ist von *Kastin* und *Barbeau* (1972) eingeführt worden, hat aber keine breite Anwendung gefunden.

Verabreichung des Melanostatins (PGL-NH$_2$) (MIF) wird von *Gerstenbrand et al.* (1975, 1976, 1979) sowie *Barbeau* und *Kastin* (1976) zur Behandlung der Parkinson-Symptome angewendet. Der Nachteil dieser Therapie ist die bis dato ausschließliche intravenöse Verabreichungsform.

β-Blocker

Die Tatsache, daß der Tremor bei affektiver Belastung verstärkt ist, hat zur Anwendung von β-Blockern (Propranolol) geführt. *Marsden* (1973) hat keine Verbesserung von Akinesie und Tremor beschrieben, während *Gerstenbrand et al.* (1978) vor allem eine günstige Beeinflussung des Tremors beschreiben.

Tetrahydrobiopterin

Der dramatische Verlust von Tyrosinhydroxylase im nigro-striären System ist bei der Parkinson-Krankheit gut dokumentiert (*Lloyd et al.*

1975, *Nagatsu et al.* 1977, **Riederer et al.** 1978a). Die Aktivität des Enzyms hängt von der Verfügbarkeit eines Kofaktors, wahrscheinlich Tetrahydrobiopterin (BH_4), ab. Ein signifikanter Verlust von BH_4 konnte im Striatum (*Nagatsu et al.* 1981a) und im Liquor (**Lovenberg et al.** 1979) von Parkinson-Kranken nachgewiesen werden. Der Verlust an BH_4 ist aber wesentlich geringer als jener von Tyrosinhydroxylase. Die Kofaktorsupplementierung wurde erstmals von *Birkmayer* und **Riederer** (1980) beschrieben. Bei niedriger Dosierung von BH_4 (25 mg i.v. pro Tag als Einzeldosis) konnte eine günstige Wirkung nur bei leichter Parkinson-Symptomatik nachgewiesen werden, während bei fortgeschrittener Erkrankung keine Verbesserung der Symptomatik erreicht werden konnte. Diese Befunde wurden von *Nagatsu et al.* (1982) und *Curtius et al.* (1982) bestätigt. *Le Witt et al.* (1982b) fanden keine Verbesserung der Symptomatik bei Patienten ohne frühere Sinemet®-Therapie. Unserer Erfahrung nach wird sich BH_4 als solches nicht als gängige Therapieform durchsetzen. Nur etwa 1–2% an BH_4 passieren die Blut-Hirn-Schranke, so daß eine hohe Dosierung für ausgeprägte klinische Effekte notwendig ist. Dann aber ist mit peripheren Nebeneffekten zu rechnen. Eventuell günstiger und für die Zukunft vielversprechender wären lipophilere Analoge von BH_4, welche die Blut-Hirn-Schranke gut passieren.

Die bis dato vorliegenden, eher auf Einzelpatienten beschränkten Erfolge könnten durch eine höhere Permeationsrate in das Gehirn bedingt sein. Andererseits wäre auch eine Wirkung im peripheren Nervensystem möglich, da die Tyrosinhydroxylase-Aktivität im Nebennierenmark reduziert ist (Tab. 3) und die Wahrscheinlichkeit reduzierter katecholaminerger Aktivität im autonomen Nervensystem bei der Parkinson-Krankheit wahrscheinlich ist (*Riederer* 1984).

DL-3,4-Threo-Dihydroxyphenylserin (DOPS)

Erste Versuche zur Verbesserung der Akinesie mit DOPS (100–200 mg i.v.) haben keine Verbesserung dieses Symptoms gezeigt (*Birkmayer* und *Hornykiewicz* 1962), während *Narabayashi et al.* (1981) günstige Effekte auf Akinesie und „freezing" nachweisen (Dosierungen zwischen 1200 und 2400 mg oral). Wir konnten diesen Effekt sowohl bei intravenöser Gabe von 570 ± 34,1 mg pro Tag als auch bei oraler Verabreichung von 430 ± 52 mg pro Tag nicht bestätigen (*Birkmayer et al.* 1983). Wir haben aber einen signifikanten Effekt auf L-Dopa-induzierte hypotensive Krisen gesehen. Sowohl nach intravenöser als auch nach oraler Verabreichung normalisierte sich der Blutdruck (*Birkmayer et al.* 1983).

Pharmakokinetische Studien zeigen einen Anstieg des Plasma-Noradrenalins und einen 6–8 Stunden andauernden Spiegel von L-

Threo-DOPS mit einem Maximum nach 3 Stunden. Noradrenalin, 3,4-Dihydroxymandelsäure und Normetanephrin (nicht aber Metanephrin) stiegen nach oraler Gabe von nur 300 mg L-Threo-DOPS (als Einzeldosis) im Harn signifikant an (*Suzuki et al.* 1982). DOPS verbessert auch die Blutdrucksituation bei Patienten mit familiärer amyloider Polyneuropathie (*Suzuki et al.* 1981).

Da DOPS nur zu etwa 2% der Blut-Hirn-Schranke passiert, ist anzunehmen, daß der blutdrucksteigernde Effekt nicht nur zentral, sondern auch über periphere Mechanismen gesteuert wird (*Birkmayer et al.* 1983), während L-Dopa bzw. dopaminerge Agonisten eine Blutdrucksenkung wahrscheinlich zentral auslösen.

„Überempfindlichkeit" von Parkinson-Kranken gegenüber Antiparkinsonmedikamenten?

Die grundlegende Strategie unserer Therapie ergab sich aus einer optimalen Koinzidenz zwischen Daten der biochemischen Basisforschung und der klinischen Beobachtung und Erfahrung. Wenn ein Diabetiker mit dreimal 10 IE Insulin noch immer einen erhöhten Blutzucker aufweist, dann wird man die Dosis erhöhen, bis man das erwünschte Niveau erreicht. Wenn jedoch ein Parkinson-Kranker nach längerer L-Dopa-Medikation schlechtere motorische Leistungen zustande bringt, kann man durch eine Dosissteigerung selten ein positives Ergebnis erreichen. Woran liegt der Unterschied?

Beim Diabetiker verabreichen wir den unmittelbaren Wirkstoff, Insulin, beim Parkinson-Kranken verabreichen wir den Präkursor des Wirkstoffes, Dopamin! Der Neurotransmitter muß im spezifischen dopaminergen Neuron erst durch ein Enzym synthetisiert werden. Der fortschreitende Degenerationsprozeß beim Parkinson-Syndrom führt dazu, daß nicht mehr das gesamte Angebot an L-Dopa zu Dopamin konvertiert werden kann. Die Verwertbarkeit des Präkursors wird im Verlauf der Erkrankung immer unzureichender. Je höhere Dosen wir aber verabreichen, um so früher kommt es zu Nebeneffekten bei verringerter Ansprechbarkeit der Zielsymptome. Je fortgeschrittener der Krankheitsprozeß ist, um so niedriger müssen daher die therapeutischen Dosen sein. Wir starteten 1960 mit unserer L-Dopa-Therapie und waren überrascht, daß kleine i.v. Dosen (50 mg) bei fortgeschrittenen Fällen unserer neurologischen Pflegeabteilung verblüffende Erfolge brachten, während bei leichtem bis mittelschwerem Krankheitsverlauf Patienten diese i.v. Applikation wenig Erfolge brachte. Für die ausgebrannten Patienten genügten infolge der geringen Zahl intakter Dopamin-Neuronen 25–50 mg Dopa i.v.

Dieses Beispiel soll zeigen, daß die sogenannte „Überempfindlichkeit" des Parkinson-Kranken gegenüber der Antiparkinsontherapie im

Spätstadium daher nichts anderes als der klinische Ausdruck fortgeschrittener Denervierung ist, welche zu präsynaptisch wirkenden Therapien, besonders zu L-Dopa, gut korreliert. Das verstärkte Vorkommen von Nebeneffekten bei fortgeschrittener Erkrankung mag ebenfalls Zeichen ausgeprägter Degeneration sein.

Therapie der vegetativen Funktionsstörungen

Speichelfluß, Schweißausbrüche und Seborrhöe sind durch anticholinerge Drogen gut kompensierbar. Wir geben Akineton® (2–3 Tabletten täglich), Sormodren® (dreimal 1 Tablette täglich).

Letzteres Präparat ist besonders gegen die nächtlichen Schweißausbrüche der Patienten empfehlenswert. Die Mundtrockenheit wird vom Patienten dann toleriert, wenn er eine Symptomverbesserung spürt. Wie im klinischen Abschnitt beschrieben wurde, vertragen Parkinson-Kranke eine warme oder heiße Umgebung sehr schlecht. Hitzestauungen, Flush-Symptome, beeinträchtigen ihr Wohlbefinden, Hyperthermien sind mitunter lebensbedrohend. Da wir als Ursache Störungen im Serotonin-Metabolismus annahmen, bestand die therapeutische Konsequenz in einer Verabreichung von L-Tryptophan (dreimal täglich 250 mg); bei Fieberanfällen erwiesen sich 5-HTP-Injektionen (50 mg i.v.) erfolgreich. Während wir bis 1965 aus einem Kollektiv von etwa 100 Parkinson-Kranken unserer Abteilung jeden Sommer 3–8 Todesfälle verzeichnen mußten, haben wir seit der systematischen Einführung der L-Tryptophan-Medikation keinen Parkinson-Kranken an zentralem Hitzetod verloren. Natürlich geben wir jetzt schon prophylaktisch in der heißen Jahreszeit dreimal 125 mg L-Tryptophan täglich, was von den meisten Patienten als sehr angenehm empfunden wird. Auch die vasomotorischen Knöchelödeme sind durch L-Tryptophan-Medikation erfolgreich zu behandeln, sofern es sich nicht um lang bestehende derbe Schwellungen handelt. Die Therapie dieser vegetativen Störungen wird neben der Dopa-Therapie angewendet.

Die beim Parkinson normal vorkommende Obstipation kann durch die Dopa-Behandlung verstärkt werden. L-Dopa kann z.B. zu einer Serotonin-Freisetzung im Darm führen, die in bestimmter Dosierung eine Diarrhöe (selten), meist aber eine Obstipation auslöst. Die durch Serotonin ausgelöste intestinale Spastizität führt nicht selten zum klinischen Bild eines Ileus. Therapeutisch wirkt am besten Valium 20 mg i.v. Bei chronischer Obstipation geben wir meist pflanzliche Drogen.

Störungen der Harnentleerung sind weitaus lästiger für den Patienten. Vor allem für die Angehörigen! Mann oder Frau klagen über häufigen Harndrang, der besonders in der Nacht auftritt. 5–10 nächtliche Entleerung sind keine Seltenheit. Meist steht die Heftigkeit des Harndranges in verkehrt proportionalem Verhältnis zur Menge. Die nächtlich aufgescheuchte Ehefrau, die den Mann mehrmals auf das WC führen muß, enttäuscht über die geringe Menge des entleerten Harnes, äußert dann nicht selten beim Arztbesuch, daß ihr Mann das tue, um sie zu quälen. Auch tagsüber kommt es zu Zwangsimpulsen der Harnentleerung; solche Patienten klagen darüber, daß sie nicht außer Haus gehen können, daß sie dauernd von der Angst gequält werden, den Harn nicht zurückhalten zu können. Medikamentös hilft gelegentlich Tofranil, 25 mg, analog den Erfahrungen der Behandlung der Enuresis nocturna der Kinder.

Bei geringer Inkontinenz werden von den Familienbetreuern meist Vorlagen benützt, wobei initial die psychische Frustration darin besteht, daß die nassen Vorlagen in der Genitalgegend der Patienten belassen werden, was äußerst unangenehm ist. Die Harnflasche ist bei Männern gelegentlich vorteilhaft; nur wenn der Kranke, der sich im Bett nicht selbständig umdrehen kann oder infolge nächtlicher Verwirrtheit die Flasche nicht findet und dann doch den Ehepartner aufweckt, entstehen unleidliche Situationen. Man muß bedenken, daß der Patient jede Nacht dieses Zwangsharnen hat.

Die „ultima ratio" ist der Katheter. Bei bestehender Blasenentzündung mit Schmerzen und Fieber ist eine antibiotische Therapie mit einem zusätzlichen Katheter die Therapie der Wahl. Ein Dauerkatheter wird von Frau und Mann energisch abgelehnt, ganz abgesehen davon, daß der Katheter zweimal monatlich gereinigt werden muß und das neuerliche Setzen gelegentlich schmerzhaft ist und zu Infektionen führen kann. Dazu kommt noch eine Psychologie der Ablehnung: Die urogenitale Entleerung gehört zu den phylogenetisch ältesten Archetypen des Menschen. 80jährige Männer, die schon viele Jahre keinen sexuellen Kontakt mehr hatten, empfinden einen Katheter als psychische Kastration. Nun gibt es für Männer kondomartige Hülsen, die über den Penis gestülpt werden und mit einem Gummiband an der Hüfte befestigt werden. In einen kleinen Behälter kann der Harn entleert werden. Dieses Gerät kann Tag und Nacht getragen werden; die Manipulierbarkeit durch den Patienten ist nicht schwer. Die Angst der Patienten, in ihrer motorischen Hilflosigkeit den Harn tagsüber oder nachts ohne Kontrolle entleeren zu müssen, ist damit genommen.

Die nicht selten auftretende exzessive Magersucht der Patienten gleicht in ihrer Erscheinung der Magersucht der jungen Mädchen. Sie ist am besten mit Antidepressiva vom Amitryptilin-Typ plus L-Tryptophan, dreimal 500 mg täglich, zu behandeln.

Die orthostatische Hypotension ist ein Symptom der fortgeschrittenen Krankheit. Es ist anzunehmen, daß die noradrenergen Bahnen, die vom Locus caeruleus zur Substantia nigra und zum Hypothalamus ziehen, degeneriert sind, daher die zentrale Hypotonie, die reduzierte Vigilanz und die reduzierte „arousal response".

Therapie der psychischen Funktionsstörungen (Depression, bradyphrene Denkstörung)

Bei den psychischen Funktionsstörungen herrschen kurze oder länger dauernde depressive Phasen vor. Diese Depressionen unterscheiden sich klinisch in keiner Weise vom klassischen Depressionssyndrom. Die Verlaufsformen sind allerdings kürzer (Tage bis Wochen). Als Therapie steht die reiche Skala der antidepressiven Drogen zur Verfügung. Wir geben morgens meist antriebssteigernde Medikamente wie Tofranil (10–25 mg), Alival® (25–50 mg), Dixeran® (Trausabun® in der BRD) (25 mg), Noveril® (80 mg). Abends bevorzugen wir Saroten® (25 mg), Tryptizol® (25 mg), Ludiomil® (50–75 mg). Nach Abklingen der depressiven Symptome reduzieren wir die Dosis, Alival® (25 mg morgens) und Saroten® (10 mg abends) geben wir hingegen jahrelang. Bei innerer Unruhe, Angst und Schlaflosigkeit geben wir abends Lorazepam (Temesta®) 1 mg, Lexotanil® 3 mg oder einen ähnlich wirkenden Tranquilizer.

Wenn auch die motorischen Defekte dadurch nicht merkbar gebessert werden, können die pseudoneurotischen und psychopathischen Verhaltensweisen sowie die Summe der hypochondrisch-depressiven Beschwerden der Parkinson-Kranken in tolerierbaren Schranken gehalten werden. Es gibt nur eine Indikation, die antidepressive Therapie abzusetzen: das sind kardiale Arrhythmien. Wir wechseln dann zunächst das antidepressive Präparat, setzen jedoch bei Persistieren dieser Nebenwirkungen die antidepressive Behandlung ab. Das psychische Befinden der chronisch Parkinson-Kranken wird mit Hilfe einer zusätzlichen jahrelangen antidepressiven Therapie wesentlich ausgeglichener, was nicht nur vom Kranken, sondern vor allem von den Familienmitgliedern oder von den Pflegepersonen bestätigt wird. Wie betont, erreichen wir durch diese antidepressive Therapie keine Bewegungseffekte, aber Affekt und Motorik sind derart verschränkt, daß durch eine gehobene Stimmung die motorische Leistung verbessert wird. Vice versa sind natürlich die Haltung und die Akinesie durch eine Depression wesentlich verschlechtert. Der Parkinson-Kranke ist eben ein Hirnstamm-Kranker und bietet daher die Fülle der Dekompensationen dieser phylogenetisch alten Hirnregion dar.

Die bradyphrene Denkstörung wird durch die Dopa-Medikation gebessert, ähnlich wie die Motorik. Kranke und Angehörige klagen sehr häufig über Vergeßlichkeit, Orientierungsstörungen und Verwirrtheitsphasen. Es sind dies an sich senile Defekte, die aber auch bei jüngeren Parkinson-Kranken nach längerer Krankheitsdauer auftreten. Wir geben dann Normabrain (Nootropil), dreimal 1 Kapsel bis dreimal 2 Kapseln täglich, bzw. Encephabol forte (2 Tabletten täglich), oder wir setzen der P.K.-Merz-Infusion 50 mg Larodopa, 50 mg 5-HTP, 2 Ampullen Piracetam (Nootropil®) und 1 Ampulle Alival® (25 mg) hinzu. Eine Zunahme des geistigen Interesses, der affektiven Zuwendung und des Denkantriebs sind augenfällig. Die psychotischen Phasen, die im Rahmen der Parkinson-Krankheit auftreten, werden im Abschnitt über die Nebenwirkungen abgehandelt, da sie überwiegend durch die Dopa-Therapie ausgelöst werden.

Praktische Durchführung der Parkinson-Therapie

Wir beginnen bei jedem Parkinson-Kranken, der primär zu uns kommt, mit der Kombinationstherapie. Hat der Kranke eine Disability, etwa von 30 (leichter Fall), dann beginnen wir mit Madopar® 62,5 dreimal täglich oder morgens eine Kapsel 125, mittags und abends eine Kapsel zu 62,5 (anstelle von Madopar® kann auch dreimal täglich ¼ Tablette Sinemet® gegeben werden) und steigern sehr langsam. Zusätzlich verabreichen wir täglich ½ Tablette Umprel® (=1,25 mg) mit einer wöchentlichen Dosiserhöhung um ½ Tablette und geben morgens noch 1 Tablette Jumex® (5 mg). Sind die Akinesie und der Rigor gebessert, der Tremor aber nach 2 Monaten unbeeinflußt, dann setzen wir kurzfristig ein Anticholinergikum zu, z.B. Sormodren® dreimal ½ Tablette oder Artane® 2 mg dreimal 1 Tablette.

Alle 4 Wochen steigern wir die Madopar®- bzw. Sinemet®-Dosis, bis wir einen optimalen Erfolg erzielt haben oder bis Nebenwirkungen auftreten. In vielen Fällen kommen wir aber mit 3 Madopar® 125 oder dreimal ½ Tablette Sinemet® mehrere Jahre (5–7) aus. Klagt der Patient über Depressionen oder vegetative Irritationssymptome, dann geben wir Alival® 50 mg morgens und Saroten® 25 mg abends hinzu. Klagt der Patient über Hitzegefühle (Wallungen), Flush oder über innere Unruhe, dann bekommt er 125 mg L-Tryptophan hinzu. Bei depressiven Verstimmungen – wie angeführt – morgens ein aktivierendes und abends ein sedierendes Antidepressivum.

Die meisten Patienten kommen aber nicht primär zu uns, sondern erst dann, wenn sie 1–2 Jahre mit Amantadin plus einem Anticholinergikum (Akineton®, Artane®, Kemadrin®) behandelt worden sind. Da sich der erwünschte Erfolg nicht einstellte, suchen sie unsere Abteilung auf. Wir setzen die anticholinergische Therapie ab und gehen auf die oben angeführte Kombinationstherapie (Dopa + Bromocriptin* + De-

---

* Bromocriptin in Österreich: Umprel®; in der BRD: Pravidel®; in der Schweiz: Parlodel®, Sinemet®; in der BRD: Nacom®.

prenyl) über. Bei einer Disability von 40–60 (mittelschwere Fälle) verabreichen wir dreimal täglich 1 Kapsel Madopar® 125–150 (oder dreimal täglich ½–1 Tablette Sinemet®) oder zweimal täglich 1 Tablette Jumex®. Bei Umprel® beginnen wir mit ½ Tablette täglich und steigern wöchentlich um ½ Tablette. Sehr häufig reichen für eine gute Einstellung 2–3 Tabletten Umprel® für die Kombinationsbehandlung. Die initial niedrige Dosierung und die langsame Dosissteigerung gelten auch für Dopa, denn wir steigern die Madopar®-Dosis erst nach 4 Wochen um 1 Kapsel. Grundsätzlich können wir sagen, daß wir in der Dosierung eher zurückhaltend sind. Die verstärkt auftretenden Nebenwirkungen bei der Hochdosierung beeinträchtigen den gewünschten Effekt, und zudem beschleunigen hohe Dosen die Progression. In der heißen Jahreszeit geben wir – wie erwähnt – bei Patienten, die über Hitze klagen, dreimal 125 mg L-Tryptophan hinzu. Bei moroser Stimmungslage, bei pseudoneurotischen Beschwerden verabreichen wir Saroten® 10 mg dreimal täglich. Bei Einschlafstörungen verwenden wir Lorazepam (Temesta®) 1,0 mg bzw. Lexotanil® 3 mg. Da bei Parkinson-Kranken nicht nur Tagesschwankungen der motorischen Leistungsfähigkeit und des Wohlbefindens auftreten, sondern auch über längere Zeitstrecken Schwankungen des Befindens und der Leistung aufscheinen, werden die Patienten angehalten, selbständig das Dosierungsschema zu variieren, z. B.: bei morgendlicher Inaktivität und ausgeprägter Akinesie Madopar® 250 plus Alival® 50 mg plus Jumex® 5 mg, mittags und abends nur je 1 Madopar® 125 zu nehmen. Wenn der Patient mit seiner Tagesdosis zufrieden ist, aber klagt, daß er sich in der Nacht im Bett nicht umdrehen oder ohne Hilfe nicht urinieren kann, dann muß er eben in der Nacht noch ½ Tablette Nacom® (Sinemet®) oder Madopar® 125 nehmen. Wie erwähnt, läßt der Dopa-Effekt nach 5–7 Jahren nach, je höher die Anfangsdosierung war, um so früher. Patienten, die positiv auf die Dopa-Therapie reagieren, sind immer wieder geneigt, wegen der motorischen Leistungssteigerung und wegen des emotionalen Hochgefühls höhere Dosen zu nehmen, als verordnet wurden. Das geht mit einem vorzeitigen Nachlassen der Dopa-Wirkung einher. Ein 65jähriger Parkinson-Kranker unserer Abteilung (Disability 35) nahm wegen der sexuell stimulierenden Wirkung – gegen unseren Rat – 8 Madopar®-Kapseln täglich. Motorisch war er zunächst völlig kompensiert, stimmungsmäßig euphorisch, sexuell sehr aktiv. Nach 2 Jahren kam er mit nicht mehr korrigierbaren akinetischen Krisen wieder in die Abteilung, und nach 3 Jahren war er tot. Wenn nach Jahren der Dopa-Therapie eine Disability von 70 besteht, also ein fortgeschrittener Parkinson, der Patient nur noch mühsam und schleppend gehen kann, sich nicht mehr allein anziehen, allein waschen, allein essen kann, dann starten wir zusätzlich zur oralen Behandlung eine

Injektionsbehandlung mit Larodopa (zweimal wöchentlich 50 mg i.m. oder i.v.). Mit diesen geringen Dosen können wir bei etwa 50% dieser Schwerkranken die Disability um 20% bessern, was besonders für die Selbstsorge dieser Patienten von eminenter Wichtigkeit ist. Erreichen wir dabei keine Besserung, dann beginnen wir mit Infusionen von P.K. Merz plus Larodopa (50 mg) plus 5-HTP (25 mg) plus Alival® (10 mg) plus Jumex® (10 mg). In leichteren Fällen verabreichen wir das ambulant, dreimal wöchentlich und bei schweren Fällen – wie erwähnt bei akinetischen Krisen – im Krankenhaus täglich. Es hat uns immer erstaunt, daß die positiven Berichte über unsere anfänglichen i.v. oder i.m. Verabreichungen von L-Dopa nur von europäischen und nicht von amerikanischen Forschern bestätigt wurden. Die Diskrepanz lag an den verschiedenen Schweregraden der Erkrankung. Wir starteten unsere ersten Dopa-Behandlungsversuche in einem neurologischen Krankenhaus für chronisch Kranke. 70% unserer Parkinson-Kranken hatten eine Disability von 60 und mehr. Gerade bei diesen schweren Fällen war die i.v. oder i.m. Applikation erfolgreich. Die orale Medikation verabreichten wir erst später, und zwar bei den leichten bis mittelschweren ambulanten Fällen. Bei diesen war die orale Medikation erfolgreicher als die Injektionsbehandlung, vor allem wegen der längeren Wirkungsdauer und wegen der häufigeren Verabreichungsmöglichkeit. Heute wissen wir: Je fortgeschrittener ein Parkinson ist, um so weniger funktionstüchtige dopaminerge Neuronen stehen zur Verfügung. Bei diesen wenigen aktiven Neuronen genügen geringe i.v. Dosen (25 mg), da die orale Dosis nicht mehr verwertet werden kann und nur zu vermehrten Nebenwirkungen führt. Eine durch das unphysiologisch hohe Angebot an L-Dopa bedingte Hemmung der an und für sich schon gestörten dopaminergen neuronalen Funktion kann als Ursache angenommen werden. Bei den ersten akinetischen Krisen (On-off) gelingt es fast regelmäßig, mit P.K.-Merz-Infusionen, mit Deprenyl und Dopa die Bewegungsunfähigkeit zu überwinden und für Wochen bis Monate wieder eine zufriedenstellende Beweglichkeit zu erreichen.

Die Maßnahmen für den Patienten mit schwerer Parkinson-Krankheit (Disability 60–90) – sofern er noch im häuslichen Milieu belassen werden kann – bestehen in der morgendlichen Gabe von 1–2 Tabletten Jumex® und einer Herabsetzung der Dopa-Dosis auf z.B. Madopar® 125 dreimal täglich 1 Kapsel (oder Sinemet® dreimal täglich ½ Tablette) sowie einer allmählichen Steigerung von Umprel® um ½ Tablette wöchentlich auf täglich 10–20 mg (z.B. von morgens 2 Tabletten, mittags und abends je 1 Tablette über dreimal täglich 2 Tabletten auf morgens 1 Kapsel Umprel® zu 10 mg mittags und abends zu je 2 Tabletten Umprel® zu 2,5 mg). Wenn der Patient zum erstenmal Umprel® bekommt, so ist auch hier mit ½ Tablette zu beginnen und so vorzuge-

Praktische Durchführung der Parkinson-Therapie

Schema 2. M. Parkinson-Behandlungsschema

1. **Leitsatz für die Kombinationstherapie:** L-Dopa als „kausaler" Wirkstoff muß in der Arzneimittelkombination („Antiparkinson-Cocktail") immer enthalten sein.
2. **Leitsatz für die Kombinationstherapie:** Bald beginnen – niedrig dosieren – langsam steigern.

Krankheitsstadium	Je nach individueller Ansprechbarkeit der Kranken ist eine Kombination verschiedener Substanzen von Beginn an zu empfehlen:			
	DOPA	DA-AGONIST	MAO-INHIBITOR	ANTIDEPRESSIVA
Leichter Parkinson mit 30 %iger Behinderung (disability 30)	Madopar® 62,5-125 3 x 1 Kapsel/die oder: Sinemet® 25/250 3 x ¼ – ½ Tabl./die	+ Umprel® 2,5 - 3,75 mg/die	+ Jumex® 5 mg 1 x 1 Tabl./die	
Mittelschwerer Parkinson mit 30 - 60 %iger Behinderung (disability 30 - 60)	Madopar® 125-250 3 x 1 Kapsel/die oder: Sinemet® 25/250 3 x ½ – 1 Tabl./die	+ Umprel® 5 – 10 mg/die	+ Jumex® 5 mg 2 x 1 Tabl./die	+ MORGENS: Alival® 25 mg oder: Dixeran® 10-25 mg oder: Noveril® 40 mg oder: Tofranil® 10 mg ABENDS: Tryptizol® oder: Saroten® 10 mg
Schwerer Parkinson mit 60 - 90 %iger Behinderung (disability 60 - 90)	Madopar® 125 3 x 1 Kapsel/die oder: Sinemet® 25/250 3 x ½ Tabl./die	+ Umprel® 10 – 20 mg/die	+ Jumex® 5 mg 2 x 1 Tabl./die	+ MORGENS: Alival® 50 mg oder: Dixeran® 25 mg oder: Noveril® 80 mg oder: Tofranil® 25 mg ABENDS: Tryptizol® oder: Saroten® 25 mg
Akinetische Krise (Nur stationäre Behandlung)	Wenn eine orale Medikation möglich ist, dann die gleiche Behandlung durchführen, wie unter „Schwerer Parkinson" angegeben, sonst: tägl. Infusionen von PK „Merz" + 2 Amp. Larodopa + 500 mg Tryptophan			

hen, wie beim leichten und mittelschweren Parkinson angegeben. Zusätzlich verabreichten wir morgens Alival® 50 mg (oder Dixeran® 25 mg oder Noveril® 80 mg oder Tofranil® 25 mg) und abends Tryptizol® oder Saroten® 25 mg.

Gelegentlich erlebt man wahre Wunder. Patienten, die 2–3 Monate völlig akinetisch im Bett gelegen sind, mit völlig stimmloser Sprache und unfähig, sich im Liegen zu bewegen, werden plötzlich wieder beweglich und können sogar in beschränktem Ausmaß gehen. Nach einer längeren akinetischen Phase, die in eine aktive Beweglichkeit übergeht, ist die Stufe der motorischen Aktivität um 10–20% verbessert.

In den späteren Krankheitsstadien gehören Schmerzen in den Hüft- und Kniegelenken, im Bereich der Lendenwirbelsäule, seltener in den Fuß- bzw. Schultergelenken, zu den häufigsten sekundären Symptomen. Durch die muskuläre Insuffizienz kommt es zur Überlastung der Gelenke, und arthrotische Abnützungserscheinungen sind die Folge. Eine kausale Therapie ist nicht möglich. Symptomatisch geben wir Indocid® (100 mg, zwei- bis dreimal täglich), Voltaren® (3 Tabletten täglich) oder Volon® A 40 i.m. (einmal monatlich). Da diese Beschwerden vorwiegend im Gehen und Stehen auftreten, muß man das Bewegungsquantum der betroffenen Patienten reduzieren, da die toxischen Nebenwirkungen dieser Antineuralgika nur eine begrenzte Anwendung gestatten.

„Drug-Holidays"

Bei weit fortgeschrittenem Parkinson-Syndrom kann es zu völligem Sistieren der Medikamentenwirkung kommen. In diesem Falle bewährt sich ein kurzfristiges, 2–3 Tage dauerndes Absetzen der Therapie unter ärztlicher Kontrolle. Danach kann mit kleinsten Dosierungen von Antiparkinsonmitteln häufig wieder ein therapeutischer Erfolg erzielt werden.

Längeres Absetzen der Therapie verschlechtert unserer Erfahrung nach die Gesamtsituation des Kranken entscheidend und ist abzulehnen.

Bewegungstherapie

Der Wunsch des Kranken, und besonders seiner Angehörigen, nach einer physikalischen Therapie ist verständlich. Patienten nach Schlaganfällen oder MS-Kranke lassen ein überreichliches Rehabilitationsprogramm über sich ergehen. Die Rehabilitation entstand primär aus der Fürsorge für Hirnverletzte und Rückenmarkverletzte. Der Unterschied liegt darin, daß es sich bei diesen Verletzten um solche mit einem gesunden Organ eines meist jugendlichen Patienten handelt, mit einer großen Rehabilitationskapazität.

Patienten nach Schlaganfällen oder MS-Kranke haben eine schon reduzierte Kapazität. Denn jegliche Rehabilitation erfordert ein Energiequantum, das eben bei Schwerkranken nicht verfügbar ist. Noch komplizierter ist es beim Parkinson-Patienten. Jede Bewegungstherapie erfordert ein Quantum Dopamin, und gerade dieser Überträgerstoff steht nur in unzureichendem Ausmaß zur Verfügung.

Es bereitet stets Kummer, wenn ein Patient nach einer mehrmonatigen Therapie zur Kontrolle kommt und auf unsere Bemerkung: ,,Was sagen Sie, wie gut Sie heute marschieren können?" entgegnet: ,,Herr Doktor, das kommt davon, weil ich jetzt jeden Morgen turne!"

Hier ist eine Aufklärung der Patienten und besonders der Angehörigen notwendig. Es ist sinnlos, wenn Ärzte den Rat geben, viel zu turnen oder viel zu marschieren. Im Gegenteil! Man muß Patienten und Angehörige immer darüber orientieren, daß zuviel Bewegung das Dopamin-Kontingent, das zu allen Bewegungen notwendig ist, rasch verschleißt. Durch die Dopa-Zufuhr kann das Dopamin-Defizit einigermaßen ausgeglichen werden, aber je mehr der Patient mit sinnlosen gymnastischen Übungen sein Dopamin verbraucht, um so weniger steht es ihm für lebensnotwendige Bewegungen zur Verfügung.

Besonders Ehepartner jagen den Kranken stundenlang herum und zeigen völliges Unverständnis, wenn er sich dann alle 10 Minuten niedersetzen muß. Die meisten Kranken sind sehr glücklich, wenn der Arzt die Pflegeperson aufklärt, denn sie fühlen subjektiv, daß ein zu großes Bewegungskontingent ihrem Zustand schädlich ist. Als akademisch ausgebildeter Turn- und Sportlehrer bin ich ein Vorkämpfer für jede motorische Rehabilitationsbehandlung (*Birkmayer* 1951). Beim Parkinson-Kranken aber soll und muß diese Bewegungstherapie auf wenige Maßnahmen beschränkt bleiben.

1. Aktive und passive Bewegungsübungen im warmen Wasser sind von großem Nutzen. Es hat aber keinen Sinn, einen Parkinson-Kranken 2 Stunden lang mit öffentlichen Verkehrsmitteln in eine passende Therapiestation zu führen und ihn nach durchgeführter Behandlung erschöpft nach Hause zu bringen. Da beim Parkinson-Kranken gerade die Muskeln insuffizient sind, die gegen die Schwerkraft wirken, sind Übungen im warmen Wasser, wo die Schwerkraft möglichst aufgehoben ist, sehr vorteilhaft. Dadurch wird nämlich wieder eine Balance zwischen Beuge- und Streckmuskulatur hergestellt. Da die Bewegungen des Parkinson-Kranken im warmen Wasser wesentlich leichter und umfangreicher zu vollziehen sind, und da der Überdauerungseffekt über die Zeit des Übens hinaus anhält, sind solche Übungen auch von psychotherapeutischem Wert.

2. Eine Unterwassermassage mit einem Wasserstrahl mittlerer Stärke über die gesamte Rückenmuskulatur, über Schulter- und Hüftgelenke wird vom Patienten als äußerst angenehm empfunden.

3. Passive Bewegungen sämtlicher Gelenke, besonders aber jener der Schultern und Hüften, sind langsam, doch ausgiebigst zu üben, besonders von fortgeschrittenen Fällen, bei denen der Rigor in einen Sperrtonus übergeht.

4. Im Trockenen fühlen sich die Patienten nach einer Streichmassage sehr wohl. Die sekundär spondylogen bedingten Schmerzen, die oft schmerzreflektorische Krämpfe nach sich ziehen, lassen sich dadurch sehr günstig beeinflussen.

Die einzige Bewegungsübung, die für den leichten Parkinson-Fall psychisch stimulierend und daher empfehlenswert ist, ist das Radfahren. Durch Ausschaltung des Körpergewichts (das heißt des statischen Tonus) sind die Tretbewegungen leicht durchzuführen. Wo dies örtlich nicht möglich ist, kann man zu einem Standrad greifen. Es muß aber immer darauf hingewiesen werden, vor allem bei Gymnastiklehrern und bei den Angehörigen des Kranken, daß eine Bewegungstherapie für den Kranken keinen Heileffekt bringt, sondern nur massive Haltungsdekompensationen und tonische Sperren ausgleichen kann. Mit leichten Parkinson-Fällen können natürlich gymnastische Übungen durchgeführt werden, aber ohne jedes Leistungsdenken. Die Indikation einer Bewegungstherapie ist nur dann gegeben, wenn der bewegungsbehinderte Patient nach einer Übungsstunde imstande ist, seine Bewegungsqualität und sein Bewegungsquantum über längere Zeit zu verbessern.

Tab. 33 gibt einen Überblick über eine 15jährige Dopa-Therapie an 1414 Patienten. Eine 10- bis 20%ige Verbesserung wurde bei 21,5% er-

Tabelle 33. *Leistungsverbesserung bei langjähriger L-Dopa-Behandlung*

Dauer der Medikation (Jahre)		1	3	5	7	9	11	13	15	total
Zahl der Fälle		147	455	315	210	210	42	21	14	1414 (100%)
										%
%-Verbesserung der Disability	10	3	0,5						0,5	4,0
	20	5	6	4,5	1,5				0,5	17,5
	30	2	11,5	6	3	3	0,5			26,5
	40	0,5	8	6,5	7,5	8,5	1,5	1		33,5
	50		3,5	3,5	2,5	2	1	0,5		13,0
	60		1,5	2	0,5	0,5				**4,5**

reicht; ein Erfolg, der auch durch die alte, konservative anticholinergische Therapie erzielt werden konnte. Dieses Fünftel aller behandelten Fälle stellt die Non responders dar. 60% zeigen eine 30- bis 40%ige Verbesserung ihrer Symptome. 17,5% zeigen eine 50- bis 60%ige Verbesserung; das waren die Patienten, bei denen praktisch eine normale Motorik erzielt werden konnte. Diese Zusammenstellung zeigt darüber hinaus sehr anschaulich, daß etwa zwischen dem 3. und 5. Behand-

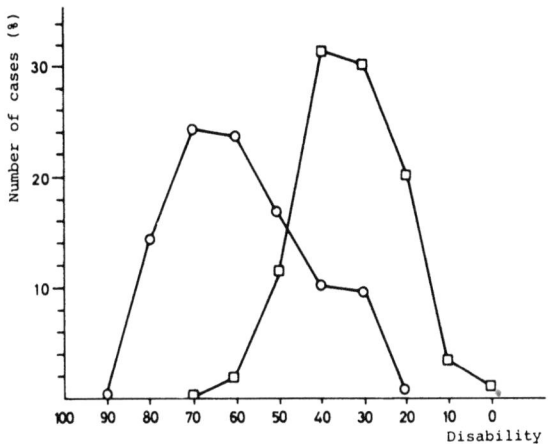

Abb. 50. Globale Bewertung von Symptomen der Parkinson-Krankheit vor (O) und nach (□) kombinierter L-Dopa-Behandlung

lungsjahr die Verbesserungen durch eine Dopa-Therapie rückläufig sind. Ferner ersieht man aus dieser Zusammenstellung, daß Verschlechterungen der Dopa-Therapie bei jenen Kranken, die nur gering ansprechen, früher auftreten, bei den Kranken mit einer 10%igen Verbesserung schon nach dem ersten Behandlungsjahr, bei den Kranken mit einer 40%igen Verbesserung nach dem neunten Behandlungsjahr, bei den Kranken mit einer 50%igen Verbesserung nach dem siebenten Behandlungsjahr und bei den 60%igen Verbesserungen nach dem fünften Behandlungsjahr.

Nebenwirkungen

Wir müssen zunächst zwischen Nebenwirkungen und Symptomen, die im Lauf der Krankheit auftreten, klar unterscheiden.

So tritt das On-off-Phänomen im Verlauf der Krankheit mit oder ohne Dopa-Medikation auf. Bei hoher Dopa-Dosierung allerdings früher. Das gleiche gilt für Dopamin-Agonisten. Von einer Nebenwirkung als pathologischer Reaktion auf ein Medikament sprechen wir dann, wenn die unerwünschte Reaktion nach Unterbrechung der Medikation verschwindet. So sistieren die Hyperkinesien nach L-Dopa- oder Bromocriptin-Medikation kurzfristig nach der Unterbrechung. Pharmakotoxische Psychosen verschwinden gleichzeitig nach Unterbrechung der Behandlung innerhalb 14 Tagen. Die Mundtrockenheit nach Anticholinergika verschwindet gleichfalls nach der Unterbrechung der Medikation. Die orthostatische Hypotonie hingegen, die durch Dopamin-Agonisten ausgelöst worden ist, wird zwar nach Unterbrechung der Medikation geringer, sie verschwindet aber erst nach Infusionen mit DOPS (*Narabayashi* 1981, *Birkmayer et al.* 1983).

Es gibt somit ein Auftreten von unerwünschten Symptomen nach einer spezifischen Antiparkinsonbehandlung. Als Nebenwirkungen können aber nur solche bezeichnet werden, die nach dem Entzug zurücktreten.

Ein Medikament, das keine Nebenwirkungen auslöst, erreicht meist auch keine Zielwirkung. Eine Überdosierung löst beim Gesunden eine Reihe von Feedback-Regulationen aus, die das Auftreten von Nebenwirkungen verhindern. So gelingt es z. B. beim Gesunden nicht, durch eine Dopa-Medikation Hyperkinesien oder Dopa-Psychosen zu erzeugen. Bei den Parkinson-Kranken hingegen gehören diese beiden Nebenwirkungen zu den häufigsten und beschwerlichsten.

Während die klassische anticholinergische Medikation und Amantadin kaum ins Gewicht fallende Nebenwirkungen auslösen (Trockenheit im Mund), scheinen vorwiegend durch Dopa-Medikamente und besonders auch durch Dopamin-Agonisten verschiedene zentralnervöse Nebenwirkungen auf.

Eine Feedback-Kontrolle erfolgt, wenn ein Rezeptor einen Mangel oder einen Überschuß eines Transmitters registriert und über einen Regulator eine Korrektur auslöst. Bei einer strukturellen oder einer chemisch-funktionellen Läsion in diesem System bleibt die Korrektur der Fehlhaltung aus. Die progressive Degeneration der dopaminergen Neuronen beim Parkinson beschränkt sämtliche Feedback-Kontrollen. Dadurch treten mit zunehmender Krankheitsdauer Nebenwirkungen durch Dopa oder auch durch Dopamin-Agonisten auf. Die Folgen sind eine striäre Dopamin-Hyperaktivität mit Hyperkinesien. Das Auftreten solcher Nebenwirkungen ist nicht von der Droge an sich abhängig, sondern von dem Grad der dopaminergen Funktion und von der Menge der angebotenen Droge. Hohe Dopa- oder Umprel®*-Dosen lösen früher und intensiver Nebenwirkungen aus. Neben der Dosis ist aber auch die individuelle Konstitution für den Zeitpunkt des Auftretens der Nebenwirkungen verantwortlich. Im späteren Abschnitt über den Verlauf der Parkinson-Krankheit werden wir die Kriterien für ei-

---

* BRD: Pravidel®, Schweiz: Parlodel®.

Tabelle 34. *Nebenwirkungen*

	mit L-Dopa 200 mg plus Benserazid 50 mg	L-Dopa 150 mg plus Benserazid 100 mg
Zahl der Fälle	150	150
Hyperkinesien	57	14
Depression	19	0
verstärkte Libido	6	0
Schlaflosigkeit	24	3
lebhafte Träume	18	0
Alpträume	10	0
Alarmreaktion	14	0
Agitiertheit	21	0
Angst	18	2
Konfusionen	21	0
Delirien	8	0
Wahnideen	6	0
Halluzinationen	7	0

nen benignen bzw. malignen Verlauf aufzeigen. Der Zeitpunkt und die Intensität des Auftretens der Nebenwirkungen sind wesentliche Kriterien für den gesamten Krankheitsverlauf.

Tab. 34 zeigt die Häufigkeit des Auftretens zentraler Nebenwirkungen bei zwei Versuchsgruppen zu je 150 Parkinson-Patienten. Die erste Gruppe erhielt 200 mg L-Dopa plus 50 mg Benserazid, die zweite Gruppe 150 mg L-Dopa plus 100 mg Benserazid. Die erste Gruppe mit der höheren Dopa-Dosis zeigt weit mehr Fälle mit zentralnervösen Nebenwirkungen als die zweite Gruppe. Die zentralen Nebenwirkungen sind demnach von der Menge des in das ZNS gelangenden L-Dopa abhängig.

Periphere Nebenwirkungen (Nausea, Erbrechen, Schleimhautblutung)

Von den peripheren Nebenwirkungen waren früher Nausea und Erbrechen an erster Stelle, ferner Obstipation, seltener Diarrhöe, sehr selten Schleimhautblutungen im Mund- und Rachenbereich, Magen- und Darm-Ulzera und blutige Stühle und blutiger Harn. Harnverhaltungen wie auch gelegentlich Pollakisurie traten besonders während der Nacht häufig auf. Diese peripheren Nebenwirkungen werden durch eine parasympathische Irritation ausgelöst. Seit der Kombinationstherapie von L-Dopa plus einem Dekarboxylasehemmer können wir außer initialem Brechreiz und Obstipation keine wesentlichen Nebenwirkungen im vegetativen Bereich beobachten. Wenn am Beginn der Therapie trotzdem eine Nausea oder ein Brechreiz auftreten, dann geben wir zusätzlich Benserazid oder Carbidopa. Leider sind diese beiden Medikamente nicht im Handel erhältlich. Paspertin® (2–3 Tabletten täglich), gleichzeitig mit der Dopa-Medikation gegeben, verhindert das Auftreten von Brechreiz. Nach einigen Wochen treten diese autonomen Nebenwirkungen zurück. Schleimhautblutungen oder Störungen der Harnentleerung kann man mit L-Tryptophan (dreimal täglich 250 mg) beheben (*Birkmayer* und *Neumayer* 1972).

Tabelle 35. *Nebenwirkungen der kombinierten L-Dopa-Therapie*

Dauer der L-Dopa-Medikation (Jahre)	1	3	5	7	9	11	13	15	
Zahl der Fälle	147	455	315	210	210	42	21	14	1414
Nebenwirkungen (%):									% total
Gastrointestinal	1,5			1					2,5
Kardial	2	1,5	1	0,5					5
Hyperkinesien	2,5	4	6,5	4,5	1				18,5
Krämpfe	1	2	1,5	2	0,5				7
Schlaflosigkeit	1,5	2,5	1,5	2	1				8,5
Pharmakotoxische Psychosen nach L-Tryptophan rekomp.		4	5,5	3,5	2		0,5		15,5
Non responders	1	1,5	0,5	0,5					3,5

Tab. 35 gibt eine Übersicht über das Auftreten von Nebenwirkungen bei 1414 Parkinson-Kranken im Verlauf einer 15jährigen Dopa-Therapie. Die gastrointestinalen Nebenwirkungen machen dabei nur insgesamt 2,5% aus.

Kardiale Nebenwirkungen
(Extrasystolen, orthostatische Hypotension, Schwindel)

Sie treten bei 5% auf, und zwar schon in den ersten Behandlungsjahren, später treten sie zurück. Im wesentlichen kommt es zu Sinus-Tachykardien und Arrhythmien. Die Therapie der Wahl besteht in der Verabreichung von β-Rezeptoren-Blockern (*Goldberg* und *Whitsett* 1974). Wir verabreichen Trasicor®, dreimal 40 mg täglich. Höhere Dosen werden von Parkinson-Kranken schlecht vertragen.

Bedenklich wird die Dopa-Therapie nur, wenn ein schwerer Myokardschaden im EKG aufscheint. Dann muß Dopa auf ein Minimum reduziert werden.

Die orthostatische Hypotension scheint in dieser Zusammenstellung nach dem 5. Jahr auf, was anzeigt, daß erst nach längerer Krankheitsdauer bzw. Dopa-Therapie diese Nebenwirkung aufscheint. *Reid* und *Calne* (1973), die sich besonders mit den Kreislaufdysfunktionen der Dopa-Therapie beschäftigt haben, zeigten auf, daß im Liegen der Blutdruck bei Parkinson-Kranken und Kontrollen gleich ist. Im aufrechten Stand ist der Blutdruck bei Parkinson-Kranken aber niedriger. Nach Dopa-Medikation ist aber beim Parkinson-Kranken der systolische und der diastolische Blutdruck im Liegen signifikant erniedrigt. *Reid et al.* (1976) nehmen an, daß die orthostatische Hypotension zentralen Ursprungs ist, da ein peripherer Dekarboxylasehemmer (Benserazid) keinen Einfluß hat. Nach unserer Meinung ist das Auftreten einer orthostatischen Hypotension gleichfalls als zentrale Nebenwirkung zu klassifizieren, da weder die von *McDowell et al.* (1970) empfohlene Natriumzufuhr bzw. das Tragen von elastischen Strümpfen noch die Verabreichung von peripheren blutdrucksteigernden Medikamenten von Erfolg begleitet sind. Wir nehmen an, daß die progressive Degeneration im Locus caeruleus für diese erst später in Erscheinung tretende Nebenwirkung verantwortlich zu machen ist (*Riederer et al.* 1977). Auch die positive Wirkung von antriebssteigernden antidepressiven Drogen, wie Alival® (25 mg zweimal täglich), Tofranil® (25 mg zweimal täglich), Parnate® (5 mg zweimal täglich), scheint für eine zentrale Genese der orthostatischen Hypotension zu sprechen. (–)Deprenyl hingegen hat keinerlei Einfluß auf die orthostatische Hypotension. Eine Unterfunktion noradrenerger Neuronen ist anzunehmen, da (–)Deprenyl selektiv den Dopamin-Abbau hemmt, das razemische Tranylcypromin (Parnate®), aber auch Substrate vom MAO-Typ A, z. B. Noradrenalin, am Metabolismus hemmt.

Die erfolgreichste Therapie der orthostatischen Hypotonie kann durch Infusionen mit Dihydroxyphenylserin (DOPS), 500–1000 mg, erzielt werden (*Narabayashi* 1981, *Birkmayer et al.* 1983).

Als Begleitsymptom bei orthostatischen Hypotonien tritt sehr häufig ein Schwindel auf. Es gibt jedoch verschiedene Schwindelphänomene.

1. Eine Form des Schwindels entsteht nach dem Auftreten vom Liegen in den aufrechten Stand. Der Patient hat das Gefühl der Schwäche, es wird ihm schwarz vor den Augen, und er kann kollabieren. Der Arzt kann bei dieser Form im Stehen ein dramatisches Absinken des systolischen Blutdruckes feststellen, mit systolischen Werten bis zu 50 mm Hg. Das ist der „Caeruleus-Schwindel" (DOPS-Medikation).

2. Der Patient klagt über Schwindel und meint einen dauernden Druck im Kopf mit Benommenheit und einer Unfähigkeit, klar zu denken. Er äußert, „wie auf Wolken zu gehen". Bei diesem Schwindel kommt es zu keinem Abfall des Blutdruckes. Er zeigt auch keine Tagesschwankungen und keine Gleichgewichtsstörungen. Wir bezeichnen ihn als „Malnutritionsschwindel", das heißt, eine unzureichende zerebrale Nutrition führt zu diesem Phänomen und nicht eine vaskuläre Dekompensation. Er stellt gelegentlich die Initialphase eines organischen Psychosyndroms dar. Therapeutisch geben wir bei dieser Form Encephabol forte, 1–2 Tabletten.

3. Beim Parkinson-Kranken kommt auch der typische Meniere-Anfall vor.

Wenn sich der Patient im Bett umdreht, aber auch beim Gehen, wenn er den Kopf nach einer Seite wenden will, tritt der typische „Drehschwindel" auf. Die Ursache ist eine Spondylopathie der Halswirbelsäule, die durch Drehung des Kopfes zur Drosselung einer Arteria vertebralis führt, mit einer Ischämie eines Vestibularis-Kernes. Auch ein einseitig stark ausgeprägter Rigor der Nackenmuskulatur kann Meniere-Anfälle auslösen. Vertirosan® (dreimal 50 mg täglich) oder Torecan® (drei- bis fünfmal 6,5 mg täglich) wirken bei dieser Form befriedigend.

4. Eine andere Form, die vom Patienten auch als Schwindel bezeichnet wird, besteht in einer Gleichgewichtsstörung. Das heißt: Die Akinesie an sich erlaubt eine mittelmäßig rasche Gangform. Rechte und linke Körperseite sind aber nicht im gleichen Ausmaß befallen. Die Degeneration einer Seite ist stärker ausgeprägt und hat ein größeres Dopamin-Defizit. Parkinson-Kranke neigen sich immer nach der Seite des stärkeren Befalls. Im Bestreben, diese Fehlhaltung zu korrigieren, kommt es dann zu Gleichgewichtsstörungen, die keineswegs mit einer zerebellaren Ataxie zu verwechseln sind. Als beste Maßnahme hat sich bei uns das Gehen mit zwei Stöcken empfohlen. Die Parkinson-Symptome sind meist an den oberen Extremitäten weniger ausgeprägt, so daß durch diesen artifiziellen Vierfüßergang die Gleichgewichtsstörungen meist kompensierbar sind.

Motorische Nebenwirkungen

Motorische Nebenwirkungen der Dopa-Therapie treten nicht nur am häufigsten auf (Hyperkinesien 18,5%, Streckkrämpfe in den Beinen 7%), sondern sind auch am schwierigsten zu kompensieren. *Fischer et al.* (1978) haben in ihrem Krankengut schon nach 1–2 Jahren 20–30% beobachtet. Da ein Dopa-Entzug die Hyperkinesie beseitigt, ist anzunehmen, daß eine Dopamin-Hyperaktivität für die Auslösung verantwortlich zu machen ist. *Duvoisin* (1976) nimmt eine Stimulierung der Dopamin-Rezeptoren im Striatum an. Auch *Steg* (1972) macht eine Supersensibilität der Striatum-Zellen verantwortlich, da auf der gesunden Seite keine Hyperkinesien auftreten. Die biochemische Balance beim Parkinson-Kranken ist gestört. Es bestehen eine Dopamin-Hypoaktivität und eine cholinergische Hyperaktivität. Durch die Dopa-Substitution kommt es im Idealfall zu einer ausgeglichenen Balance der beiden Transmitter Dopamin und Azetylcholin. Da bei gesunden Kontrollpersonen durch eine Dopa-Medikation nie Hyperkinesien auszulösen sind, ist anzunehmen, daß der Gesunde durch Feedback-Kontrollen diese Balance aufrechterhalten kann. Beim Parkinson-Kranken löst die dopaminergische Hyperaktivität keinen Feedback zur Drosselung des Dopamin-Outputs der Substantia nigra aus. Die Auslösung der Hyperkinesie ist zweifellos zentral, da eine Kombination von Dopa plus Benserazid bzw. Carbidopa die Hyperkinesie verstärkt. Da bei der Chorea sowohl im Striatum als auch in der Substantia nigra erniedrigte Werte der Gamma-Amino-Buttersäure (GABA) gefunden werden (*Bird* und *Iversen* 1974), wäre es möglich, daß diese Substanz normalerweise den Dopamin-Output der Substantia nigra zügelt und bei ihrer Insuffizienz eine dopaminerge Hyperaktivität entsteht. Eine Reduktion der Dopa-Medikation führt zum Verschwinden der Hyperkinesien, und natürlich entsteht wieder eine Akinesie. Der periphere Dopa-Plasmaspiegel ist insofern von Bedeutung, als bei hohen Plasmawerten schon Hyperkinesien auftreten, während bei niedrigen kein kinetischer Effekt erzielt wird (*Mones* 1973).

Eine Blockade der Dopamin-Rezeptoren, etwa durch Haloperidol bzw. durch Reserpin, bringt die Hyperkinesien zum Verschwinden (*Duvoisin* 1976). Es ist verständlich, daß zur Behebung dieser störenden Nebenwirkungen viele Medikamente mit verschiedenen Angriffspunkten untersucht wurden.

Theoretisch wäre eine GABA-erge Aktivierung zur Bremsung des Dopamin-Outputs in der Substantia nigra erfolgversprechend. Dieser Weg ist derzeit noch nicht möglich, da es noch keinen klinisch anwendbaren schrankengängigen Präkursor der GABA oder auch GABA-Agonisten gibt.

Duvoisin (1967) hatte gezeigt, daß cholinergisch aktivierende Drogen wie Physostigmin (1 mg i.v.) die choreatischen Hyperkinesien reduzieren, die Parkinson-Symptome jedoch verschlechtern.

α-Methyl-p-Tyrosin, das die choreatische Hyperkinesie (*Birkmayer* 1969) und auch die Tardiv-Hyperkinesien nach neuroleptischen Drogen ruhigstellt, erwies sich bei der durch Dopa induzierten Hyperkinesie erwartungsgemäß erfolglos (*Gerlach et al.* 1974). Die Tatsache, daß eine anticholinergische Medikation die Hyperkinesien verschlechtern, scheint gleichfalls für eine ungenügende cholinergische Aktivität als Auslöser der Hyperkinesien zu sprechen. Infusionen von Cholin, einem physiologischen Präkursor des Azetylcholins, zeigten wohl bei Tardiv-Hyperkinesien bei 10 von 20 Patienten eine Sedierung (*Growdon et al.* 1977). Bei Hyperkinesien im Rahmen einer Dopa-Therapie hat *Yahr* (1979) keine Besserung gesehen. Die Valproinsäure, die die GABA-Werte im ZNS erhöht, wurde als erfolgreiche Droge bei der Behandlung von Hyperkinesien angegeben (*Rüther* und *Binding* 1978). *Nittner* (1978) teilte mit, daß nach stereotaktischen Eingriffen auf der Gegenseite keine Hyperkinesien auftreten, und hat auch Erfolge mit stereotaktischen Operationen bei durch Dopa ausgelösten Hyperkinesien. *Duvoisin* (1976) meint, daß Noradrenalin nicht beteiligt ist, da Fusarsäure (ein Hemmer der Dopamin-β-Hydroxylase), die den Schritt vom Dopamin zum Noradrenalin blockiert, keine Besserung der Hyperkinesien bringt. Nach unserer Erfahrung hat eine Stimulierung des noradrenergen Systems wie beim Tremor so auch bei den Hyperkinesien eine verstärkte Wirkung. Sowohl bei Erregung als auch bei Parnate® und auch bei aktivierenden Antidepressiva (Alival®) kommt es zu einer Verstärkung des Tremors und der Hyperkinesien.

Wie im folgenden Abschnitt über den Verlauf berichtet wird, treten bei den benignen Fällen die Hyperkinesien viel später auf als bei den malignen.

Das bedeutet, je früher Nebenwirkungen auftreten, um so früher ist das ZNS funktionell oder strukturell geschädigt. Daher ist es nicht mehr in der Lage, durch Feedback-Mechanismen die biochemische Balance wiederherzustellen. Die Strukturläsionen, die bei Tardiv-Dyskinesien im Striatum (*Groß* und *Kaltenbeck* 1968) und in der Substantia nigra (*Christensen et al.* 1970) gefunden wurden, sind sicher so zu interpretieren, daß eine langdauernde neuroleptische Behandlung letztlich zu Strukturläsionen führt. Während bei den initialen funktionellen Balancestörungen Cholininfusionen (*Growdon et al.* 1977) erfolgreich sein können, ist später bei eingetretenen Strukturläsionen eine Feedback-Korrektur nicht mehr möglich. Sicher ist jedenfalls, daß eine hohe Dopa-Dosierung den Prozeß der Krankheit fördert und früher zu Nebenwirkungen führt. *Fischer et al.* (1978) haben gezeigt, daß Madopar 125 seltener zu Hyperkinesien führt als Madopar 250. Eine niedrige Dosierung hat zweifellos eine neuronenprotektive Wirkung.

Hyperkinesien im Schultergürtel oder torsionsdystone Krämpfe sind meist so schmerzhaft, daß eine Reduktion der Dopa-Dosis erforderlich ist. Desgleichen sind Hyperkinesien der Atmungsmuskulatur für den Patienten sehr beschwerlich. Die Atmung verliert ihren natürlichen Rhythmus, keuchende, stöhnende Atemgeräusche werden nach der Schablone von kardialen Extrasystolen produziert. Die Kranken kommen durch diese Tachypnoe in eine maßlose Erregung mit Schweißausbrüchen und sind oft nur durch ein Neuroleptikum zu dämpfen (Leponex zweimal 25 mg täglich). Die Akzentuierung der hyperkinetischen Unruhebewegungen durch Affektreize kann durch Tranquilizer, etwa Valium® (2 mg dreimal täglich), Lexotanil® (zweimal 3 mg täglich), Tavor® (Temesta®) (1 mg dreimal täglich), restringiert werden, ohne daß eine Akinesie auftritt. Neuroleptische Drogen (Haloperidol sowie Tiaprid) führen gleichfalls zu einer Sedierung der Hyperkinesien, aber natürlich kann die Akinesie wieder auftreten. Bei den meisten Patienten tritt die Hyperkinesie am Höhepunkt der Dopa-Wirkung auf. Bei den wenigen Patienten, bei denen die Hyperkinesie als „End of dose"-Symptom auftritt, führt eine rechtzeitige Dopa-Medikation zur Beseitigung. Die Richtschnur der Therapie ergibt sich aus der Toleranz des Patienten. Nimmt er orale Hyperkinesien bei erhaltener Beweglichkeit der Beine in Kauf, dann soll man die höhere Dosierung belassen. Die für den Patienten so wichtige Selbstversorgung (Self care) wird durch eine Dosisreduktion oft entscheidend verschlechtert. Je früher Hyperkinesien auftreten, um so maligner ist der Verlauf, und um so niedriger muß Dopa dosiert werden.

Streckspasmen

Streckkrämpfe treten meist in den unteren Extremitäten auf. Sie sind schmerzhaft und stören besonders die Nachtruhe. Sie blockieren die aktive Beweglichkeit. Wenn die Streckung auch auf die Zehen übergreift, ist ein Gehen völlig unmöglich. Seltener treten solche Streckspasmen morgens vor der ersten Dosis auf. Die große Zehe ist dabei oft so stark plantar flektiert, daß die Orthopäden dazu verleitet werden, eine Sehnentransplantation zu machen. Solche Operationen sind natürlich nutzlos, weil sie das tonische Gleichgewicht nicht herstellen können. *Ward* (1968) und *Fahn* (1974) führen diese Krämpfe auf eine Balanceverschiebung zwischen α- und γ-Aktivität zurück. Eine zu hohe Dopa-Dosierung löst eine γ-Überaktivität aus und führt zu Streckspasmen. Nächtliche Krämpfe können oft nach kurzer Zeit durch spontane Bewegungen im Bett oder – wenn möglich – durch Herumgehen beseitigt werden. Bei Persistieren dieser Streckkrämpfe läßt man die abendliche Dopa-Dosis weg und verabreicht Valium® (5 mg) oder Tavor® (Temesta®), 1,0 mg. Wegen morgendlicher Streckkrämpfe ist es zweckmäßig, den Patienten während der Nacht Madopar® 125 oder ½ Tablette Nacom® (Sinemet®) zu geben. Die Krämpfe treten in der gleichen Zeit wie die Hyperkinesien auf (zwischen 3. und 9. Jahr der Dopa-Therapie). Sie sind aber seltener (7%) und sind leichter zu kompensieren.

Schlafstörungen

Sie gehören zu den häufigsten Nebenwirkungen der Dopa-Therapie. In unserer Zusammenstellung scheinen sie bei 8,5% der behandelten Patienten auf. Man muß aber die 15% Depressionen und die 19% der Dopa-Psychosen dazurechnen, da bei beiden psychischen Dekompensationen Schlafstörungen vorkommen. Meist ist die Schlafstörung kombiniert mit lebhaften Träumen (Vivid dreams) und Angst. Der Trauminhalt ist meist agitiert, was mit einer Zunahme der REM-Phasen korreliert. Die Therapie dieser Nebenwirkung ist problemlos; häufig genügt es, die abendliche Dopa-Dosierung wegzulassen. Sonst geben wir abends 0,5–1,0 g L-Tryptophan. Eine schlaffördernde Wirkung kommt nur zustande, wenn gleichzeitig Benserazid als Hemmer der Dekarboxylase und Tryptophan-2,3-Dioxygenase gegeben wird. Eine Kombination mit Hemmern der Tryptophan-2,3-Dioxygenase hat sich bewährt, da die durch L-Tryptophan bedingte Induzierung des Enzyms, welches im Gesamtorganismus mehr als 90% der Aminosäure abbaut, blockiert wird. Tryptophan ohne Benserazid fördert die Verdauung, erniedrigt den Blutdruck. Ein Zusatz des peripher wirkenden Dekarboxylasehemmers verhindert die Synthese von Serotonin in der Peripherie und bewirkt eine Stimulierung des serotonergen Systems im Hirnstamm, damit Beruhigung und Schlaf. Bei älteren Patienten sieht man gelegentlich am nächsten Tag einen leichten Hang-over. Echte Schlafmittel sind – unserer Erfahrung nach – kontraindiziert, da sie die motorische Leistungsfähigkeit am nächsten Tag sehr beeinträchtigen.

Depressionen

Diese treten schon Jahre vor den ersten Parkinson-Symptomen in Erscheinung. Im Verlauf der Krankheit kommt es aber immer wieder zu depressiven Phasen, die gelegentlich durch die Dopa-Therapie ausgelöst sein können. Man merkt das Auftreten von Depressionen sofort, wenn der Patient trotz guter motorischer Leistung klaghaft wird und über Schlaflosigkeit, Appetitlosigkeit, Lustlosigkeit, Freudlosigkeit, Interesselosigkeit, Antriebslosigkeit, Entschlußlosigkeit berichtet. Eine abendliche Remission wirkt sich nicht nur in einer Stimmungsaufhellung, sondern auch in einer Verbesserung der motorischen Leistung aus. Die Therapie ist schablonenhaft einfach: morgens ein antriebssteigerndes Antidepressivum, wie Alival® (50 mg), Tofranil® (25 mg), Nortrilen® (25 mg), und abends Tryptizol® (25 mg), Saroten® (25 mg), Ludiomil® (50 mg). Diese Medikation wird monatelang beibehalten. Es gibt immer wieder Patienten, die Jahre hindurch diese Medikation konsumieren und nach Absetzen eines dieser Medikamente sofort über irgendwelche Störungen klagen. Die einzige Komplikation, die bei Depressionen im Rahmen der Parkinson-Krankheit öfters aufscheint, besteht in kardialen Beschwerden wie Herzklopfen, Pulsarrhythmien, Alpträume. Eine andauernde antidepressive Medikation hat wohl keine direkte Verbesserung der Motorik zur Folge, die Wirkung beruht auf einer chemischen Balancierung. Das heißt, während einer Dopa-Therapie verhindern Antidepressiva einerseits eine Verdrängung von Serotonin, andererseits wird eine noradrenergische Stimulierung mit Angst, Unruhe, Agitiertheit durch eine Tryptizol- oder Saroten-Dosis verhindert. Während verschiedene Autoren in früheren Jahren über Besserungen von Depressionen durch L-Dopa berichtet haben (*Ingvarsson* 1965, *Matussek et al.* 1970, *Goodwin et al.* 1970), haben wir keine echten Remissionen erzielen können (*Birkmayer et al.* 1972). Natürlich kann man eine Antriebssteigerung beobachten, aber keine Aufhellung der vitalen Unlust (*Mars* 1974, *Markham et al.* 1974). Gerade diese vitale Unlust ist ein kritisches Detail der Depression. Nach unserer Meinung wird sie durch einen Balanceverlust der verschiedenen biogenen Amine in verschiedenen Kerngebieten des Hirnstamms ausgelöst. Es ist ohne weiteres vorstellbar, daß eine Dopa-Medikation im Rahmen der Parkinson-Krankheit zu einer „kernspezifischen Imbalance" verschiedener anderer Transmittersubstanzen führt (*Birkmayer et al.* 1977a, 1979a). Der therapeutische Trend zur Wiederherstellung der biochemischen Balance ist daher nicht durch eine einseitige Dopa- oder Tryptophan-Medikation, sondern nur durch antidepressive Drogen zu verwirklichen.

Diese uniforme Hypothese der Depression (*Riederer* und *Birkmayer* 1980) schließt sowohl die Dopamin-, Noradrenalin- als auch die Serotonin-Hypothese ein. Letztere Konzepte erfahren durch neuere Untersuchungen eine Verknüpfung in dem Sinn, als Herabregulierungen vor β-Rezeptoren durch Antidepressiva nur bei intaktem, serotonergem System möglich ist (*Sulser* 1983). Noradrenerge und serotonerge Rezeptoren dürften daher bei Aminmangelsyndromen involviert sein und bei Therapieeinfluß herabreguliert werden. Ebenso wurden die anticholinergen Eigenschaften von Antidepressiva für den therapeutischen Effekt dieser Medikation verantwortlich gemacht. D2-Rezeptoren sind im Putamen von endogenen Depressiven ohne Therapie und nach antidepressiver Therapie einschließlich Neuroleptika nicht signifikant verändert (*Riederer et al.* 1984).

Es ist vorstellbar, daß auch Depressionen im Rahmen der Parkinson-Symptomatik als Aminmangelsyndrome einerseits zum Symptomkreis zählen können, andererseits aber als Nebeneffekte der Therapie möglich zu sein scheinen. Antidepressive Therapie als Begleittherapie der Grundkrankheit ist bei Vorliegen entsprechender Symptomatik erforderlich.

Pharmakotoxische Psychosen

Die beängstigendsten Nebenwirkungen am Beginn der Dopa-Ära waren zweifellos die psychotischen Dekompensationen. Erscheinungsmäßig sind sie als exogene Reaktionstypen zu klassifizieren. Wie angeführt, konnten wir sie erstmals im Verlauf einer Kombinationsbehandlung von L-Dopa plus verschiedenen MAO-Hemmern beschreiben (*Birkmayer* 1966). *Cotzias* berichtete 1969 über die gleichen Symptome und bezeichnete das Phänomen als „toxisches Delir". Wir glauben, daß die Bezeichnung „Dopa-Psychose" zweckmäßiger ist, da es sich um einen psychotischen Zustand handelt, der kausal durch Dopa ausgelöst wird. Dopa kann man nicht als toxische Substanz bezeichnen und daher auch nicht von einem toxischen Delir sprechen. Bei gesunden Personen löst Dopa nie Psychosen aus. Dopa ist außerdem eine physiologische „Spuren"-Aminosäure.

Biochemische Aspekte der Dopa-Psychosen

Aus Tab. 35 ist ersichtlich, daß der Anteil an Dopa-Psychosen 19% der gesamten Patienten beträgt.

Zwei Fragen sind entscheidend:
1. Welche biochemischen Mechanismen sind für das Auftreten verantwortlich?
2. Welche Gehirnregionen lösen die Psychosen aus?

L-Dopa ist die einzige Aminosäure, von der bekannt ist, daß sie unter bestimmten Bedingungen Psychosen auslöst. Eine wie immer geartete Bereitschaft muß allerdings vorhanden sein, da Kontrollpersonen bei der Einnahme von L-Dopa nie über psychotische Wirkungen berichtet haben (*Rüther* und *Binding* 1978). Ein wesentlicher Punkt scheint also der zu sein, daß die Degeneration der dopaminergen nigro-striären Bahn die L-Dopa-Psychose auslöst. Dasselbe gilt auch für die durch Amphetamin, trizyklische Antidepressiva, Anticholinergika und Amantadin auslösbaren toxischen Psychosen. Diese Substanzen lösen bei der Parkinson-Krankheit leichter als bei anderen Erkrankungen Psychosen aus. Die L-Dopa-Psychosen treten bei einem benignen Krankheitsverlauf erst im späteren Verlauf der Krankheit auf. Das Auftreten von L-Dopa-Psychosen ist daher von der Speicherfähigkeit präsynaptischer Neuronen bzw. von einer veränderten Stimulierbarkeit postsynaptischer neuronaler Systeme abhängig. Bei einigen wenigen Patienten, die während einer Dopa-Psychose verstarben, konnten wir postmortale Untersuchungen einiger Gehirnregionen vornehmen. Schon vorher hatten wir bei Untersuchungen der Zerebrospinal-Flüssigkeit festgestellt, daß der Metabolit des Serotonins, die 5-Hydroxyindolessigsäure, während einer akuten Phase der Psychose von durch-

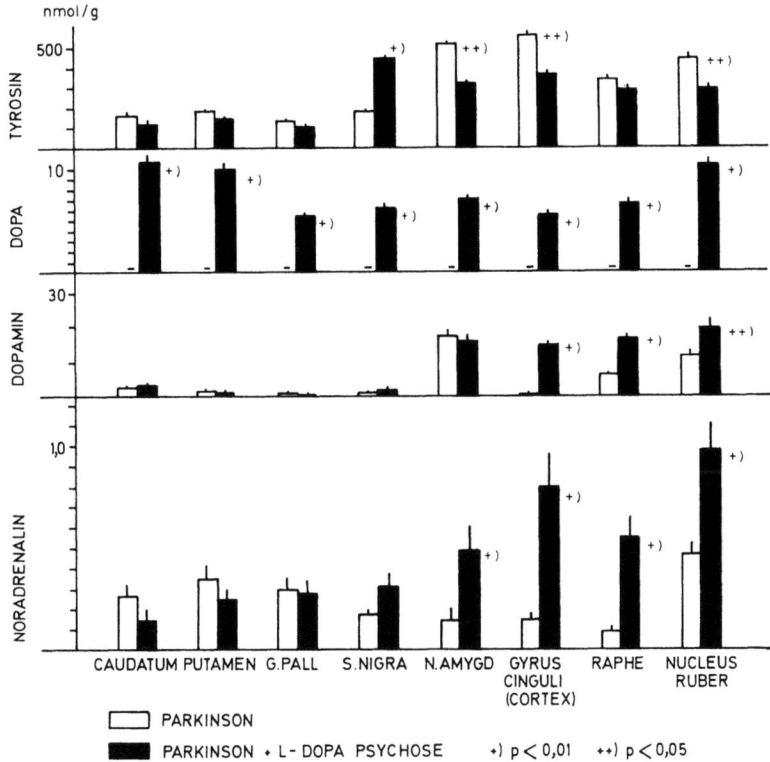

Abb. 51. Dopamin- und Noradrenalin-Gehalt bei Dopa-Psychosen. Dopamin ist im Gyrus cinguli, in der Raphe und im Nucleus ruber der psychotischen Patienten erhöht. Noradrenalin ist in der Substantia nigra, im Nucleus amygdalae, im Gyrus cinguli, in der Raphe und im Nucleus ruber erhöht

schnittlich 22,5 ng/ml auf 61 ng/ml anstieg. Da die Patienten mit Dopa behandelt worden waren, konnte angenommen werden, daß eine dopaminerg-serotonerge Wechselwirkung besteht. L-Dopa-Gaben führen zu einem Anstieg von Dopa im Gehirn (Abb. 51), während Tryptophan abnimmt (Abb. 52). Ist ein Großteil der dopaminergen Neuronen degeneriert, kann Dopa in intakten dopaminergen Neuronen nur noch zu einem geringen Teil in Dopamin umgewandelt werden. Da auch die Speicherkapazität für Dopamin mit zunehmender Krankheitsdauer abnimmt, führt ein Überschuß an Dopa in anderen, unphysiologischen Speichern zu einer Umwandlung in Dopamin. Die Speicherung von Dopamin, z. B. in serotonergen Neuronen, könnte zu einer Freisetzung von Serotonin führen, wobei Dopamin am serotonergen Rezeptor zur Wirkung kommen könnte. Es besteht auch die Möglichkeit, daß die psychotische Reaktion durch die im extraneuronalen System augenscheinliche Erhöhung von Dopamin oder Noradrenalin (Abb. 51) an spezifischen dopaminergen bzw. noradrenergen postsynaptischen Rezeptoren ausgelöst wird und die nachgewiesene Konzentrationserhöhung von Serotonin und 5-HIES (Abb. 52) nur als kompensatorischer Hemm-Mechanismus der Psychose in Betracht zu ziehen ist. Ein pathophysiologischer Zusammenhang kann auch darin gesehen werden,

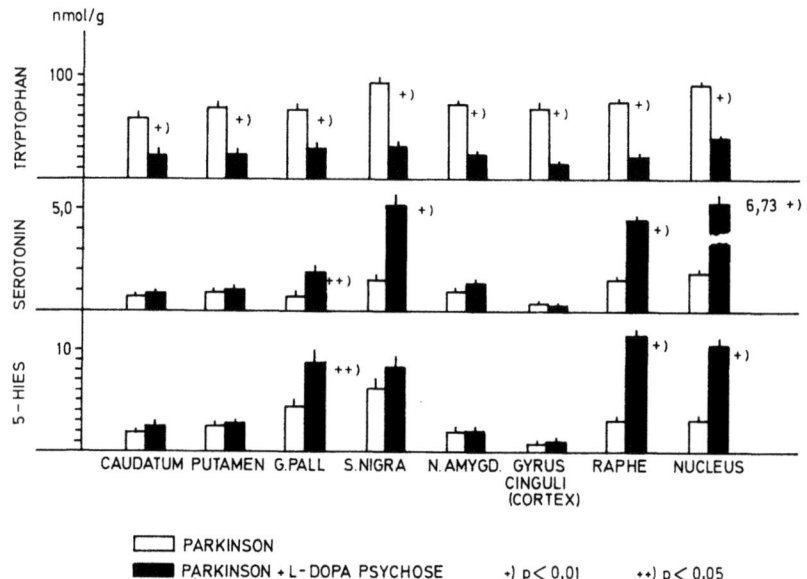

Abb. 52. Serotonin-Gehalt in verschiedenen Hirnregionen bei verstorbenen Parkinson-Patienten mit Dopa-Psychosen. Serotonin ist bei den Psychosen im Pallidum, in der Substantia nigra, in der Raphe und im Nucleus ruber erhöht. In denselben Regionen ist auch 5-Hydroxyindolessigsäure erhöht, was einen gesteigerten Turnover anzeigt

daß Tryptophan-Gaben imstande sind, leichte Fälle von Dopa-Psychosen zu bessern. Das heißt: Dopa-Psychosen am Beginn sind durch Tryptophan-Medikation sehr gut zu neutralisieren (*Birkmayer* und *Neumayer* 1972). In Terminalphasen, wo durch eine leichte Überdosierung von L-Dopa schon Psychosen auslösbar sind, nützen Tryptophan-Substitutionen nichts mehr. Da Tryptophan die bessere Affinität zu serotonergen neuronalen Systemen hat, verdrängt es das Dopa aus dem falschen Neuron. Andererseits kann Tryptophan schon an der Blut-Hirn-Schranke die Aufnahme von Dopa in das Gehirn reduzieren.

Da, wie an anderer Stelle (Dopamin-Agonisten) ausgeführt ist, die postsynaptisch lokalisierten Rezeptoren des dopaminergen Systems während des Krankheitsverlaufs in ihrer Funktionstüchtigkeit variieren, ist die Möglichkeit einer direkten Beteiligung des nigro-striären Dopamin-Systems am psychotischen Verhalten nicht wahrscheinlich. Dopa ist sicher der Trigger der Psychose, da ein Absetzen der Aminosäure auch die Symptome der Psychose zum Verschwinden bringt (Übersicht bei *Birkmayer et al.* 1974a, *Birkmayer* und *Riederer* 1975a).

Der Anstieg von Serotonin und 5-HIAA bei gleichzeitiger Steigerung des Turnovers in Raphe und Nucleus ruber ist von speziellem Interesse. Der Nucleus ruber wird als Zentrum der Motorintegration beschrieben. *Ward* (1968) beschreibt funktionelle Verbindungen des Nucleus ruber mit der Formatio reticularis, *Olszewski* und *Baxter* (1954) jene mit der Substantia nigra. Damit werden Zusammenhänge zwischen Haltung und Bewußtseinszustand offensichtlich. Die Konfusion kann als Fehlsteuerung des retikulären Systems betrachtet werden. Außerdem weist der Anteil von Dopamin, Noradrenalin und 5-HT im Nucleus ruber darauf hin, daß dieser Kern mehr Funktionen hat als nur die Regulation des aufrechten Standes.

Klinisch unterscheiden wir Prodrome mit Schlaflosigkeit, lebhaften Träumen, Alpträumen, Agitiertheit, Alarmstimmung (Alerting), Angst und psychotische Symptome wie Konfusionen, Delirien, Wahnideen, meist paranoiden Inhalts, und Halluzinationen, fast durchwegs optisch. Aus Tab. 35 ist ersichtlich, daß solche psychotischen Phasen ab dem dritten Therapiejahr auftreten, nach 5 Jahren sind 7% der behandelten Patienten davon betroffen. Insgesamt waren es 19% (das wären etwa 170 Patienten aus der Summe der erfaßten 1414).

Wie erwähnt, konnten wir während der psychotischen Phase der Patienten im Liquor cerebrospinalis einen Anstieg der 5-HIES und ein Absinken der HVS feststellen. Das war die Grundlage zur Verabreichung von L-Tryptophan (*Birkmayer* und *Neumayer* 1972). Die Dosis schwankt je nach der Intensität der psychotischen Symptome (dreimal) 250 mg bis sechsmal 500 mg täglich). Trotz Beibehaltung der Dopa-Medikation verschwinden die psychotischen Symptome (*Birkmayer* und *Neumayer* 1972; nach W. *Walcher* können Dopa-Psychosen mit dreimal 5 g pro Tag Tryptophan gut behandelt werden). Bei hochgradiger Verwirrtheit mit motorischer Unruhe gaben wir 50 mg 5-HTP i.v. (ein- bis zweimal täglich) und konnten fast sofort eine Beruhigung erzielen. Zuerst verschwinden die Halluzinationen, dann die Wahnideen, die Konfusion zuletzt. Eine Verwirrtheit mit motorischer Unruhe kommt fast immer zur Remission, während die stille Verwirrtheit, wie wir sie von der organischen Demenz kennen, fast nie gebessert werden konnte. Zu dieser Gruppe gehören die 3,5% der Non responders.

194 Therapie

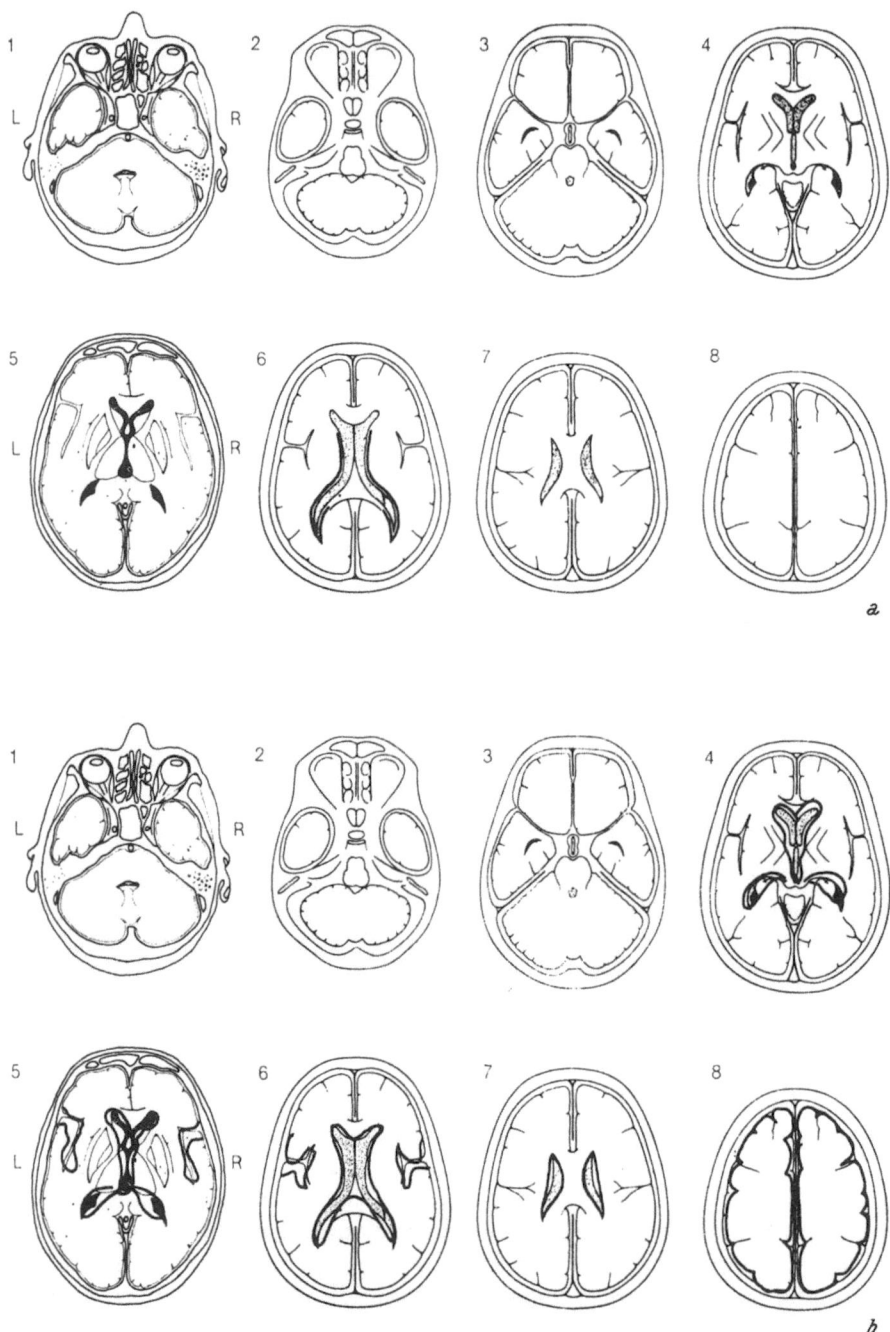

Bei diesen Non responders besteht meist ein hirnatrophischer Prozeß (CT) (Abb. 53), ein pathologisches EEG (*Danielczyk* 1978) bzw. ein hirnorganisches Psychosyndrom (*Jörg* und *Kleine* 1979). Das heißt: Bei zusätzlichen Funktions- und Strukturläsionen treten psychotische Nebenwirkungen verstärkt in Erscheinung. Diese sind durch balancierende Medikation von L-Tryptophan oder 5-Hydroxytryptophan nicht zu korrigieren, da zu einer korrigierenden Substitutionstherapie intakte Neuronen erforderlich sind. Bei diesen Terminalphasen hat nach *Gehlen* und *Müller* (1974) Leponex® eine antipsychotische Wirkung, ohne Verstärkung der Akinesie. Wir können das bestätigen, denn auch Reserpin bewirkt bei schweren Parkinson-Fällen keine Verschlechterung der Akinesie, da keine entleerbaren dopaminergen Neuronen vorhanden sind. Bei leichten bis mittelschweren Parkinson-Fällen (Disability 30–40) verursachen aber sowohl Leponex als auch andere Neuroleptika eine wesentliche Beeinträchtigung der motorischen Aktivität (*Birkmayer* 1966).

Bei den remittierten Patienten behalten wir eine reduzierte Tryptophan-Medikation bei und geben meist 125 mg dreimal täglich. Nach Abklingen der psychotischen Phase normalisieren sich die Metabolitwerte im Liquor. Die HVS steigt an, und die 5-HIES sinkt ab.

Gerade diese Ergebnisse haben uns zur Hypothese von der ,,Balance der biogenen Amine" als Voraussetzung für das normale menschliche Verhalten angeregt. Auffallend ist, daß fast alle Antiparkinsonmedikamente beim Parkinson eine Psychose auslösen können. Am anfälligsten sind Patienten, die mit Umprel® behandelt werden, danach kommen die Dopa-Patienten, ferner Amantadin, aber auch alle anticholinergischen Medikamente kommen gelegentlich als Auslöser von Psychosen in Betracht. Bei Patienten, die mit Dopa plus Amantadin plus Artane behandelt werden, treten gelegentlich nächtliche Konfusionen mit Halluzinationen auf. Schon das Absetzen von Artane allein bringt die psychotischen Symptome zum Verschwinden. Die Enzymopathie des Parkinson-Kranken verursacht eine Kompensationsschwäche für alle biochemischen Entgleisungen. Biochemische Dekom-

---

Abb. 53. Es sollen zwei charakteristische CTs bei Parkinson-Krankheit angeführt werden. *a* Patient R. H., weiblich, 60 Jahre alt, Krankheitsbeginn: 1960. Diagnose: M. Parkinson (benigne Form), CT 2461/79. Beurteilung: Mittelständig verplumptes Ventrikularsystem, einem Zella-media-Index von 3,9 entsprechend. Etwas vermehrte kortikale Atrophie, vor allem im Interhemisphärenspalt, der durchschnittlich 7 mm breit ist. Verplumpung beider Zist. silvii. Kein Anhaltspunkt für einen raumfordernden Prozeß. *b* Patient K. K., weiblich, 78 Jahre alt, Krankheitsbeginn: 1976. Diagnose: M. Parkinson (maligne Form), CT 2486/79. Beurteilung: Ausgeprägte Hirnatrophie mit deutlicher Erweiterung der oberflächlichen Sulci (Verbund der Konturen) und Verbreiterung der Ventrikelsysteme und der basalen Zisternen. (*Fochem, K., Seemann, D.,* 1979)

Sucht

Sucht, Drogenabhängigkeit und Entzugssymptome werden bei der Parkinson-Krankheit selten beobachtet. Patienten mit Alkoholismus haben wir kaum gesehen, ebenso nicht solche mit Nikotinabhängigkeit. Ob diese Eigenschaften der Patienten dem Persönlichkeitstyp allein zuzuordnen sind (*Poewe et al.* 1983) oder ob die neuronale Rezeptorfluidität dafür verantwortlich ist, kann derzeit nicht eindeutig entschieden werden. Veränderungen der Rezeptormembranen nach Alkohol und davon abhängig Sucht und Entzugssymptome sind experimentell gut gestützt (siehe dazu *Riederer et al.* 1985b). Selbst Amphetamin-Gaben führen nicht zu Entzugssymptomen oder dem Wunsch, die Dosis zu steigern. Durch die degenerativen Veränderungen bedingt, könnten Rezeptormembranen eventuell unempfindlicher für derartige Stimuli werden. Die Parkinson-Krankheit stellt damit ein Modell auch zur Erforschung der biologischen Phänomene der Sucht dar.

Behandlung der Nebenwirkungen

	In der Praxis	In der Klinik
Pharmakotoxische Psychosen	**Leponex®** 3 mal täglich 25 mg oder **Buronil®** 3 mal täglich 50 mg oder **Cisordinol®** 25 - 50 mg i.m. abends	wie nebenstehend oder **L-Tryptophan** 3 mal täglich 500 mg bei Halluzinationen: **5-Hydroxytryptophan** (5-HTP) 50 mg i.v.
Schlafstörungen	**Temesta®** (Tavor® in der BRD) 1 - 2,5 mg abends oder **Rohypnol®** 2 mg abends	wie nebenstehend oder **L-Tryptophan** 500 - 1000 mg abends
Streckkrämpfe	**Valium®** 5 mg abends oder **Lexotanil®** 3 mal täglich 1 Tablette oder **Temesta®** 3 mal täglich 1 mg (in der BRD: Tavor®)	**Valium®** 5 mg oder **Lexotanil®** 3 mal täglich 1 Tablette oder **Temesta®** 3 mal täglich 1 mg
Gastrointestinale Erscheinungen (Übelkeit, Erbrechen)	**Paspertin®** 2 mal täglich 10 mg oder **Torecan®** 3 mal täglich 6,5 mg	wie nebenstehend oder **Benserazid** 2 mal täglich 50 mg oder **Carbidopa** 2 mal täglich 25 mg bei Schleimhautblutungen: **L-Tryptophan** 3 mal täglich 250 mg
Hyperkinesien	**Haldol®** 3 mal täglich 2 mg	**Haldol®** 3 mal täglich 2 mg oder **Tiaprid** 3 mal täglich ¼ - ½ Tablette in der BRD: **Tiapridex®**
Orthostatische Hypotension	**Dihydergot®** 2 - 4 Tabletten zu 2,5 mg tägl. oder **Amphodyn®** retard 2 - 3 Kapseln täglich oder **Hypodyn®** 2 - 3 Manteltabletten täglich	wie nebenstehend oder **DOPS Kapseln** (Dihydroxyphenylserin) 300 - 600 mg/die oder i.v. Infusion 1000 mg täglich

Krankheitsverlauf

Im allgemeinen zeigt die Erkrankung bei Patienten mit vorherrschendem Tremor eine günstigere Verlaufsform als bei solchen mit vorherrschender Akinesie. Patienten, die zusätzlich eine Hirnatrophie aufweisen, was primär mit einer geringeren Ansprechbarkeit auf die Dopa-Behandlung einhergeht, haben durchwegs eine schlechte Prognose (*Birkmayer et al.* 1979b, *Danielczyk et al.* 1980).

Dem Krankheitsverlauf nach kann man benigne und maligne Verlaufsformen unterscheiden. Aus Tab. 36 ist ersichtlich, daß die Benignität nicht vom Alter abhängig ist, da es eine Gruppe benigner Fälle gibt, deren Krankheitsbeginn vom 56. bis zum 67. Lebensjahr schwankt. Die malignen Fälle zeigen einen Krankheitsbeginn um das 68. Jahr. Das Alter des Auftretens ist somit kein Kriterium für Gut- oder Bösartigkeit, wohl aber die Krankheitsdauer. Die gutartigen Fälle haben eine durchschnittliche Krankheitsdauer von 12 Jahren, die bösartigen von 4 Jahren. Es gibt demnach Patienten, bei denen die progressive Degeneration rasch, und solche, bei denen sie langsam fortschreitet. Aus der Krankheitsdauer kann man allerdings erst retrospektiv ersehen, ob Benignität oder Malignität vorgelegen hat. Es gibt aber Verlaufskriterien, aus denen schon früher ersichtlich ist, ob eine gutartige oder bösartige Verlaufsform vorliegt. Abb. 54 zeigt den therapeutischen Effekt bei den verschiedenen Verlaufstypen. Die benignen Verlaufsformen zeigen in den ersten 2 Jahren eine Besserung um 40%, und erst nach 9 Jahren der Behandlung ist der Ausgangswert der Disability erreicht. Die malignen Fälle zeigen nur eine 14%ige Besserung, die nach 3 Jahren schon wieder

Tabelle 36. *Unterschiede zwischen benignem und malignem Typ bei der Parkinson-Krankheit*

Klinische Parameter	I benigner Typ (39)	II benigner Typ (10)	maligner Typ (20)
Alter (Jahre)	63,85 ± 1,38	77,7 ± 1,22	71,4 ± 1,19+
Geschlecht	17 ♀, 22 ♂	5 ♀, 5 ♂	12 ♀, 8 ♂
Beginn der Krankheit (Alter)	56,7 ± 1,25	67,0 ± 1,63	68,0 ± 1,11++
Dauer der Krankheit (Jahre)	12,51 ± 0,44	12,7 ± 0,45	4,0 ± 0,28++*

Aus: *Birkmayer et al.*, Clin. Neurol. Neurosurg. *81*, 158–164 (1979b).

aufgehoben ist, das heißt, die gutartigen Verlaufsformen verfügen lange Zeit über intakte Dopamin-Neuronen, denn nur in diesen ist die Synthese von Dopa zu Dopamin möglich. Gesunde Erwachsene haben im Schnitt 150000 Nigra-Zellen, Parkinson-Kranke nur 60000. Die Non responders der Dopa-Therapie sind somit Fälle, die über eine unzureichende Zahl von dopaminbildenden Neuronen verfügen. Daher der geringe und nur kurz dauernde Bewegungseffekt. Aus dem guten Ansprechen der Patienten auf die Dopa-Medikation kann man demnach eine Prognose stellen über den Verlauf. Das kann für den Patienten und für die Angehörigen eine psychische Hilfe bedeuten.

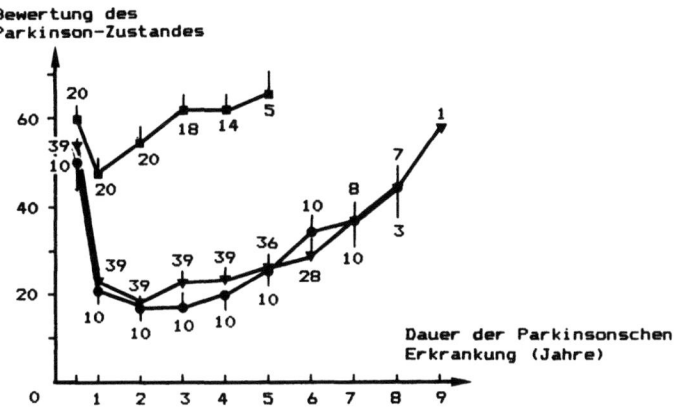

Abb. 54. Benigne und maligne Parkinson-Kranke in bezug auf ihr günstiges Ansprechen auf die Dopa-Therapie und auf die Dauer der Besserung. Benigne Fälle zeigen eine 40%ige Besserung, die erst nach 9 Jahren eine Annäherung an die Ausgangslage erreicht. Maligne Fälle zeigen nur eine 14%ige Besserung, die nach 3 Jahren schon wieder die Ausgangslage erreicht hat

Ein weiteres Kriterium der Verlaufsform ist das Auftreten von Nebenwirkungen. Tab. 37 zeigt, daß bei den gutartigen Fällen Hyperkinesien zwischen dem 5. und 10. Jahr der Therapie auftreten, bei den malignen Fällen schon nach 2,5 Jahren Dopa-Medikation. Der defekte Feedback-Mechanismus, der bei einer striären Dopamin-Hyperaktivität eine cholinergische Aktivität nicht stimulieren kann, führt bei den malignen Verlaufsformen schon nach 2 Jahren zu Hyperkinesien. Die Ursache ist die Unfähigkeit, die verlorengegangene biochemische Balance wiederherzustellen.

Dopa-Psychosen traten bei den gutartigen Fällen ab dem 4. und 5. Behandlungsjahr auf, bei den bösartigen nach 2,6 Jahren. Da Dopa-Psychosen erst auftreten, wenn Dopa nicht mehr in den spezifischen dopaminergen Neuronen synthetisiert und gelagert werden kann, ist das frühe Auftreten von Psychosen ein Symptom einer vorzeitigen Degeneration der dopaminergen Neuronen.

In analoger Weise treten Off-Phasen bzw. akinetische Krisen bei den benignen Verlaufsformen nach 5–10 Jahren auf und bei den malignen schon nach 2,7 Jahren. Off-Phasen bzw. akinetische Krisen sind Symptome einer insuffizienten motorischen Leistungsfähigkeit, basierend auf einem Syntheseblock im dopaminergen Neuron. Das vorzeitige Auftreten zeigt, daß die spezifischen dopaminergen Neuronen nicht imstande sind, den physiologischen Bewegungstransmitter zu synthetisieren (*Birkmayer et al.* 1979b, *Danielczyk et al.* 1980).

Tabelle 37. *Nebenwirkungen bei Parkinson-Kranken (benign bzw. malign) nach Beginn der Madopar-Behandlung (Jahre)*

Nebenwirkungen	I benigner Typ (39)	%	II benigner Typ (10)	%	maligner Typ (20)	%
akinetische Krisen	5,5 ± 0,51 (14)	36	10 ± 1,0 (3)	30	3,20 ± 0,28 (14)	70
Off-Phasen	5,3 ± 0,56 (17)	44	9,6 ± 0,74 (5)	50	2,70 ± 0,20 (11)	55
Hyperkinesien	4,1 ± 0,30 (22)	56	10,6 ± 0,87 (5)	50	2,50 ± 0,5 (2)	10
L-Dopa-Psychosen	4,4 ± 0,70 (8)	21	5,3 ± 0,6 (3)	30	2,60 ± 0,37 (13)	65

In Klammern die Zahl der Patienten; Mittelwerte ± s.e.m.
Aus: *Birkmayer et al.*, Clin. Neurol. Neurosurg. 81, 158–164 (1979b).

Die intrazerebrale Dopaminverteilung kann heute bei Parkinson-Kranken durch den Einsatz der Positronen-Emissions-Tomographie unter Verwendung von [^{18}F-]6-Fluor-L-dopa verfolgt, das heißt durch ein bildgebendes Verfahren direkt dargestellt werden. Bei Hemiparkinsonismus ist die Verteilung von ^{18}F im Striatum auf der Seite der Parkinson-Symptomatik irregulär und speziell im Putamen auch auf der kontralateralen Seite verringert (*Garnett et al.* 1984; Abb. 55). Derartige Verfahren sind daher in der Lage, den Verlauf der Degeneration zu bestimmen, und geben somit wertvolle Hinweise für Diagnose, Prognose und Therapiemöglichkeiten.

Abb. 55. Positronen-Emissions-Tomographie auf der Ebene des Striatums. Die Bilder sind 1 Stunde nach einer intravenösen Verabreichung von 3,0 mCi [^{18}F-]6-Fluor-dopa aufgenommen. *A* Normale Kontrolle, bei welcher eine Akkumulation von ^{18}F im Nucleus caudatus und Putamen klar sichtbar ist. *B* Ein 50jähriger Patient mit Hemiparkinsonismus mit vorwiegend linksseitigem Tremor; die Akkumulation von ^{18}F ist im rechten Putamen merklich reduziert. In beiden Abbildungen ist die rechte Seite des Patienten durch die linke Seite der Abbildung repräsentiert (mit Erlaubnis von Dr. *E. S. Garnett;* siehe dazu *Garnett et al.* 1984)

Krankheitsverlauf

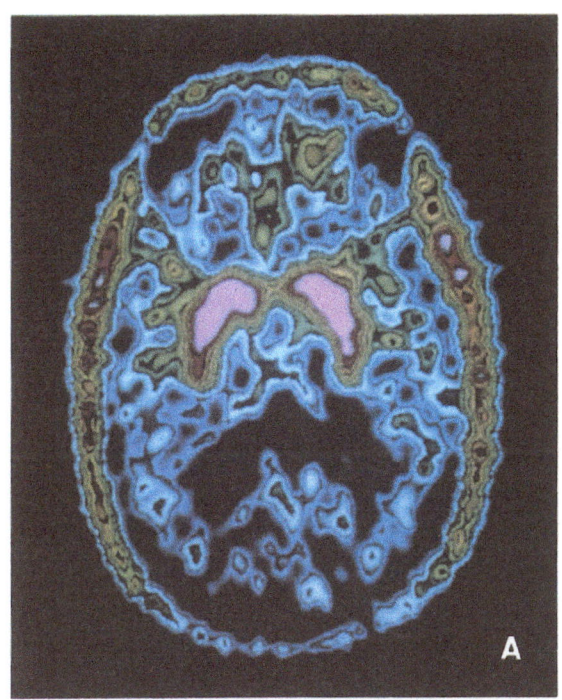

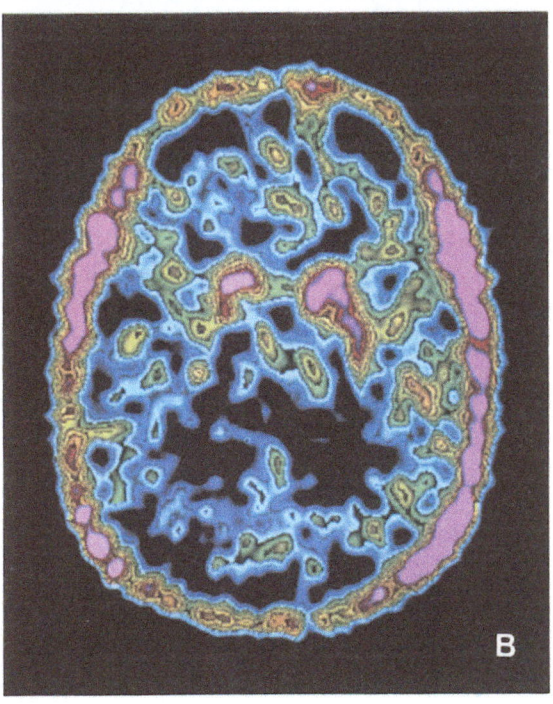

Abb. 56 zeigt, daß die Krankheitsdauer von 1256 mit Dopa behandelten Parkinson-Kranken und die von 188 ohne Dopa behandelten Patienten ungefähr gleich ist *(Birkmayer et al. 1974c).*

Man sieht eine normale Gauß-Verteilungskurve mit einem Gipfel der Todesfälle nach 8 Jahren Krankheitsdauer. Ein statistischer Vorteil der Dopa-Therapie zeigt sich nur in der Verhinderung der Todesfälle in den ersten Krankheitsjahren. Bei den Kranken ohne Dopa-Behandlung ist schon in den ersten 3 Krankheitsjahren ein Gipfel ersichtlich. Diese Ergebnisse wurden insofern bestätigt, als finnische Untersuchungen gleichfalls keine Verlängerung der Krankheitsdauer durch eine Dopa-Behandlung aufzeigten *(Martilla et al. 1977).*

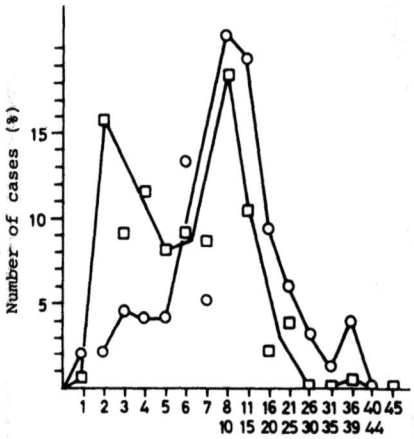

Abb. 56. Dauer der Parkinson-Krankheit mit (O; n = 1256) und ohne (□; n = 188) kombinierte L-Dopa-Therapie

Eine Berechnung von *Hoehn* und *Yahr* (1967) aus der Vor-Dopa-Ära in der Parkinson-Behandlung brachte eine Ratio von Beobachtungen an zu erwartenden Todesfällen von 2,9. Das heißt: Die Sterberate der Parkinson-Kranken war dreimal so hoch wie die einer ebenso alten, gleichgeschlechtlichen und rassisch gleichen Bevölkerungsgruppe. Eine Vergleichsstudie von *Diamond et al.* (1976) brachte das erstaunliche Ergebnis, daß die Lebenserwartung der mit Dopa behandelten Parkinson-Kranken mit der Lebenserwartung der normalen Vergleichsgruppe gleichgezogen hat. Ein Vergleich mit einer Multicenter-Studie (29 Untersucher), die mit der gleichen Methode wie die von *Hoehn* und *Yahr* Untersuchungen durchgeführt hat, ergab eine Ratio der beobachteten Parkinson-Todesfälle zu den zu erwartenden Todesfällen einer Vergleichsgruppe von 1,01 bei den Männern und 1,08 bei den Frauen. Das würde bedeuten, daß die mit Dopa behandelten Parkinson-Kranken die gleiche Lebenserwartung haben wie die Durchschnittsbevölkerung (*Charsam* und *Koch* 1978). *Barbeau* (1976a, b) und *Fischer et al.* (1978) ermittelten eine Verhältniszahl der Lebenserwartung der Parkinson-Kranken von 2,4 *(Barbeau)* und 2,33 *(Fischer)*, was nach unseren Erfahrungen eher der Wirklichkeit entsprechen dürfte. Der Tod trat bei 50% unserer Patienten durch Dekubital-Sepsis bei terminaler Akinesie ein.

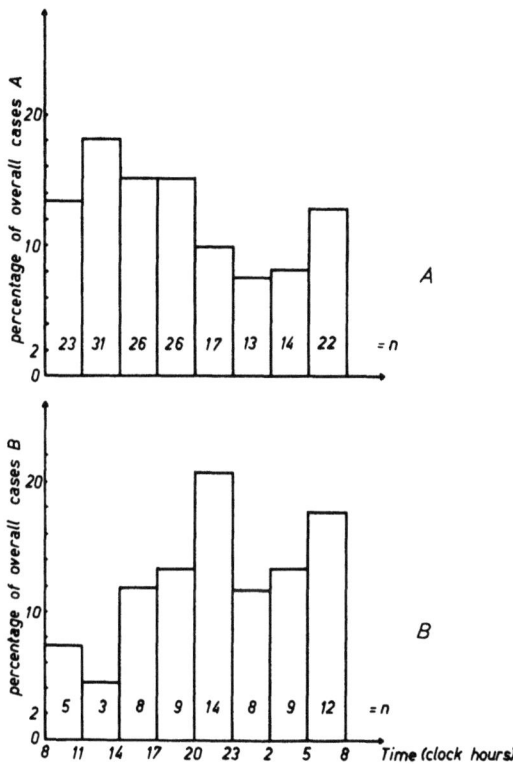

Abb. 57. Zirkadiane Rhythmik der Sterblichkeit bei neurologischen Erkrankungen. *A* Neurologische Erkrankungen mit Ausnahme des Parkinsonismus (n = 172), *B* Parkinson-Krankheit (n = 68). $\chi^2 = 22{,}14$; $p < 0{,}01$

Bei 28% konnte ein Kreislaufversagen angeschuldigt werden, bei 8% eine nicht beherrschbare Harnwegsinfektion, der Rest starb an Pneumonien. Ob Infekt oder Kreislaufversagen oder Harnwegsinfektion oder Dekubitus, immer trifft der Streß einen völlig widerstandslosen Organismus. Bei Pneumonien trat fast nie Fieber auf. Die Dekubital-Ulzera können durch verschiedene Therapien saubergehalten werden, sie zeigen aber nie Heilungstendenzen, wie man sie sonst bei den Dekubital-Ulzera beobachten kann. Bei den meisten Fällen ist es ein undramatisches Auslöschen der Lebensfunktionen.

Statistische Analysen über den Zeitpunkt des Todeseintritts von Parkinson-Kranken ergeben, daß im Gegensatz zu anderen neurologischen Erkrankungen die Todeszeit der Parkinson-Kranken überwiegend in den frühen Morgenstunden liegt (Abb. 57), also in einer parasympathischen Phase der Tagesrhythmik. Ein Nachlassen der Wirkung von L-Dopa während der Nacht unterstützt sicher das Überwiegen der morgendlichen parasympathischen Funktion (*Riederer* und *Wuketich* 1976).

Betrachtungen über das menschliche Verhalten

Der Terminus „Verhalten" schafft zwangsläufig eine Kommunikation zu *Konrad Lorenz* und seinem Lebenswerk. Wenn die Unsumme seiner Beobachtungen und die daraus abgeleiteten Schlüsse von ihm nur auf die animalische Welt bezogen wurde, so sieht man gerade als Psychiater, wie weit auch das menschliche Verhalten instinktgebunden ist. Eine Appetenz, ein Begehren, löst eine Handlungskette aus, die zur Befriedigung führt. Auch beim Menschen laufen solche Appetenzbefriedigungen nicht über die Denkhaube des Kortex, sondern beim Erwerb eines Territoriums, bei der oralen Sättigung, beim Erobern eines Sexualpartners, bei der Aggression ist auch der Mensch weitgehend von starren Instinktformeln geleitet.

Was ist ein Instinkt?

Jede Erfahrung wird in einem bestimmten Hirnteil als chemische Erinnerungsmatrize deponiert. Das führt im individuellen Leben dazu, daß dasjenige Lebewesen, das imstande ist, Erfahrungsmatrizen rascher und vollkommener in ein Handlungsschema zu konvertieren, größere Überlebenschancen hat. Ein Instinkt ist nun eine Erinnerungsmatrize aus früheren menschlichen und tierischen Lebenserfahrungen. Die Handlungskette ist so fix koordiniert, daß keine freie Entscheidung möglich ist. Solche Erinnerungsmatrizen sind sowohl aus dem individuellen Leben als auch aus dem archetypischen vormenschlichen Leben dann leichter zu ekphorieren, das heißt zum Auslöser einer Handlungskette zu machen, je affektbesetzter das Ereignis war, das zur Erinnerungsmatrize geführt hat.

Ein Kind, das sich stark die Hand verbrannt hat, wird im späteren Leben durch die Erinnerungsmatrize „Verbrennungsschmerz plus Angst" jedem Feuer aus dem Weg gehen. Als jugendlicher Bergsteiger wurde ich *(Birkmayer)* auf einer Bergtour von einem Blitz getroffen. Ein Gewitter löst bei mir heute noch – nach 50 Jahren – Angst und eine Notfallsreaktion (Emergency reaction) aus.

Diese skizzenartige Vorbemerkung soll zeigen, daß der Weg und die Resultate der Lorenz-Verhaltensforschung zwingend in den Hirnstammbereich führen. Einige wichtige Transmitter konnten in bestimmten Hirnregionen analysiert und ihr Vorhandensein zu bestimmten Verhaltensfunktionen korreliert werden.

Defektzustände dieser Transmittersubstanzen lösten klinische Defektmuster im motorischen Verhalten, im affektiv-emotionalen Befinden und in der Feedback-Regulation der vegetativen Funktionen aus.

Goethe hatte postuliert, eine Einzelbeobachtung eines naturwissenschaftlichen Phänomens sollte allgemeine Gültigkeit haben. Wenn man sich zu diesem Aperçu bekennt, dann ist man geneigt, die im Hirnstamm gefundenen biochemischen Fakten und die bei den spezifischen Krankheitsbildern (Parkinson, Depression) aufgedeckten biochemischen Störmuster als Modell des allgemeinen menschlichen Verhaltens anzusprechen. Unsere Gedankengänge wären etwa folgende:

Wenn ein Dopamin-Mangel im Striatum beim Parkinson-Kranken einen motorischen und emotionalen Antriebsmangel zur Folge hat, müßte man eigentlich auch bei antriebsschwachen, an sich gesunden Menschen einen analogen Defekt, allerdings quantitativ reduziert, annehmen. Wenn angenommen wurde, daß eine Hyperkinesie bei Parkinson-Kranken als Ausdruck einer gestörten Balance zwischen cholinergischer und dopaminergischer Aktivität im Striatum entsteht, dann scheint uns der Sprung zum „Zappelphilipp" als einem Menschen, der nie ruhig sitzen kann, nicht zu weit hergeholt. Das heißt: Motorische Zwangsbewegungen, vom Zappelphilipp bis zum Tic bzw. zum Syndrom von Gilles de la Tourette, sind scheinbar durch eine analoge Balancestörung zwischen cholinergischer und dopaminergischer Aktivität zugunsten der letzteren ausgelöst. Wenn schließlich gezeigt wurde, daß in verschiedenen Kernarealen des Hirnstamms bei der Depression ein Defizit bestimmter biogener Transmitter aufscheint, die zwingend für ein einzelnes Symptom verantwortlich gemacht werden können, wie der Serotonin-Mangel in der Formatio reticularis für die Schlaflosigkeit oder das Noradrenalin-Defizit im Nucleus ruber für die gebeugte Körperhaltung bzw. der striäre Dopamin-Mangel für die Antriebslosigkeit, dann ist es naheliegend, daß z. B. bei einer psychogen ausgelösten Schlaflosigkeit gleichfalls als biochemisches Defektsyndrom im Mittelhirn eine Balancestörung zwischen Serotonin und Noradrenalin (erhöhter Noradrenalin-Wert durch Streß) zur Ursache der Schlaflosigkeit gemacht werden kann. Eine besondere Streßsituation im beruflichen oder familiären Leben löst eine vermehrte Noradrenalin-Freisetzung aus. Dieser Transmitter ist der Auslöser der generellen Arousal reaction. Diese Noradrenalin-Aktivität führt zur Überwindung jeglicher Frustrationen und stellt damit das Adaptationspotential katexochen dar.

Ferner ist das biochemische Prinzip der Dopa-Psychosen Modell für eine Sonderform des Verrücktseins. Die Verdrängung oder Entleerung der Serotonin- bzw. der Noradrenalin-Neuronen durch Dopa, das infolge degenerierter dopaminerger Neuronen in falsche Neuronen aufgenommen wird, ist korreliert mit einem psychotischen Verhalten von der deliranten Verwirrtheit bis zu Halluzinationen und Wahnideen. Die enorm vermehrte Dopamin-Lagerung im Gyrus cinguli und in der Raphe läßt daran denken, daß extrasträre Balanceverschiebungen mit dem psychotischen Verhalten korrelierbar sind. Die therapeutischen Erfolge, die durch eine Tryptophan-Medikation, des Präkursors des Serotonins, zu erzielen sind, basieren auf einer Verdrängung von Dopa aus den für diese Aminosäure unspezifischen serotonergischen Neuronen. Gerade dieses Phänomen der gegenseitigen Verdrängung der biogenen Amine führte uns zur Hypothese der Balance der biogenen Amine als Voraussetzung für das normale menschliche Verhalten (*Birkmayer et al.* 1972). Daß in 6 Monaten mehr als 800 Sonderdrucke dieser Arbeit angefordert wurden, beweist zwar nicht die Richtigkeit unserer Deutung, sondern nur das enorme Interesse für diese Phänomene.

Schließlich besteht auch eine quantitative Verminderung der biogenen Transmitter (Dopamin, Noradrenalin, Serotonin) im Alter. Eine reduzierte Enzymaktivität führt zu diesem Mangelsyndrom. Die charakteristischen Altersbeschwerden: Antriebsmangel, Entschlußunfähigkeit, verringerte affektive und emotionale Anteilnahme, verkürzte Schlafzeit, unzureichende Verdauungstätigkeit, von der Appetitlosigkeit bis zur Obstipation, sind zwanglos auf die reduzierte Aktivität dieser biogenen Transmitter zu beziehen. Es fällt auch nicht schwer, die insuffiziente Motorik des alten Menschen als einen Dopamin-Mangel zu deuten.

Mit den aufgezählten Beispielen bewegen wir uns im Instinktbereich des Hirnstamms. Wieweit ist nun die kortikale Denkhaube des Menschen imstande, Fehlhaltungen des Hirnstamms zu korrigieren?

Kurz gesagt: sehr wenig.

Instinkthandlungen sind genetisch geprägte Formeln, die archetypische Erinnerungsengramme darstellen. Der Hirnstamm der Maus braucht – wie der Hirnstamm des Menschen – in Gefahrsituationen Noradrenalin, um durch die Aktivität dieses Transmitters eine Fight-and-flight-Reaktion auszulösen und damit zu überleben. Solche archetypischen Instinkthandlungen benötigen monoaminerge Lager (Stores) in den entsprechenden Nervenzellen.

Bei einer Freisetzung durchdringen die biogenen Amine die präsynaptische Membran, überwinden den synaptischen Spalt und kommunizieren mit einem spezifischen Rezeptor. Ein Reuptake führt die Amine wieder in die spezifischen präsynaptischen Neuronen. Durch Insuffizienz der synthetisierenden Enzyme (Tyrosin- bzw. Tryptophanhydroxylase) oder durch eine Überaktivität der metabolisierenden Enzyme (Monoaminoxidase bzw. Katechol-O-Methyltransferase) entstehen biochemische Defektmuster mit charakteristischen Verhaltensstörungen. Spezifische Enzymhemmer der Monoaminoxidase und der Dekarboxylase sind derzeit therapeutisch die wirksamsten Balancierungsdrogen.

Das Fließgleichgewicht dieser regulierenden Transmitter wird durch Feedback-Mechanismen aufrechterhalten, und zwar sowohl im vegetativen als auch im affektiv-emotionalen und extrapyramidal-motorischen Bereich. Ein niedriger Blutzuckerspiegel löst über eine Stimulierung des Zentrums einen Noradrenalin-Output aus (positiver Feedback), eine maximale emotionale Erregung löst einen Noradrenalin-Release aus (der Wütende will seine Raserei abreagieren). In lebensbedrohenden Situationen aber bewirkt ein Feedback-Mechanismus einen Entspannungskollaps und verhindert durch den Serotonin-Output eine zerebrale Blutung. Eine Blockade der dopaminergen Rezeptoren löst über eine Stimulierung der Tyrosinhydroxylase eine gesteigerte Dopamin-Synthese zur Überwindung der Blockade aus (positiver Feedback). Der präsynaptische autonome Rezeptor hemmt nach Erregung die Tyrosinhydroxylase-Aktivität (negativer Feedback) und stellt dadurch wieder eine biochemische Balance her.

Solche Feedback-Funktionen sind derzeit nur unzureichend zu regulieren. Wer hat noch nicht in einer vitalen Klemme gedacht: „Diesen Kerl (seinen Widersacher) könnte ich umbringen!" Durch einen Feedback-Mechanismus kommt es – Gott sei Dank – beim normalen Menschen zu einer Hemmung dieser Instinktaggression. Bei gemütlosen, hemmungslosen Psychopathen fehlt dieser hemmende Feedback-Mechanismus. Seine emotionale Ruhe stellt sich erst nach Befriedigung der Appetenz, das heißt der Begierde, ein. Der antriebsgestörte, willensschwache Psychopath wird im Gegenteil durch unzureichenden Feedback-Mechanismus keinen Dopamin- bzw. Noradrenalin-Output zur Überwindung der Gefahr aktivieren.

Wie ist die Situation beim Neurotiker?

Beim Neurotiker besteht – unserer Ansicht nach – eine genetisch insuffiziente Toleranz. Die biochemische Balance als Voraussetzung des Normalverhaltens ist beim Neurotiker mangels Feedback-Regulation schwer aufrechtzuerhalten. Bei unterschwelligen Reizen gerät er daher wiederholt in affektive, emotionale, vegetative Dekompensationen. Dabei ist anzunehmen, daß diese Balancestörungen sich im Hirnstammbereich (limbisches System) abspielen. Daher werden bei allen Untersuchungen der peripheren Organe (Herz, Magen-Darm-Trakt usw.) keine pathologischen Befunde erhoben.

Die heute so modernen psychosomatischen Erkrankungen haben immer ein pathogenetisches Korrelat in biochemischen Störungen des limbischen Systems. Damit ist nicht gesagt, daß infantile Traumen oder nicht lösbare Milieufaktoren als Auslöser psychosomatischer Störungen nicht in Betracht kommen können. Nur kann man – unserer Meinung nach – durch Bewußtmachen des Auslösers keine rational-kortikale Feedback-Response mit der Herstellung einer affektiven Harmonie erzielen.

Wie ist es mit dem Alkoholismus?

Der Alkohol ist fraglos eines der ältesten Psychopharmaka. Er führt sehr oft zu einer Serotonin-Freisetzung, die in bestimmten Kernregionen des Hirnstamms zu einer Sedierung, zu einer Entspannung, zu Schlaf führt. Schweißausbrüche, roter Kopf und Müdigkeit sind klinische Symptome einer Überdosierung. Die Sucht „Alkoholismus" liegt an sich nicht in der Substanz, sondern an der insuffizienten Feedback-Regulation. Normalerweise stellt ein Alkoholkonsum eine biochemische Harmonie, das heißt eine Entspannung, her. Durch einen Feedback-Mechanismus wird beim normalen Menschen nach Sättigung der Appetenz der Konsum abgestellt. Beim psychopathischen Trinker fehlt diese Feedback-Hemmung.

Das gleiche gilt für die Amphetamin-Sucht. Diese Droge führt zu einer Freisetzung der biogenen Amine und gleichzeitig zu einer Blockade des Reuptake. Die Folge davon ist eine beglückende Aktivitätssteigerung, die bei Extremleistungen wie Bergtouren im Himalaja oft lebensrettend ist. Aber gerade dieses gesteigerte Lebensgefühl und die echte Leistungssteigerung führen beim Psychopathen mangels Feedback-Hemmung zu permanenten Dosissteigerungen, wodurch scheinbar die auf die Drogenwirkung folgende Depression überwunden werden soll.

Nach diesen ist der süchtige Mensch charakterisiert durch eine fehlende Feedback-Regulation, die nicht imstande ist, nach der Sättigung der Begierde eine antagonistische Transmitteraktion zu intendieren.

Wir sind demnach der Meinung, daß unsere an wenigen Beispielen objektivierte biochemische Balancestörung im Hirnstamm Modell für das gesamte Verhalten des Menschen ist. Die rationalen Kontrollen durch den Kortex sind erfolglos. Die religiösen Methoden der Wiederherstellung einer biochemischen Balance mit nachfolgender Ausgeglichenheit, Zufriedenheit und Harmonie sind für die heutige Zeit nicht mehr kollektiv anwendbar. Der Glaube – ebenfalls ein Hirnstammphänomen – hat nicht mehr die Kapazität, das Verhalten des modernen Menschen harmonisch zu gestalten. Die Psychoanalyse als moderne Ersatzreligion basiert auf zwei Hypothesen: 1. die geniale Idee von *Sigmund Freud*, daß das Verhalten des Menschen im wesentlichen von Hirnstamminstinkten gesteuert wird und daß nach frühkindlichen Traumen oder bei Frustrationen Störungen im Verhalten auftreten; 2. die Hypothese, durch verschiedene Methoden die Erinnerungsengramme aus der Instinktphase des Hirnstammwesens lebendig werden zu lassen und durch die Ekphorierung eine Normalisierung des Verhalten zu erzielen, ist – nach meiner 40jährigen Erfahrung – therapeutisch fruchtlos.

Mit dem christlichen Grundsatz: „Nulla salus extra ecclesiam!" hat sich die Psychoanalyse – unserer Meinung nach – von der naturwissenschaftlichen Forschung entfernt.

Unsere Ratschläge und Anregungen, insbesondere die letzten Betrachtungen, haben den Zweck, alle menschlichen Verhaltensstörungen, die auf einem Balanceverlust der biochemischen Hirnstammkapazität basieren, gezielten Untersuchungen verschiedener biogener Transmittersubstanzen mit allen derzeit bekannten Neuromodulatoren, einschließlich der synthetisierenden und metabolisierenden Enzyme, zu unterziehen und auf diese Weise ein biochemisches Muster für das Normalverhalten zu demonstrieren und spezifische Abweichungen mit klinischen Bildern zu korrelieren.

Literatur

Adolfsson, R., Gottfries, C. G., Roos, B. E., Winblad, B.: Post-mortem distribution of dopamine and homovanillic acid in human brain, variations related to age, and a review of the literature. J. Neural Transm. **45**, 81–105 (1979).

Agid, Y., Quinn, N., Pollak, P., Illas, A., Destee, A., Signoret, J. L., Lhermitte, F.: The treatment of Parkinson's disease with dopaminergic agonists in combination with domperidone. In: Apomorphine and Other Dopaminomimetics, Vol. 2: Clin. Pharmacology (*Corsini, G. U., Gessa, G. L.,* Hrsg.), S. 107. New York: Raven Press. 1981.

Agid, Y., Javoy-Agid, F.: Peptides and Parkinson's disease. Tins **1985**, 30–35.

Agnoli, A., Baldessarre, M., del Roscio, S., Palesse, N., Ruggieri, S.: Piribedil and Parkinson's disease: protection of peripheral side effects by domperidone. In: Apomorphine and Other Dopaminomimetics. Vol. 2: Clin. Pharmacology (*Corsini, G. U., Gessa, G. L.,* Hrsg.), S. 117. New York: Raven Press. 1981.

Agnoli, A., Ruggieri, S., Baldassarre, M., Stocchi, F., Denaro, A., Falaschi, P.: Dopaminergic ergots in Parkinsonism. In: Lisuride and Other Dopamine Agonists (*Calne, D. B., Horowski, R., McDonald, R. J., Wuttke, W.,* Hrsg.), S. 407–417. New York: Raven Press. 1983.

Ajuriaguerra, J. de: Études psychopathologiques des parkinsoniens. In: Monoamines Noyaux Gris Centraux et Syndrome de Parkinson, S. 327. Paris: Masson. 1971.

Akil, H., Madden, J., Patrick, R., Barchas, J. D.: Opiates and endogenous opioid peptides (*Kosterlitz, H. W.,* Hrsg.), S. 63. Amsterdam: Elsevier/North-Holland. 1976.

Akil, H., Watson, S. J., Berger, P. A., Barchas, J. D.: Endorphine, β-LPH and ACTH: Biochemical, pharmacological and anatomical studies. In: Adv. Biochem. Psychopharmacol., Vol. 18 (*Costa, E., Trabucchi, M.,* Hrsg.), S. 125. New York: Raven Press. 1978.

Albers, R. W., Brady, R. O.: The distribution of glutamic decarboxylase in the nervous system of the Rhesus monkey. J. Biol. Chem. **234**, 926 (1959).

Ambani, L. M., Van Woert, M. H., Murphy, S.: Brain peroxidase and catalase in parkinson disease. Arch. Neurol. **32**, 114–118 (1975).

Ambrozi, L., Birkmayer, W., Danielczyk, W., Neumayer, E., Riederer, P.: Biochemische Aspekte des menschlichen Verhaltens. Wien. Z. Nervenheilkunde **31**, 191 (1973).

Andén, N.-E., Dahlström, A., Fuxe, K., Larsson, K.: Further evidence for the presence of nigrostriatal dopamine neurons. Acta pharmacol. (Kbh.) **24**, 263 (1966).

Andén, N.-E., Rubenson, H., Fuxe, K.: Evidence for dopamine receptor stimulation by apomorphine. J. Pharm. Pharmacol. *19,* 627 (1967).
Andén, N.-E., Engel, J., Rubenson, A.: Mode of action of L-DOPA on central noradrenaline mechanisms. Naunyn-Schmiedebergs Arch. Pharmacol. *273,* 1 (1972).
Arnt, J., Hyttel, J.: Postsynaptic effects of dopamine autoreceptor and D-1 agonists after bilateral 6-OH DA lesions in rats. Abstract, 14th CINP-Congress, Florenz, 1984.
Aschoff, J.: Einige allgemeine Gesetzmäßigkeiten physikalischer Temperaturregelung. Pflügers Arch. ges. Physiol. *249,* 125 (1947).
Ashcroft, G. W., Crawford, T. B. B., Eccleston, D., Sharman, D. F., MacDougall, E. J., Stanton, J. B.: 5-Hydroxyindole compounds in the cerebrospinal fluid of patients with psychiatric or neurological disease. Lancet *II,* 1049 (1966).
Ayd, F. J.: A survey of drug induced extrapyramidal reactions. JAMA *175,* 1054 (1961).
Bacopoulos, N.: Dopaminergic ^{3}H-agonist receptors in rat brain. New evidence on localization and pharmacology. Life Sci. *34,* 307–315 (1984).
Baker, G. B., Raiteri, M., Bertollini, A., Del Carmine, R., Keane, P. E., Martin, I. L.: Interaction of β-phenylethylamine with dopamine and noradrenaline in the central nervous system of the rat. J. Pharm. Pharmacol. *28,* 456 (1976).
Balazs, R., Dahl, D., Harwood, J. R.: Subcellular distribution of enzymes of glutamine metabolism in rat brain. J. Neurochem. *13,* 897 (1966).
Balzer, H., Holtz, P., Palm, D.: Untersuchungen über die biochemischen Grundlagen der konvulsiven Wirkung von Hydraziden. Naunyn-Schmiedebergs Arch. Pharmacol. *239,* 520 (1960).
Barbeau, A., Murphy, C. F., Sourkes, T. L.: Excretion of dopamine in diseases of basal ganglia. Science *133,* 1706 (1961).
Barbeau, A., Murphy, C. F., Sourkes, T. L.: Les catécholamines dans la maladie de Parkinson. In: Monoamines et Système nerveux central (Symp. de Bel Air, Genève, September 1961) (*Ajuriaguerra, J. de,* Hrsg.), S. 132. Paris: Masson. 1962.
Barbeau, A., Gillo-Joffroy, Mars H.: Comparative study of DOPA alone or associated with Ro 4-4602. In: Monoamines Noyaux Gris Centraux et Syndrome de Parkinson (*Ajuriaguerra, J. de,* Hrsg.), S. 451. Paris: Masson. 1971.
Barbeau, A.: Six years of high levels levodopa therapy in severely akinetic parkinsonian patients. Arch. Neurol. *33,* 333 (1976a).
Barbeau, A.: Pathophysiology of the oscillations in performance after long-term therapy with L-DOPA. In: Advances in Parkinsonism (*Birkmayer, W., Hornykiewicz, O.,* Hrsg.), S. 424. Basel: Editiones Roche. 1976b.
Bartholini, G., Burkhard, W. P., Pletscher, A., Bates, V. M.: Increase of cerebral catecholamines by L-DOPA after inhibition of peripheral decarboxylase. Nature (London) *215,* 852 (1967).
Bartholini, G., Da Prada, M., Pletscher, A.: Decrease of cerebral 5-hydroxytryptamine by 3,4-dihydroxyphenylalanine after inhibition of extracerebral decarboxylase. J. Pharm. Pharmacol. *20,* 228 (1968).

Baumann, P., Hrsg.: Transport Mechanisms of Tryptophan in Blood Cells, Nerve Cells and at the Blood Brain Barrier. (J. Neural Transm., Suppl. 15.) Wien-New York: Springer. 1979.

Baxter, C. F., Roberts, E.: Elevation of gamma-aminobutyric acid in rat brain with hydroxylamine. Proc. Soc. exp. Biol. *101*, 811 (1959).

Bernheimer, H., Birkmayer, W., Hornykiewicz, O.: Verteilung des 5-Hydroxytryptamins (Serotonin) im Gehirn des Menschen und sein Verhalten bei Patienten mit Parkinson-Syndrom. Wien. klin. Wschr. *73*, 1056 (1961).

Bernheimer, H., Birkmayer, W., Hornykiewicz, O.: Verhalten der Monoaminooxydase im Gehirn des Menschen nach Therapie mit Monoaminooxydasehemmern. Wien. klin. Wschr. *74*, 558 (1962).

Bernheimer, H., Hornykiewicz, O.: Das Verhalten einiger Enzyme im Gehirn normaler und parkinsonkranker Menschen. Arch. Exp. Pathol. Pharmacol. *243*, 295 (1962).

Bernheimer, H., Birkmayer, W., Hornykiewicz, O., Jellinger, K., Seitelberger, F.: Brain dopamine and the syndromes of Parkinson and Huntington. J. Neurol. Sci. *20*, 415 (1973).

Bernheimer, H., Hornykiewicz, O.: Brain amines in Huntington's chorea. Adv. Neurol. *1*, 525 (1973).

Bertler, A., Rosengren, E.: Occurrence and distribution of catecholamines in brain. Acta Physiol. Scand. *47*, 350 (1959).

Bird, E. D., Iversen, L. L.: Huntington's chorea–post-mortem measurement of glutamine acid decarboxylase, choline acetyltransferase and dopamine in basal ganglia. Brain *97*, 457 (1974).

Bird, E. D., Mackay, A. V. P., Rayner, C. N., Iversen, L. L.: Reduced glutamic acid decarboxylase activity of post-mortem brain in Huntington's chorea. Lancet *I*, 1090 (1973).

Birkmayer, W.: Hirnverletzungen. Wien: Springer. 1951.

Birkmayer, W., Neumayer, E.: Über eine spezifische Haltungsschablone beim postenzephalitischen Parkinsonismus. Arch. Psych. u. Z. ges. Neurol. *195*, 156 (1956).

Birkmayer, W., Seemann, D.: Physikalische Analysen extrapyramidaler Bewegungsstörungen. Arch. Psych. u. Z. ges. Neurol. *196*, 316 (1957).

Birkmayer, W., Hornykiewicz, O.: Der L-Dioxyphenylalanin(L-DOPA)-Effekt bei der Parkinson-Akinesie. Wien. klin. Wschr. *73*, 787 (1961).

Birkmayer, W.: Zur Differentialdiagnose des Tremors. Dtsch. Z. Nervenheilk. *183*, 322 (1962).

Birkmayer, W., Hornykiewicz, O.: Der L-Dioxyphenylalanin-Effekt beim Parkinson-Syndrom des Menschen. Arch. Psychiat. Nervenkrh. *203*, 560 (1962).

Birkmayer, W., Neumayer, E.: Die Wärmeregulation beim postenzephalitischen Parkinsonismus. Nervenarzt *34*, 373 (1963).

Birkmayer, W.: Die konservative Behandlung des Parkinson-Syndroms. Almanach für die ärztliche Fortbildung, S. 271. München: J. F. Lehmanns Verlag. 1964/65.

Birkmayer, W.: Anstaltsneurologie. Wien-New York: Springer. 1965.

Birkmayer, W., Pilleri, G.: Die retikuläre Formation des Hirnstammes und ihre Bedeutung für das vegetativ-affektive Verhalten, S. 88. Basel: Hoffmann-La Roche. 1965.

Birkmayer, W.: Experimentelle Befunde und neue Aspekte bei extrapyramidalen Erkrankungen. Wien. Z. Nervenheilk. *23,* 128 (1966).

Birkmayer, W., Mentasti, M.: Weitere experimentelle Untersuchungen über den Katecholaminstoffwechsel bei extrapyramidalen Erkrankungen (Parkinson- und Choreasyndrom). Arch. Psych. u. Z. ges. Neurol. *210,* 29–35 (1967).

Birkmayer, W.: Die Messung der kinetischen Energie bei Bewegungsvollzügen. Wien. med. Wschr. *117,* 1138 (1967).

Birkmayer, W.: Der α-Methyl-P-Tyrosin-Effekt bei extrapyramidalen Erkrankungen. Wien. klin. Wschr. *81,* 10 (1969a).

Birkmayer, W.: Experimentelle Ergebnisse über die Kombinationsbehandlung des Parkinson-Syndroms mit L-DOPA und einem Dekarboxylasehemmer. Wien. klin. Wschr. *81,* 677 (1969b).

Birkmayer, W., Neumayer, E.: Neue Vorstellungen über die biochemischen Ursachen der Depression. Ther. Ber. *41,* 146 (1969).

Birkmayer, W., Neumayer, E., Stöckl, W., Weiler, G.: Biochemischer Shunt bei der endogenen Depression. Internationales Symposium Berlin, 16. Februar 1968. München: Urban & Schwarzenberg. 1969.

Birkmayer, W.: Clinical effects of L-DOPA plus Ro 4-4602. In: L-DOPA and Parkinsonism *(Barbeau, A., McDowell, F.,* Hrsg.), S. 53. Philadelphia: Davis. 1970.

Birkmayer, W.: 10 Jahre L-DOPA-Therapie des Parkinson-Syndroms. Wien. klin. Wschr. *83,* 221 (1971).

Birkmayer, W., Linauer, W., Mentasti, M.: Traitement à la DOPA combinée avec un inhibiteur de la décarboxylase. In: Monoamines Noyaux Gris Centraux et Syndrome de Parkinson *(Ajuriaguerra, J. de,* Hrsg.), S. 435. Paris: Masson. 1971.

Birkmayer, W., Neumayer, E.: Die moderne medikamentöse Behandlung des Parkinsonismus. Z. Neurol. *202,* 257 (1972).

Birkmayer, W., Danielczyk, W., Neumayer, E., Riederer, P.: The balance of biogenic amines as condition for normal behaviour. J. Neural Transm. *33,* 163 (1972).

Birkmayer, W., Danielczyk, W., Neumayer, E., Riederer, P.: L-DOPA level in plasma, primary condition for the kinetic effect. J. Neural Transm. *34,* 133 (1973a).

Birkmayer, W., Danielczyk, W., Neumayer, E., Riederer, P.: The biochemical aspects of behaviour. In: Parkinson's Disease *(Siegfried, J.,* Hrsg.), S. 176. Bern: Huber. 1973b.

Birkmayer, W.: Twelve years experience with L-DOPA treatment of Parkinson's disease. In: Current Concepts in the Treatment of Parkinsonism *(Yahr, M.,* Hrsg.), S. 141. New York: Raven Press. 1974.

Birkmayer, W., Danielczyk, W., Neumayer, E., Riederer, P.: Nucleus ruber and L-DOPA psychosis. Biochemical post-mortem findings. J. Neural Transm. *35,* 93 (1974a).

Birkmayer, W., Linauer, W., Mentasti, M., Riederer, P.: Zweijährige Erfahrungen mit einer Kombinationsbehandlung des Parkinson-Syndroms mit L-DOPA und dem Dekarboxylasehemmer Benserazid. Wien. med. Wschr. *124,* 340 (1974b).
Birkmayer, W., Ambrozi, L., Neumayer, E., Riederer, P.: Longevity in Parkinson's disease treated with L-DOPA. Clin. Neurol. Neurosurg. *1,* 15 (1974c).
Birkmayer, W., Riederer, P.: Responsibility of extrastriatal areas for the appearance of psychotic symptoms. J. Neural Transm. *37,* 175 (1975a).
Birkmayer, W., Riederer, P.: Biochemical post-mortem findings in depressed patients. J. Neural Transm. *37,* 95 (1975b).
Birkmayer, W., Riederer, P., Youdim, M. B. H., Linauer, W.: The potentiation of the anti-akinetic effect after L-DOPA treatment by an inhibitor of MAO-B, Deprenil. J. Neural Transm. *36,* 303 (1975).
Birkmayer, W.: Medical treatment of Parkinson's disease: General review, past and present. In: Advances in Parkinsonism (*Birkmayer, W., Hornykiewicz, O.,* Hrsg.), S. 407. Basel: Editiones Roche. 1976.
Birkmayer, W., Riederer, P., Youdim, M. B. H., Linauer, W.: Potentiation of anti-akinetic effect after L-DOPA treatment by an inhibitor of MAO-B, Deprenil. In: Advances in Parkinsonism (*Birkmayer, W., Hornykiewicz, O.,* Hrsg.), S. 381. Basel: Editiones Roche. 1976.
Birkmayer, W., Jellinger, K., Riederer, P.: Striatal and extrastriatal dopaminergic functions. In: Psychobiology of the Striatum (*Cools, A. R.,* Hrsg.), S. 141. Elsevier/North-Holland. 1977a.
Birkmayer, W., Riederer, P., Ambrozi, L., Youdim, M. B. H.: Implications of combined treatment with "Madopar" and L-Deprenil in Parkinson's disease. Lancet *8009,* 439 (1977b).
Birkmayer, W.: Long-term treatment with L-Deprenyl. J. Neural Transm. *43,* 239 (1978).
Birkmayer, W., Riederer, P.: Serotonin and extrapyramidal disorders. In: Serotonin in Mental Abnormalities (*Boullin, D. J.,* Hrsg.), S. 273. Chichester-New York-Brisbane-Toronto: J. Wiley. 1978.
Birkmayer, W., Riederer, P., Rausch, W. D.: Neuropharmacological principles and problems of combined L-DOPA treatment in Parkinson's disease. In: The Extrapyramidal System and Its Disorders (Advances in Neurology, Vol. 24) (*Poirier, J.,* Hrsg.). New York: Raven Press. 1979a.
Birkmayer, W., Riederer, P., Youdim, M. B. H.: Distinction between benign and malignant type of Parkinson's disease. Clin. Neurol. Neurosurg. *81-3,* 158 (1979b).
Birkmayer, W., Riederer, P.: Die Parkinson-Krankheit. Wien-New York: Springer. 1980.
Birkmayer, W., Riederer, P., Youdim, M. B. H.: Deprenil in the treatment of Parkinson's disease. Clin. Neuropharm. *5,* 195–230 (1982).
Birkmayer, W., Riederer, P.: Effects of lisuride on motor function, psychomotor activity and psychic behaviour in Parkinson's disease. In: Lisuride and Other Dopamine Agonists: Basic and Endocrine and Neurological Effects (*Calne, D. B., Horowski, R., McDonald, R., Wuttke, W.,* Hrsg.), S. 453–461. New York: Raven Press. 1983a.

Birkmayer, W., Riederer, P.: Parkinson's Disease. Wien-New York: Springer. 1983b.
Birkmayer, W., Birkmayer, G., Lechner, H., Riederer, P.: DL-3,4-threo-DOPS in Parkinson's disease: Effects on orthostatic hypotension and dizziness. J. Neural Transm. *58*, 305–313 (1983).
Birkmayer, W., Riederer, P., Linauer, W.: L-Deprenyl plus L-phenylalanine in the treatment of depression. J. Neural Transm. *59*, 81–87 (1984).
Birkmayer, W., Knoll, J., Riederer, P., Youdim, M. B. H., Hars, V., Marton, J.: Increased life expectancy resulting from addition of L-deprenyl to Madopar® treatment in Parkinson's disease: a long term study. J. Neural Transm. (eingereicht, 1985).
Blocq, P., Marinesco, G.: Sur un cas de tremblement parkinsonien hémiplégique symptomatique d'une tumeur du péduncolaire cérébral. Rev. neurol. *2*, 265 (1894).
Bloom, F., Segal, D., Ling, N., Guillemin, R.: Endorphins: Profound behavioral effects in rats suggest new etiological factors in mental illness. Science *194*, 630 (1976).
Bloom, F., Rossier, J., Battenberg, E. L. F., Bayon, A., French, E., Henriksen, S. J., Siggins, G. R., Segal, D., Browne, R., Ling, N., Guillemin, R.: β-Endorphin: Cellular localization, electrophysiological and behavioral effects. In: Advances in Biochem. Psychopharmacology, Vol. 18 (*Costa, E., Trabucchi, M.,* Hrsg.). New York: Raven Press. 1978.
Bokobza, G., Ruberg, M., Scatton B., Javoy-Agid, F., Agid, Y.: ³H-Spiperone binding, Dopamine, and HVA concentrations in Parkinson's disease and Supranuclear palsy. Europ. J. Pharmacol. *99*, 167–175 (1983).
Boilley, D. de, Sorel, L.: Premiers résultats en clinique d'un nouvel antiépileptique: Di-n-Prophylacétate de sodium (DPA) spécialisé sous la marque Dekapine. Acta Neurol. Belg. *69*, 909 (1969).
Boshes, B.: Further insights into parkinsonian tremor. In: Advances in Parkinsonism (*Birkmayer, W., Hornykiewicz, O.,* Hrsg.), S. 303. Basel: Editiones Roche. 1976.
Bostroem, A.: Zum Verständnis gewisser psychischer Veränderungen bei Kranken mit Parkinsonschem Symptomenkomplex. Z. Ges. Neurol. Psychiat. *76*, 444 (1922).
Boulton, A. A., Baker, G. P.: The subcellular distribution of β-phenylethylamine, p-tyramine and tryptamine in rat brain. J. Neurochem. *25*, 477 (1975).
Bourne, H. R., Bunney, W. E., Colburn, R. W., Davis, J. M., Davis, J. N., Shaw, D. M., Coppen, A.: Noradrenaline, 5-hydroxytryptamine and 5-hydroxyindoleacetic acid in hindbrains of suicidal patients. Lancet *II*, 805 (1968).
Bowen, D. M., Smith, C. B., White, P., Flack, R. H. A., Carrasco, L. D., Gedye, J. L., Davison, A. N.: Chemical pathology of the organic dementias. Brain *100*, 427 (1977).
Bowen, F. P., Brady, E. M., Yahr, M. D.: Short and long range studies of memory, intelligence and perception in Parkinson patients treated with L-DOPA. In: Parkinson's Disease (*Siegfried, J.,* Hrsg.), Vol. 2, S. 315. Bern: Huber. 1973.

Bowen, F. P., Bums, M. M., Yahr, M. D.: Alterations in memory processes subsequent to short- and long-term treatment with l-dopa. In: Advances in Parkinsonism *(Birkmayer, W., Hornykiewicz, O.,* Hrsg.), S. 488. Basel: Editiones Roche. 1976.

Bowery, N. G., Price, G. W., Hudson, A. L., Hill, D. R., Wilkin, G. P., Turnbull, M. J.: GABA receptor multiplicity. Neuropharmacol. 23, 219–231 (1984).

Braestrup, C., Andersen, H., Randrup, A.: The monoamine oxidase B inhibitor deprenyl potentiates phenylethylamine behavior in rats without inhibition of catecholamine metabolite formation. Eur. J. Pharm. 34, 181 (1975).

Brodie, B. B., Pletscher, A., Shore, P. A.: Evidence that serotonin has a role in brain function. Science 122, 968 (1955).

Bucy, P. C., Case, T. J.: Tremor physiologic mechanism and abolition by surgical means. Arch. Neurol. (Chic.) 61, 721 (1949).

Burns, S. R., Markey, S. P., Philips, J. M., Chuang, C. C.: The neurotoxicity of 1-methyl-4-phenyl-1,2,3,6-tetrahydropyridine (MTPT) in the monkey and man. Can. J. Neurol. Sci. 11, 166–169 (1984).

Calne, D. B., Reid, J. L., Vakil, S. D.: Idiopathic parkinsonism treated with an extracerebral decarboxylase inhibitor in combination with levodopa. Brit. med. J. 3, 729 (1971).

Calne, D. B., Teychenne, P. F., Leigh, P. N., Bamji, A. N., Greenacre, J. K.: Treatment of parkinsonism with bromocriptine. Lancet II, 1355 (1974).

Calne, D. B.: Dopaminergic agonists in parkinsonism. In: Advances in Parkinsonism *(Birkmayer, W., Hornykiewicz, O.,* Hrsg.), S. 502. Basel: Editiones Roche. 1976.

Calne, D. B., Burton, K., Beckman, J., Wayne, M. W. R.: Dopamin agonists in Parkinson's disease. Can. J. Neurol. Sci. 11, 221–225 (1984).

Carlsson, A., Lindquist, M., Magnusson, T.: 3,4-Dihydroxyphenylalanine and 5-hydroxytryptophan as reserpine antagonists. Nature 180, 1200 (1957).

Carlsson, A., Lindquist, M., Magnusson, T., Waldeck, B.: On the presence of 3-hydroxytyramine in brain. Science 137, 471 (1958).

Carlsson, A.: Receptor mediated control of dopamine metabolis. In: Pre- and Postsynaptic Receptors *(Usdin, E., Bunney, W. E.,* Hrsg.), S. 49. New York: Marcel Dekker. 1975.

Carlsson, A., Kehr, W., Lindquist, M.: The role of intraneuronal amine levels in the feedback control of dopamine, noradrenaline and 5-hydroxytryptamine synthesis in rat brain. J. Neural Transm. 29, 1 (1976).

Carlsson, A., Lindquist, M.: Effects of antidepressant agents on the synthesis of brain monoamines. J. Neural Transm. 43, 73 (1978).

Cavallini, D., Scandurra, S., Dupré, C., Federici, G., Sntoro, L., Ricci, G., Barra, D.: Alternative pathways of taurine biosynthesis. In: Taurine *(Huxtable, R., Barbeau, A.,* Hrsg.), S. 59. New York: Raven Press. 1976.

Charcot, J. M.: Lectures on diseases of the nervous system, S. 137. London: The New Sydenham Society. 1877.

Charcot, J. M.: Leçons sur les maladies du système nerveux faites à la Salpêtrière. Recueillies et publiées par A. Bourneville, S. 155. Paris: Delahaye et Lecrosnier. 1892.

Charsan, Y. L., Koch, M. L.: Levodopa in Parkinson's disease: A long-term appraisal of mortality. Ann. Neurol. *3,* 116 (1978).
Chase, T. N., Ng, L. K. Y.: Central monoamine metabolism in Parkinson's disease. Arch. Neurol. *27,* 486 (1972).
Chase, T. N., Woods, A. C., Glaubiger, G. A.: Parkinson disease treated with a suspected dopamine receptor agonist. Arch. Neurol. (Chic.) *30,* 383 (1974a).
Chase, T. N., Woods, A. C., Lipton, M. A., Morris, C. E.: Hypothalamic releasing factors and Parkinson's disease. Arch. Neurol. Chic. *31,* 55 (1974b).
Chase, T. N., Glaubiger, G. A., Shoulson, I.: Clinical and pharmacological studies of the "on-off" response in L-DOPA-treated parkinsonian patients. In: Advances in Parkinsonism (*Birkmayer, W., Hornykiewicz, O.,* Hrsg.), S. 613. Basel: Editiones Roche. 1976.
Ceulemans, D., Gelders, Y., Hoppenbrouwers, M. L., Reyntjens, A.: Does serotonin blockade compensate for dopamine insufficiency in extrapyramidal symptoms? C.I.N.P. Congress, 1984, Florence, Book of Abstracts, S. P-309 (1984).
Chiba, K., Trevor, A., Castagnoli, N.: Metabolism of the neurotoxic tertiary amine, MPTP, by brain monoamine oxidase. Biochem. Biophys. Res. Comm. *120,* 574–578 (1984).
Chouinard, G., Young, S., Annable, L., Sourkes, T. L.: A double-blind controlled study of tryptophan-nicotinamide, imipramine and their combination in depressed patients. 11th C.I.N.P. Congress, Vienna, Austria, 9.–14. Juli 1978, Abstract, S. 319.
Christensen, E., Moller, J. E., Faurbye, A.: Neuropathological investigation of 28 brains from patients with dyskinesia. Acta Psychiatr. Scand. *46,* 14–23 (1970).
Christensen, S. E., Dupont, E., Hansen, A. P., De Fine Olivarus, B., Ørskov, H.: Somatostatin and the central nervous system. A review with special reference to Parkinson's disease. In: Parkinson's Disease–Current Progress, Problems and Management (*Rinne, U. K., Klinger, M., Stamm, G.,* Hrsg.), S. 49. Amsterdam: Elsevier/North-Holland. 1980.
Clark, D., Hjorth, S., Carlsson, A.: Mechanisms underlying autoreceptor selectivity. I. Review of the evidence. J. Neural Transm. *62,* 1–52 (1985).
Cohen, G.: The pathobiology of Parkinson's disease: Biochemical aspects of dopamine neuron senescence. J. Neural Transm. Suppl. *19,* 89–103 (1983).
Collins, G. G. S., Youdim, M. B. H., Sandler, M.: Multiple forms of monoamine oxidase. Comparison of in vitro and in vivo inhibition pattern. Biochem. Pharmacol. *21,* 1995 (1972).
Cools, A. R., Van Rossum, J. M.: Excitation-mediating dopamine-receptors: A new concept towards a better understanding of electrophysiological, biochemical, pharmacological, functional and clinical data. Psychopharmacol. *45,* 242–254 (1976).
Coppen, A., Shaw, D. M., Mallerson, A., Eccleston, E., Gundy, G.: Tryptamine metabolism in depression. Brit. J. Psychiat. *111,* 939 (1965).

Coppen, A.: Serotonin in the affective disorders. In: Factors in Depression (*Kline, N. S.,* Hrsg.), S. 33. New York: Raven Press. 1974.

Corrodi, H., Fuxe, K., Hökfelt, T., Sidbrink, P., Ungerstedt, U.: Effect of ergot drugs on central catecholamine neurons. Evidence for a stimulation of central dopamine neurons. J. Pharm. Pharmacol. *25,* 409 (1973).

Costa, E., Fratta, J., Hong, J. S., Moroni, F., Yang, H. Y. T.: Interactions between encephalinergic and other neuronal systems. In: Adv. Biochem. Psychopharmacol. (*Costa, E., Trabucchi, M.,* Hrsg.), Vol. 18, S. 217. New York: Raven Press. 1978.

Cotzias, G. C., van Woert, M. H., Schiffer, L. M.: Aromatic amino acids and modification of parkinsonism. New Engl. J. Med. *276,* 374 (1967).

Cotzias, G. C., Papavasiliou, P. S., Gellene, R.: Modification of parkinsonism. Chronic treatment with L-DOPA. New Engl. J. Med. *280,* 337 (1969).

Cotzias, G. C., Papavasiliou, P. S., Fehling, C.: Similarities between neurologic effects of L-dopa and of apomorphine. New Engl. J. Med. *283,* 31 (1970).

Cotzias, G. C.: Levodopa in the treatment of parkinsonism. JAMA *218,* 1903 (1971).

Crane, G. E.: Psychiatric side effects of iproniazid. Amer. J. Psychiatry *112,* 494 (1956).

Crapper–McLachlan, D. R., Ruittkat, S., De Bon, U.: Altered chromatin conformation in Alzheimer's disease. Brain *102,* 483–495 (1979).

Crapper–McLachlan, D. R., De Bon, U.: Models for the study of pathological neural aging. In: Neural Aging and Its Implications in Human Neurological Pathology (Aging, Vol. 18) (*Terry, R. D., Bolis, C. L., Toffano, G.,* Hrsg.), S. 61–71. New York: Raven Press. 1982.

Critchley, M.: Arteriosclerotic parkinsonism. Brain *52,* 23 (1929).

Csanda, E., Antal, J., Antony, M., Csanaky, H.: Experiences with L-Deprenyl in parkinsonism. J. Neural Transm. *43,* 263 (1978).

Curcio, C. A., Kemper, T.: Nucleus raphe dorsalis in dementia of the Alzheimer type: Neurofibrillary changes and neuronal packing density. J. Neuropathol. Exp. Neurol. *43,* 359–368 (1983).

Dairman, W., Udenfriend, S.: Decrease in adrenal tyrosine hydroxylase and increase in norepinephrine synthesis in rats given L-DOPA. Science *171,* 1022 (1972).

Damasio, A. R., Castero-Caldas, A., Levy, A.: The "on-off" effect. In: Progress in the Treatment of Parkinsonism (Advances in Neurology, Vol. 3) (*Calne, D. B.,* Hrsg.), S. 11. New York: Raven Press. 1973.

Danielczyk, W., Korten, J. J.: Die Wirkung von Amantadin · HCl allein und in Kombination mit L-DOPA bei Morbus Parkinson. Wien. med. Wschr. *121,* 472 (1971).

Danielczyk, W.: Die Behandlung von akinetischen Krisen. Med. Welt *24* (N. F.), 1278 (1973).

Danielczyk, W.: Akute psychische Störungen während der L-DOPA-Therapie von Parkinson-Kranken. In: Langzeitbehandlung des Parkinson-Syndroms (*Fischer, P.-A.,* Hrsg.), S. 211. Stuttgart: Schattauer. 1978.

Danielczyk, W., Riederer, P., Seemann, D.: Benign and malignant types of Parkinson's disease: clinical and patho-physiological characterization. In: J. Neural Transm. Suppl. 16, S. 199–210. Wien-New York: Springer. 1980.

Danielczyk, W.: Various mental behavioral disorders in Parkinson's disease, primary degenerative senile dementia, and multiple infarction dementia. J. Neural Transm. 56, 161–176 (1983).

Danielczyk, W., Gajdosik, L., Brücke, T., Schnecker, K., Riederer, P.: Körpergewicht und subkutanes Fettgewebe bei fortgeschrittenem Parkinsonismus im Vergleich zu anderen chronischen zerebralen Erkrankungen. In: Vegetativstörungen beim Parkinson-Syndrom (*Fischer, P. A.*, Hrsg.), S. 238–247. Basel: Editiones Roche. 1984.

Dann, O. T., Carter, C. E.: Cycloserine inhibition of gamma-aminobutyric-α-ketoglutaric transaminase. Biochem. Pharmacol. 13, 677 (1964).

Davis, G. C., Bunney, W. E., de Fraites, E. G., Kleinman, J. E., van Kammen, D. P., Post, R.: Intravenous naloxone administration in schizophrenia and affective illness. Science 197, 74 (1977).

Diamond, S. G., Markham, C. H., Treciokas, L. J.: Long-term experience with L-dopa: Efficacy progression and mortality. In: Advances in Parkinsonism (*Birkmayer, W., Hornykiewicz, O.*, Hrsg.), S. 444. Basel: Editiones Roche. 1976.

Duffy, M. J., Mulhall, D., Powell, D.: Subcellular distribution of substance P in bovine hypothalamus and substantia nigra. J. Neurochem. 25, 305 (1975).

Duvoisin, R. C. Cholinergic-anticholinergic antagonism in parkinsonism. Arch. Neurol. (Chic.) 17, 124 (1967).

Duvoisin, R. C., Yahr, M. D.: Encephalitis and parkinsonism. Arch. Neurol. (Chic.) 12, 227 (1972).

Duvoisin, R. C.: Levodopa-induced involuntary movements. In: Advances in Parkinsonism (*Birkmayer, W., Hornykiewicz, O.*, Hrsg.), S. 574. Basel: Editiones Roche. 1976.

Dzoljic, M. R., Bruinvels, J., Bonta, I. L.: Desynchronization of electrical activity in rats induced by deprenyl, an inhibitor of monoamine oxidase B–and relationship with selective increase of dopamine and β-phenylethylamine. J. Neural Transm. 40, 1 (1977).

Economo, C. von: Die Encephalitis lethargica. Wien: Urban & Schwarzenberg. 1929.

Ehringer, H., Hornykiewicz, O.: Verteilung von Noradrenalin und Dopamin im Gehirn des Menschen und ihr Verhalten bei Erkrankungen des extrapyramidalen Systems. Wien. klin. Wschr. 72, 1236 (1960).

Eisler, T., Thorner, M. O., McLeod, R. M., Kaiser, D. L., Calne, D. B.: Prolactin secretion in Parkinson's disease. Neurology (N. Y.) 31, 1356 (1981b).

Elde, R., Hökfelt, T., Johannsson, O., Terenius, L.: Immunohistochemical studies using antibodies to leucine-encephaline: initial observations on the nervous system of the rat. Neuroscience 1, 349 (1976).

Elizan, T. S., Casals, J.: The viral hypothesis in parkinsonism. In: J. Neural Transm., Suppl. 19, S. 75–88. Wien-New York: Springer. 1983.

Elsworth, J. D., Sandler, M., Lees, A. J., Ward, C., Stern, G. M.: The contribution of amphetamine metabolism of (−)Deprenyl to its antiparkinsonian properties. J. Neural Transm. 54, 105 (1982).

Eriksson, T., Magnusson, T., Carlsson, A., Linde, A., Granerus, A. K.: "On-off" phenomenon in parkinson's disease: Correlation to the concentration of dopa in Plasma. J. Neural Transm. 59, 229–240 (1984).

Fahn, S.: On-off phenomenon with levodopa therapy in parkinsonism. Neurology (Minneap.) 24, 431 (1974).

Fahn, S., Bressman, S. B.: Should levodopa therapy for parkinsonism be started early or late? Evidence against early treatment. Can. J. Neurol. Sci. 11, 200–206 (1984).

Fernstrom, J. D., Wurtman, R. J.: Brain serotonin content: physiological dependence on plasma tryptophan levels. Science 173, 149 (1971).

Fernstrom, J. D., Larin, F., Wurtman, R. J.: Correlations between brain tryptophan and plasma neutral amino acid levels following food consumption in rats. Life Sciences 13, 517 (1973).

Fischer, E., Spatz, A., Heller, B., Reggiani, H.: Phenylethylamine content of human urine and rat brain, its alterations in pathological conditions and after drug administration. Experientia 28, 307 (1972).

Fischer, P.-A., Schneider, E., Jacobi, P.: Die Langzeitbehandlung des Parkinson-Syndroms mit L-Dopa. Befunde und Probleme. In: Langzeitbehandlung des Parkinson-Syndroms (*Fischer, P.-A.*, Hrsg), S. 87. Stuttgart: Schattauer. 1978.

Fischer, P.-A., Schneider, E., Jacobi, P.: Klinische Bilder des Parkinson-Syndroms und ihre Verläufe. In: Pathophysiologie, Klinik und Therapie des Parkinsonismus (*Gänshirt, H.*, Hrsg.), S. 51–65. Basel: Editiones Roche. 1983.

Fisher, R., Norris, J. W., Gilka, L.: GABA in Huntington's chorea. Lancet 1, 506 (1974).

Flückiger, E., Vigouret, J. M.: Central dopamine receptors. Postgraduate Medical J. 57 (Suppl. 1), 55 (1981).

Forno, L. S., Norville, R. L.: Ultrastructure of the neostriatum in Huntington's and Parkinson's disease. In: Adv. in Neurology, Vol. 23 (*Chase, T. N.*, et al., Hrsg.), S. 123. New York: Raven Press. 1979.

Fox, H. H.: The chemical approach to the control of tuberculosis. Science 116, 129 (1952).

Fratta, W., Yang, T., Hong, J., Costa, E.: Stability of met-enkephalin content in brain structures of morphine-dependent or foot shock-stressed rats. Nature 268, 452 (1977).

Frederickson, R. C. A., Morris, F. N.: Encephaline-induced depression of single neurons in brain areas with opiate receptors-antagonism by naloxone. Science 194, 440 (1976).

Fünfgeld, E. W.: Konservative Behandlung des Parkinsonismus. Vortrag und Film. Medizin. Ges. Freiburg/Breisgau, 3. Februar 1976.

Fuxe, K., Corrodi, H., Hökfelt, T., Lidbrink, P., Ungerstedt, U.: Ergocornine and 2-Br-α-ergocryptine. Evidence for prolonged dopamine receptor stimulation. Med. Biol. 52, 121 (1974).

Fuxe, K., Agnati, L. F., Köhler, C., Kuonen, D., Ögren, S. O., Andersson, K., Hökfelt, T.: Characterization of normal and supersensitive dopamine receptors: Effects of ergot drugs and neuropeptides. J. Neural Transm. *51,* 3 (1981).
Galea-Debono, A., Jenner, P., Marsden, C. D., Parkes, J. D.: Plasma DOPA levels and growth hormone response to levodopa in parkinsonism. J. Neurol. Neurosurg. Psychiatr. *40,* 162 (1977).
Garnett, E. S., Nahmias, C., Firnau, G.: Central dopaminergic pathways in hemiparkinsonism examined by positron emission tomography. Can. J. Neurol. Sci. *11* (1), Suppl. 174–179 (1984).
Garrick, N. A., Murphy, D. L.: Species differences in the deamination of dopamine and other substrates for monoamine oxidase in brain. Psychopharmacology *72,* 27–33 (1980).
Gehlen, W., Müller, J.: Zur Therapie der DOPA-Psychosen mit L-Tryptophan. Dtsch. med. Wschr. *99,* 457 (1974).
Gelder, N. M. van: A comparison of γ-aminobutyric acid metabolism in rabbit and mouse nervous tissue. J. Neurochem. *12,* 239 (1965).
Gelder, N. M. van: The effect of aminooxyacetic acid on the metabolism of gamma-aminobutyric acid in brain. Biochem. Pharmacol. *15,* 533 (1966).
Gerlach, J., Reisby, N., Randrup, A.: Dopaminergic hypersensitivity and cholinergic hypofunction in the pathophysiology of tardive dyskinesia. Psychopharmacol. (Berlin) *34,* 21 (1974).
Gerstenbrand, F., Pateisky, K., Prosenz, P.: Über die Wirkung von L-DOPA auf die motorischen Störungen beim Parkinson-Syndrom. Wien. Z. Nervenheilk. *20,* 90 (1962).
Gerstenbrand, F., Pateisky, K., Prosenz, P.: Erfahrungen mit L-DOPA in der Therapie des Parkinsonismus. Psychiat. Neurol. (Basel) *146,* 246 (1963).
Gerstenbrand, F., Binder, H., Kozma, C., Pusch, St., Reisner, Th.: Infusionstherapie mit MIF beim Parkinson-Syndrom. Wien. klin. Wschr. *87,* 822 (1975).
Gerstenbrand, F., Binder, H., Grünberger, J., Kozma, C., Pusch, St., Reisner, Th.: Infusion therapy with MIF (melanocyte inhibiting factor) in Parkinson's disease. In: Advances in Parkinsonism (*Birkmayer, W., Hornykiewicz, O.,* Hrsg.), S. 456. Basel: Editiones Roche. 1976.
Gerstenbrand, F.: Lecture, 6. Int. Symp. Parkinson's Disease, Quebec, Canada, September 1978.
Gerstenbrand, F., Poewe, W., Aichner, F., Kozme, C.: Clinical utilization of MIF-I. In: Central Nervous System Effects of Hypothalamic Hormones and Other Peptides (*Colln, R., Barbeau, A., Ducharme, J. R., Rochefort, J.-G.,* Hrsg.), S. 415. New York: Raven Press. 1979.
Glover, V., Sandler, M., Owen, F., Riley, G. J.: Dopamine is a monoamine oxidase-B substrate in man. Nature *265,* 80 (1977).
Godwin-Austen, R. B.: Aspects of bromocriptine therapy in Parkinson's disease. Res. Clin. Forums *3,* 19 (1981).
Goetz, C. G., Tanner, C. M., Nausteda, P. A.: Weekly drug holiday in Parkinson's disease. Neurology *31,* 1460 (1981).
Goldberg, L. I., Whitsett, T. L.: Cardiovascular effects of levodopa. Clin. Pharm. Ther. *12,* 376 (1974).

Goldstein, M., Battista, H. F., Anagnoste, B., Nakatani, S.: Tremor production and striatal amines in monkeys. In: Third Symposium on Parkinson's Disease (*Gillingham, F. G., Donaldson, M. L.,* Hrsg.), S. 37. Edinburgh-London: Livingstone. 1969.

Goldstein, M., Battista, A. F., Ohmoto, T., Anagnoste, B., Fuxe, K.: Tremor and involuntary movements in monkeys. Effect of L-DOPA and of dopamine receptor stimulating agant. Science *179,* 816 (1973).

Goodwin, F. K., Brodie, H. K. H., Murphy, D. L., Bunney, W. E., jr.: L-dopa catecholamines and behaviour: A clinical and biochemical study in depressed patients. Biol. Psychiat. *2,* 341 (1970).

Gopinathan, G., Teravainen, H., Dmbrosia, J., Ward, C., Sanes, J., Stuart, W., Evarts, E., Calne, D.: Studies on Parkinson's disease. II. Evaluation of Lisuride as a therapeutic agent. Neurology (N. Y.) *30,* 366 (1980).

Gopinathan, G., Calne, D. B.: Actions of ergot derivatives in Parkinsonism. In: Research Progress in Parkinson's Disease (*Rose, F. C., Capildeo, R.,* Hrsg.), S. 324. London: Pitman Medical. 1981.

Granit, R., Kaada, B.: Influence of stimulation of central nervous structures on muscle spindles in cat. Acta physiol. Scand. *27,* 130 (1952).

Greenfield, J. G.: Neuropathology, S. 502–507. London: Williams and Wilkins. 1958.

Grimes, J. D., Hassan, M. N.: Bromocriptine in the long-term management of advanced Parkinson's disease. Can. J. Neurol. Sci. *10,* 86–90 (1983).

Grimes, J. D.: Bromocriptine in Parkinson's disease, high and low dose therapy. Can. J. Neurol. Sci. *11,* 225–229 (1984).

Gross, H., Kaltenbeck, E.: Neuropathological findings in persistent hyperkinesia after neuroleptic long-term therapy. Excerpta Medica, Int. Congr. Series 180 (1968).

Growdon, J. H., Hirsch, M. J., Wurtman, R. J., Wiener, W.: Oral choline administration to patients with tardive dyskinesia. New Engl. J. Med. *297,* 524 (1977).

Gunne, L. M., Lindstrom, L., Terenius, L.: Naloxone-induced reversal of schizophrenic hallucinations. J. Neural Transm. *40,* 13 (1977).

Haase, H.-J.: Psychiatrische Erfahrungen mit Megaphen und dem Rauwolfia-Alkaloid Serpasil unter dem Gesichtspunkt des psychomotorischen Parkinson-Syndroms. Nervenarzt *26,* 507 (1955).

Häggström, J. E., Gunne, L. M., Carlsson, A., Wikström, H.: Antidyskinetic action of 3-PPP, a selective dopaminergic autoreceptor agonist, in cebus monkeys with persistent neuroleptic-induced dyskinesias. J. Neural Transm. *58,* 135–142 (1983).

Hassler, R.: Zur Pathologie der Paralysis agitans und des postenzephalitischen Parkinsonismus. J. Psychol. Neurol. *48,* 387 (1938).

Hassler, R.: Handbuch der inneren Medizin, Vol. V/3, S. 677. Berlin-Göttingen-Heidelberg: Springer. 1953.

Hassler, R., Riechert, T.: Über die Symptomatik und operative Behandlung der extrapyramidalen Bewegungsstörungen. Med. Klin. *53,* 817 (1958).

Hassler, R.: Physiopathology of rigidity. In: Parkinson's Disease (*Siegfried, J.,* Hrsg.), S. 19. Bern-Stuttgart-Wien: H. Huber. 1972.

Herz, E.: Die amyostatischen Unruheerscheinungen. J. Physiol. Neurol. *43,* 3 (1931).
Heikkila, R. E., Hess, A., Duvoisin, R. C.: Dopaminergic neurotoxicity of 1-methyl-4-phenyl-1,2,5,6-tetrahydropyridine in mice. Science *224,* 1451–1453 (1984).
Hirschmann, J., Mayer, K.: Neue Wege zur Beeinflussung extrapyramidaler motorischer Störungen. Arzneimittelforsch. *14,* 599 (1964).
Hjorth, S., Carlsson, A., Lindberg, P., Sanchez, D., Wikström, H., Arvidsson, L. E., Hacksell, U., Nilsson, J. L. G., Svensson, U.: A new centrally acting DA-receptor agonist with selectivity for autoreceptors. Psychopharmacol. Bull. *16,* 85–90 (1980).
Hjorth, S.: On the mode of action of 3-(3-hydroxyphenyl-)N-n-propylpiperidine, 3-PPP, and its enantiomers. Acta physiol. Scand., Suppl. 517, 1–52 (1983).
Hoefer, P. F., Putnam, T. J.: Action potentials of muscles in rigidity and tremor. Arch. Neurol. Psychiat. (Chic.) *43,* 704 (1940).
Hoehn, M. M., Yahr, M. D.: Parkinsonism: onset, progression and mortality. Neurology (Minneap.) *17,* 427 (1967).
Hoehn, M.: Bromocriptin and its use in Parkinsonism. J. Amer. Geriat. Soc. *29,* 251 (1981).
Hökfelt, T., Kellert, J. O., Nilsson, G., Pernow, B.: Immunohistochemical support for a transmitter role of substance P in primary sensory neurons and in central neuron system. Exp. Brain Res., Suppl. 23, 90 (1975).
Holst, E. v.: Die relative Koordination. Ergebn. Physiol. *42,* 228 (1939).
Hong, J. S., Yang, H. Y. T., Racagni, G., Costa, E.: Projections of substance P containing neurons from neostriatum to substantia nigra. Brain Res. *122,* 541 (1977).
Hornykiewicz, O.: Mechanism of action of L-DOPA in parkinsonism. In: Advances in Neurology, Vol. 2, S. 1. New York: Raven Press. 1973.
Hornykiewicz, O., Lloyd, K. G., Davidson, L.: The GABA system, function of the basal ganglia and Parkinson's disease. In: GABA in Nervous System Function (*Roberts, E., Chase, T. N., Tower, D. B.,* Hrsg.), S. 479. New York: Raven Press. 1976.
Hunter, K. R., Boakes, A. J., Laurence, D. R., Stern, G. M.: Monoamine oxidase inhibitors and l-dopa. Brit. Med. J. *3,* 388 (1970).
Hutt, C. S., Snider, S. R., Fahn, S.: Interaction between bromocriptine and levodopa. Neurology *27,* 505 (1977).
Hyyppä, M. T., Långvik, V. A., Rinne, U. K.: Plasma pituitary hormones in patients with parkinson's disease treated with bromocriptine. J. Neural Transm. *42,* 151–157 (1978).
Ingarsson, C. G.: Orientierende klinische Versuche zur Wirkung des Dioxyphenylalanin (L-dopa) bei endogener Depression. Arzneimittelforsch. *15,* 849 (1965).
Inwang, E. E., Mosnaim, A. D., Sabelli, H. C.: Isolation and characterization of phenylethylamine and phenylethanolamine from human brain. J. Neurochem. *20,* 1469 (1973).

Issidorides, M. R., Mytilineou, C., Whetsell, W. O., Yahr, M. D.: Protein-rich cytoplasmic bodies of substantia nigra and locus coeruleus. Arch. Neurol. *35,* 633–637 (1978).
Iversen, L. L., Johnston, G. A. R.: GABA uptake in rat central nervous system: comparison of uptake in slices and homogenates and the effects of some inhibitors. J. Neurochem. *18,* 1939 (1971).
Izumi, K., Motomatsu, T., Chrétien, M., Butterworth, R. F., Lis, M., Seidah, N., Barbeau, A.: β-Endorphin induced akinesia in rats: effects of aporphine and α-methyl-p-tyrosine. Life Sci. *20,* 1149 (1977).
Jacob, H.: Neuropathologie des Parkinson-Syndroms und die Seneszenz des Gehirns. In: Langzeitbehandlung des Parkinson-Syndroms (*Fischer, P.-A.,* Hrsg.), S. 5. Stuttgart: Schattauer. 1978.
Jacob, H.: Klinische Neuropathologie des Parkinsonismus. In: Pathophysiologie, Klinik und Therapie des Parkinsonismus (*Gänshirt, H.,* Hrsg.), S. 5–18. Basel: Editiones Roche. 1983.
Jacobi, P., Fischer, P.-A., Schneider, E.: Kognitive Störungen von Parkinson-Patienten. In: Langzeitbehandlung des Parkinson-Syndroms (*Fischer, P.-A.,* Hrsg.), S. 219. Stuttgart: Schattauer. 1978.
Janowsky, D. S., Segal, D. S., Bloom, F., Abrams, A., Guillemin, R.: Lack of effect of naloxone on schizophrenic symptoms. Amer. J. Psych. *134,* 926 (1977).
Jarkowski, J.: Kinésie paradoxale des parkinsoniens. Paris: Masson. 1925.
Javoy-Agid, F., Agid, Y.: Is the mesocortical dopaminergic system involved in Parkinson's disease? Neurology *30,* 1326 (1980).
Javoy-Agid, F., Ploska, A., Agid, Y.: Microtopography of tyrosine hydroxylase, glutamic acid decarboxylase, and choline acetyltransferase in the substantia nigra and ventral tegmental area of control and Parkinsonian brains. J. Neurochem. *37,* 1218 (1981).
Javoy-Agid, F., Ruberg, M., Taquet, H., Studler, J. M., Garbarg, M., Llorens, C., Schwartz, J. C., Grouzelle, D., Lloyd, K. G., Raisman, R., Agid, Y.: Biochemical neuroanatomy of the human substantia nigra (pars compacta) in normal and parkinsonian subjects. In: Gilles de la Tourette Syndrome (*Chase, T. N., Friedhoff, A. J.,* Hrsg.), S. 151. New York: Raven Press. 1982a.
Javoy-Agid, F., Taquet, H., Berger, B., Gaspar, P., Morel-Maroger, A., Montastruc, J. L., Scatton, B., Ruberg, M., Agid, Y.: Relations between dopamine and methionine-enkephalin systems in control and parkinsonian brains. Excerpta Medica. 1982b.
Jellinger, K.: Pathophysiologie des Parkinson-Syndroms. Aktuelle Neurologie *1,* 83 (1974).
Jellinger, K.: Adjuvant treatment of Parkinson's disease with dopamine agonists: open trial with bromocriptine and CU 32-085. J. Neurol. *227,* 75 (1982).
Jellinger, K., Grisold, W.: Cerebral atrophy in Parkinson syndrome. Exp. Brain Res. Suppl. 5, 26–35 (1982).
Jellinger, K., Riederer, P.: Dementia in Parkinson's disease and (pre)senile dementia of Alzheimer type: morphological aspects and changes in the intra-

cerebral MAO activity. In: Advances in Neurology, Vol. 40 (*Hassler, R. G., Christ, J. F.,* Hrsg.), S. 199–210. New York: Raven Press. 1984.

Jenner, P., Sheehy, M., Marsden, C. D.: Noradrenaline and 5-hydroxytryptamine modulation of brain dopamine function: implications for the treatment of Parkinson's disease. Brit. J. Clin. Pharmacol. *15,* 277–289 (1983).

Johnston, J. P.: Some observations upon a new inhibitor of monoamine oxidase in brain tissue. Biochem. Pharmacol. *17,* 1285 (1968).

Jörg, J., Kleine, D.: Risiken der modernen Parkinsonbehandlung und ihre therapeutischen Konsequenzen. Nervenarzt *50,* 33 (1979).

Jørgensen, O. S., Reynolds, G. P., Riederer, P., Jellinger, K.: Parkinson's disease putamen: normal concentration of synaptic membrane marker antigens. J. Neural Transm. *54,* 171 (1982).

Jung, R.: Physiologische Untersuchungen über den Parkinsontremor und andere Zitterformen beim Menschen. Z. ges. Neurol. Psychiat. *173,* 263 (1941).

Kanazawa, I., Emson, P. C., Cuello, A. C.: Evidence for the existence of substance P-containing fibres in striato-nigral and pallido-nigral pathways in rat brain. Brain Res. *119,* 447 (1977).

Kartzinel, R., Shoulson, I., Calne, D. B.: Studies with bromocriptine. Part 2: Double-blind comparison with levodopa in idiopathic parkinsonism. Neurology *26,* 511 (1976).

Kastin, A. J., Barbeau, A.: Peliminary clinical studies with L-propyl-L-leucyl-glycineamide in Parkinson's disease. Canad. Med. Assoc. J. *107,* 1079 (1972).

Kato, T., Nagatsu, T., Iizuka, R., Narabayashi, H.: Cyclic AMP-dependent protein kinase activity in human brain: values in parkinsonism. Biochem. Med. *21,* 141 (1979).

Kebabian, J. W., Petzold, G. L., Greengard, P.: Dopamine-sensitive adenylate cyclase in caudate nucleus of rat brain, and its similarity to the "dopamine receptor". Proc. Natl. Acad. Sci. U.S.A. *69,* 2145 (1972).

Kebabian, J. W., Calne, D. B.: Multiple receptors for dopamine. Nature (London) *227,* 93 (1979).

Kebabian, J. W., Beaulieu, M., Itoh, Y.: Pharmacological and biochemical evidence for the existence of two categories of dopamine receptors. Can. J. Neurol. Sci. *11,* 114–117 (1984).

Kehrer, F.: Der Ursachenkreis des Parkinsonismus. Arch. Psychiatr. Nervenkr. *91,* 187 (1930).

Kienzl, E., Riederer, P., Jellinger, K., Wesemann, W.: Transitional states of central serotonin receptors in Parkinson's disease. J. Neural Transm. *51,* 113 (1981).

Kleist, K.: Zur Auffassung der subkortikalen Bewegungsstörungen. Arch. Psychiat. *59,* 790–803 (1918).

Klerman, G. L., Schildkraut, J., Hasenbush, L. L., Greenblatt, M., Friend, D. G.: Clinical experience with dopa in depression. J. Psychiat. Res. *1,* 289 (1963).

Kline, N. S.: Clinical experience with iproniazid (marsilid). J. Clin. Exp. Psychopathol. *19,* 72 (1958).

Knoll, J., Ecsery, Z., Kelemen, K., Nievel, J., Knoll, B.: Phenylisopropyl-methylpropinylamine (E-250), a new spectrum psychic energizer. Arch. Int. Pharmacodyn. *155*, 154 (1965).
Knoll, J., Magyar, K.: Some puzzling effects of monoamine oxidase inhibitors. In: Monoamine Oxidase–New Vistas (Adv. Biochem. Psychopharmacol., Vol. 5) *(Costa, E., Sandler, M.,* Hrsg.), S. 393. New York: Raven Press. 1972.
Knoll, J.: Analysis of the pharmacological effects of selective monoamine oxidase inhibitors. In: Monoamine Oxidase and Its Inhibition (Ciba Foundation Symp., 39, New Series), S. 135. Amsterdam-Oxford-New York: Elsevier Excerpta Medica/North-Holland. 1976.
Knoll, J.: The possible mechanism of action of (–)deprenyl in Parkinson's disease. J. Neural Transm. *43*, 177 (1978).
Knoll, J.: Deprenyl (selegiline): The history of its development and pharmacological action. Acta Neurol. Scand. Suppl. *95*, 57–80 (1983).
Knopp, W.: Psychiatric changes in patients treated with levodopa. Neurology *20*, 23 (1970).
Kobayashi, R. M., Palkovits, M., Jacobowitz, D. M., Kopin, I. J.: Biochemical mapping of the noradrenergic projection from the locus coeruleus. Neurology *25*, 223 (1975).
König, H.: Psychopathologie der Paralysis agitans. Arch. Psych. *50*, 285 (1912).
Kretschmer, E.: Medizinische Psychologie, 3. Aufl. Leipzig: G. Thieme. 1926.
Krueger, A. P.: Air ion action on animals and man. In: Bioclimatology, Biometeorology and Aeroionotherapy, Carlo Erba Found., Milan 1968 *(Gualtierotti, R., Kornblueh, I. H., Sirtori, C.,* Hrsg.), S. 74.
Kuriyama, K., Roberts, E., Rubinstein, M. K.: Elevation of γ-aminobutyric acid in brain with amino-oxyacetic acid and susceptibility to convulsive seizures in mice: a quantitative re-evaluation. Biochem. Pharmacol. *15*, 221 (1966).
Kuriyama, K., Sze, P. Y.: Blood-brain barrier to ^{3}H-γ-aminobutyric acid in normal and aminooxyacetic acid-treated animals. Neuropharmacology *10*, 103 (1971).
Laborit, H.: Sodium 4-hydroxybutyrate. Intern. J. Neuropharmacol. *3*, 433 (1964).
Laduron, P. M.: Lack of direct evidence for adrenergic and dopaminergic autoreceptors. TIPS *5*, 459–461 (1984).
Lakke, J. P. W. F., De Jong, P. J., Teelken, A. W.: CSF Gamma-Aminobutyric Acid Levels in Parkinson's Disease. Abstract, VII Int. Symp. Parkinson's Disease, Frankfurt, 1982, S. 20.
Lancranjan, I.: The endocrine profile of bromocriptine. Its application in endocrine diseases. J. Neural Transm. *51*, 61 (1981).
Langston, J. W., Ballard, P., Tetrud, J. W., Irwin, I.: Chronic parkinsonism in humans due to a product of meperdine-analog synthesis. Science *219*, 979–980 (1983).
Langston, J. W., Ballard, Ph.: Parkinsonism induced by 1-Methyl-4 Phenyl-1,2,3,6 Tetra-Hydropyridine (MPTP). Can. J. Neurol. Sci. *11*, 160–166 (1984).

Larochelle, L., Péchadre, J. C., Poirier, L. J.: Parkinson's syndrom. An experimental model. Clin. Res. 22, 775 A (1974).

Lavin, P. J. M., Gawel, M. J., Das, P. K., Alaghbandzadeh, J., Rose, F. C.: Effect of levodopa on thyroid function and prolactin release-study in patients with Parkinson's disease. Arch. Neurol. 38, 759 (1981).

Lee, T., Seeman, P., Rajput, A., Barley, I. J., Hornykiewicz, O.: Receptor basis for dopaminergic supersensitivity in Parkinson's disease. Nature 273, 59 (1978).

Lees, A. J., Shaw, K. M., Kohout, L. J., Stern, G. M., Elsworth, J. D., Sandler, M., Youdim, M. B. H.: Deprenyl in Parkinson's disease. Lancet II, 791 (1977).

Lees, A. J., Stern, G. M.: Pergolide and Lisuride for levo-dopa-induced oscillations. Lancet II, 877 (1981).

Lehmann, J., Langer, S. Z.: The striatal cholinergic interneuron: synaptic target of dopaminergic terminals? Neuroscience 10, 1105–1120 (1983).

Lembeck, F., Zettler, G.: Substance P. In: Intern. Encyclopaedia of Pharmacology and Therapy (*Walker, J. M.*, Hrsg.), Abschnitt 72, S. 29. Oxford: Pergamon Press. 1971.

Lewander, T., Joh, T. H., Reis, D. J.: Tyrosine hydroxylase: delayed activation in central noradrenergic neurons and induction in adrenal medulla elicited by stimulation of central cholinergic receptors. J. Pharmacol. Exp. Ther. 200, 523 (1977).

Le Witt, P. A., Gopinathan, G., Ward, C. D., Sanes, J. N., Dambrosia, J. M., Durso, R., Calne, D. B.: Lisuride versus bromocriptine treatment in Parkinson's disease–a double blind study. Neurology 32, 69 (1982a).

Le Witt, P. A., Miller, L., Insel, T., Calne, D. B., Lovenberg, W., Chase, T.: Tyrosine Hydroxylase Cofactor in Parkinsonism. Abstract, VII Int. Symp. Parkinson's Disease, Frankfurt, S. 83, 1982b.

Lewy, F. H.: Paralysis agitans. In: Handbuch der Neurologie (*Lewandowsky, M.*, Hrsg.), S. 920. Berlin: Springer. 1912.

Lieberman, A., Zolfaghari, M., Boal, D., Hassouri, H., Vogel, B.: The use of dopamine receptor agonists in Parkinson's disease. In: Advances in Parkinsonism (*Birkmayer, W., Hornykiewicz, O.*, Hrsg.), S. 507. Basel: Editiones Roche. 1976.

Lieberman, A., Kupersmith, M., Estey, E., Goldstein, M.: Treatment of Parkinson's disease with bromocriptine. New Engl. J. Med. 295, 1400 (1976).

Lieberman, A., Estey, E., Gopinathan, G., Ohashi, T., Sauter, A., Goldstein, M.: Comparative effectiveness of two extracerebral DOPA decarboxylase inhibitors in Parkinson's disease. Neurology (Minneap.) 28, 964 (1978).

Lieberman, A., Kupersmith, M., Gopinathan, G., Estey, E., Goodgold, A., Goldstein, M.: Bromocriptine in Parkinson's disease: Further studies. Neurology 29, 363 (1979).

Lieberman, A., Kupersmith, M., Neophytides, A., Casson, I., Durso, R., Sun Hoo Foo, Khayali, M., Bear, G., Goldstein, M.: Long-term efficacy of bromocriptine in Parkinson's disease. Neurology 30, 518 (1980a).

Lieberman, A., Neophytides, A., Leibowitz, M., Kupersmith, M., Walker, R., Zasorin, N., Pact V., Goldstein, M.: The efficacy of a potent dopamine agonist, Lisuride, in Parkinson's disease. Neurology 30, 366 (1980b).
Lieberman, A., Goldstein, M., Neophytides, A., Kupersmith, M., Leibowitz, M., Zasorin, N., Walker, R., Kleinberg, D.: Lisuride in Parkinson's disease: Efficacy of Lisuride compared to levodopa. Neurology 31, 961 (1981).
Lieberman, A., Gopinathan, G., Hassouri, H., Neoplitides, A., Goldstein, M.: Should dopamine agonists be given early or late? Can. J. Neurol. Sci. 11, 233 (1984).
Lloyd, K. G., Hornykiewicz, O.: L-Glutamic acid decarboxylase in Parkinson's disease: Effect of L-dopa therapy. Nature 243, 521 (1973).
Lloyd, K. G., Farley, I. J., Deck, J. H. N., Hornykiewicz, O.: Serotonin and 5-hydroxyindole acetic acid in discrete areas of the brainstem of suicide victims and control patients. In: Adv. Biochem. Psychopharmacol. 11, S. 387. New York: Raven Press. 1974.
Lloyd, K. G., Davidson, L., Hornykiewicz, O.: The neurochemistry of Parkinson's disease: effect of L-DOPA therapy. J. Pharmacol. Exp. Ther. 195, 453 (1975).
Lloyd, K. G., Shemen, L., Hornykiewicz, O.: Distribution of high affinity sodium-independent [^{3}H]gamma-aminobutyric acid ([^{3}H]GABA) binding in the human brain: alterations in Parkinson's disease. Brain Res. 127, 269 (1977).
Lloyd, K. G., Dreksler, S.: An analysis of [^{3}H]gamma-aminobutyric acid (GABA) binding in the human brain. Brain Res. 163, 77 (1979).
Lloyd, K. G., Munari, C., Bossi, L., Bancaud, J., Talairach, J., Morselli, P. L.: Function and dysfunction of the GABA-system in the human brain. In: Transmitter Biochemistry of Human Brain Tissue (*Riederer, P., Usdin, E.,* Hrsg.), S. 27. London: Macmillan. 1981.
Logemann, J., Boshes, B., Fisher, H.: The steps in the degeneration of speach and voice control in Parkinson's disease. In: Parkinson's Disease (*Siegfried, J.,* Hrsg.), Vol. 2, S. 101. Bern: H. Huber. 1973.
Loh, H. H., Brase, D. A., Sampath-Khanna, S., Mar, J. B., Way, E., Li, C. H.: β-Endorphin in vitro inhibition of striatal dopamine release. Nature 264, 567 (1976).
Löscher, W.: Das γ-Aminobuttersäure(GABA)system im Wirkungsmechanismus antikonvulsiver Stoffe. Habilitationsschrift, Berlin, 1981.
Lotti, V. J.: Experimental pharmacology of carbidopa (MK-486) and L-DOPA: Animal studies. In: Advances in Neurology, Vol. 2, S. 91. New York: Raven Press. 1973.
Lovenberg, W., Levine, R. A., Robinson, D. S., Ebert, M., Williams, A. C., Calne, D. B.: Hydroxylase cofactor activity in cerebrospinal fluid of normal subjects and patients with Parkinson's disease. Science 204, 624 (1979).
Ludin, H. P., Kunz, F., Lörincz, P., Ringwald, E.: Klinische Erfahrungen mit Bromocriptin, einem zentralen, dopaminergen Stimulator. Nervenarzt 47, 651 (1976).

Madden, J., Akil, H., Patrick, B. L., Barchas, J. D.: Stress-induced parallel changes in central opioid levels and pain responsiveness in the rat. Nature 266, 358 (1977).

Maeda, T., Pin, C., Salvert, D., Ligier, M., Jouvet, M.: Les neurones contenant des catécholamines du tegmentum pontique et leurs voies de projection chez le chat. Brain Res. 57, 119 (1973).

Magnusson, T., Carlsson, A., Fisher, G. H., Chang, D., Folkers, K.: Effect of synthetic substance P on monoaminergic mechanism in brain. J. Neural Transm. 38, 89 (1976).

Maj, J., Baran, L., Rawlow, A., Sowinska, H.: Control effects of mianserin and danitracen–new antidepressant of unknown mechanism of action. Pol. J. Pharmacol. Pharm. 29, 213 (1977).

Mann, D. M. A., Yates, P. O.: Pathological basis for neurotransmitter changes in Parkinson's disease. Neuropathol. Appl. Neurobiol. 9, 3–19 (1983).

Mantegazza, P., Riva, M.: Amphetamine-like activity of β-phenylethylamine after a monoamine oxidase inhibitor in vivo. J. Pharmacol. 15, 472 (1963).

Manyam, B. V.: Parkinson's Disease: CNS GABAergic Activity as Reflected in Cerebrospinal Fluid. Abstract, VII Int. Symp. Parkinson's Disease. Frankfurt, 1982, S. 21.

Markham, Ch. H., Diamond, St. G.: Carbidopa in Parkinson disease and in nausea and vomiting of levodopa. Arch. Neurol. 31, 128 (1974).

Markstein, R., Hökfelt, T.: Effect of cholecystokinin-octapeptide on dopamine release from slices of cat caudate nucleus. J. Neurosci. 4, 570–575 (1984).

Mars, H.: Levodopa, carbidopa and pyridoxine in Parkinson disease. Arch. Neurol. 30, 444 (1974).

Marsden, C. D.: Treatment of Parkinson's disease with levodopa combined with l-alphamethyldopahydrazine. J. Neurol. Neurosurg. Psychiat. 36, 10 (1973).

Marsden, C. D.: Discussion. In: Advances in Neurology (*Calne, D. B.*, Hrsg.), Vol. 3, S. 46. New York: Raven Press. 1973.

Marsden, C. D.: Neuromelanin and Parkinson's disease. J. Neural. Transm., Suppl. 19, S. 121–141. Wien-New York: Springer. 1983.

Mattila, R. J., Rinne, U. K., Sonninen, V.: Dopaminergic agonist effects on brain monoamine metabolism in parkinsonism. In: Advances in Parkinsonism (*Birkmayer, W., Hornykiewicz, O.*, Hrsg.), S. 513. Basel: Editiones Roche. 1976.

Mattila, R. J., Rinne, U. K., Siirtola, T., Sonninen, V.: Mortality of patients with Parkinson's disease treated with levodopa. J. Neurol. 216, 147 (1977).

Matussek, N., Pohlmeier, H., Ruether, E.: Die Wirkung von L-Dopa auf gehemmte Depressionen. Wien. klin. Wschr. 78, 727 (1966).

Matussek, N., Benkert, O., Schneider, K., Otten, H., Pohlmeier, H.: L-Dopa plus decarboxylase inhibitor in depression. Lancet II, 660 (1970).

Mayeux, R., Stern, Y., Rosen, J., Leventhal, J.: Depression, intellectual impairment and Parkinson's disease. Neurology 31, 645 (1981).

Maynert, E. W., Kaji, H. K.: On the relationship of brain gamma-aminobutyric acid to convulsions. J. Pharmacol. Exp. Ther. 137, 114 (1962).

McDowell, F. H., Lee, J. E., Swift, T., Sweet, R. D., Ogsbury, J. S., Kessler, J. T.: Treatment of Parkinson's syndrom with levodopa. Ann. Intern. Med. 72, 29 (1970).
McDowell, F. H., Sweet, R. D.: The "on-off" phenomenon. In: Advances in Parkinsonism (*Birkmayer, W., Hornykiewicz, O.*, Hrsg.), S. 603. Basel: Editiones Roche. 1976.
McGeer, E. G., McGeer, P. L., Wada, J. A.: Distribution of tyrosine hydroxylase in human and animal brain. J. Neurochem. 18, 1647 (1971a).
McGeer, P. L., McGeer, E. G., Wada, J. A.: Glutamic acid decarboxylase in Parkinson's disease and epilepsy. Neurology 21, 1000 (1971b).
McGeer, P. L., McGeer, E. G.: Neurotransmitter synthetic enzymes. In: Progress in Neurobiology (*Kerkut, G. A., Phillis, J. W.*, Hrsg.), Vol. 2, Teil 1, S. 69. Oxford: Pergamon Press. 1973.
McGeer, P. L., McGeer, E. G., Fibiger, H. C.: Choline acetylase and glutamic acid decarboxylase in Huntington's chorea. Neurology 23, 912 (1975).
McGeer, P. L., Hattori, T., Singh, V. K., McGeer, E. G.: Cholinergic systems in extrapyramidal function. In: The Basal Ganglia (*Yahr, M. D.*, Hrsg.), S. 213. New York: Plenum Press. 1976.
McGeer, P. L., McGeer, E. G.: The GABA system and function of the basal ganglia: Huntington's disease. In: GABA in Nervous System Function (*Roberts, E., Chase, T. N., Tower, D. B.*, Hrsg.), S. 487. New York: Raven Press. 1976.
Melamed, E., Hefti, F., Liebman, J., Schlosberg, A. J., Wurtman, R. J.: Serotonergic neurons are not involved in action of L-DOPA in Parkinson's disease. Nature 283, 772–774 (1980).
Mendlewicz, J., Yahr, F., Yahr, M. D.: Psychiatric disorders in Parkinson's disease treated with l-dopa: A genetic study. In: Advances in Parkinsonism (*Birkmayer, W., Hornykiewicz, O.*, Hrsg.), S. 103. Basel: Editiones Roche. 1976.
Mettler, F. A.: The experimental production of static tremor. Fed. Proc. 5, 72 (1946).
Miller, A. L., Pitts, F. N.: Brain succinate semialdehyde dehydrogenase. III. Activities in twenty-four regions of human brain. J. Neurochem. 14, 579 (1967).
Miyamoto, T., Battista, A., Goldstein, M., Fuxe, K.: Long-lasting antitremor activity induced by 2-Br-α-ergocryptine in monkeys. J. Pharm. Pharmacol. 26, 452 (1974).
Mjönes, H.: Paralysis agitans. Acta Psychiatr. Scand., Suppl. 54, 1 (1949).
Moir, A. T. B.: Interaction in the cerebral metabolism of the biogenic amines: Effect of intravenous infusion of L-tryptophan on the metabolism of dopamine and 5-hydroxyindoles in brain and cerebrospinal fluid. Brit. J. Pharmacol. 43, 715 (1971).
Molina-Negro, P., Grimes, J. D., Jones, M. W., Kofman, O. S., Bouchard, S.: Bromocriptine (Parlodel®) in the treatment of Parkinson's disease. Progr. Neuro-Psychopharmacol. Biol. Psychiat. 6, 503–508 (1982).
Mones, R. J.: An analysis of six patients with Parkinson's disease who have been unresponsive to L-DOPA therapy. J. Neurol. Neurosurg. Psychiat. 36, 362 (1973).

Moore, R. Y.: Catecholamine neuron systems in brain. Ann. Neurol. *12,* 321–327 (1982).
Moruzzi, G., Magoun, H. W.: Brain stem reticular formation and activation of the EEG. Electroenceph. clin. Neurophysiol. (Canada) *1,* 455 (1949).
Muenter, M. P., Tyce, B. M.: L-DOPA therapy of Parkinson's disease: Plasma L-DOPA concentration. Mayo Clin. Proc. *46,* 231 (1971).
Müller, P. B., Langemann, H.: Distribution of glutamic acid decarboxylase activity in human brain. J. Neurochem. *9,* 399 (1962).
Mundinger, F., Milios, E.: Erfahrungen mit Memantine bei der Behandlung schwerer spastischer und extrapyramidaler Bewegungsstörungen in Kombination mit der stereotaktischen Operation. Nervenarzt *56,* 106–109 (1985).
Murphy, D. L., Brodie, H. K. H., Goodwin, F. K., Bunny, W. E., jr.: Regular induction of hypomania by L-dopa in "bipolar" manicdepressive patients. Nature *229,* 135 (1971).
Murphy, D. L.: Clinical, genetic, hormonal and drug influences on the activity of human platelet monoamine oxidase. In: Monoamine Oxidase and Its Inhibition (Ciba Foundation Symp., 39, New Series), S. 341. Amsterdam: Elsevier. 1976.
Nagatsu, T., Kato, T., Numata, Y., Ihuta, K., Sano, M., Nagatsu, I., Kondo, Y., Inagaki, S., Ilzuka, R., Hori, A., Narabayashi, H.: Phenylethanolamine-N-methyltransferase and other enzymes of catecholamine metabolism in human brain. Clin. Chim. Acta *75,* 221 (1977).
Nagatsu, T., Kanamori, T., Kato, T., Iizuka, R., Narabayashi, H.: Dopamine-stimulated adenylate cyclase activity in the human brain: changes in parkinsonism. Biochem. Med. *19,* 360 (1978).
Nagatsu, T., Namaguchi, T., Kato, T., Sugimoto, T., Matsuura, S., Akino, M., Nagatsu, I., Iizuka, R., Narabayashi, H.: Biopterin in human brain and urine from controls and parkinsonian patients: application of a new radioimmunoassay. Clin. Chim. Acta *109,* 305 (1981a).
Nagatsu, T., Oka, K., Yamamoto, T., Matusui, H., Kato, T., Yamamoto, C., Nagatsu, Iizuka, R., Narabayashi, H.: Catecholaminergic enzymes in Parkinson's disease and related extrapyramidal diseases. In: Transmitter Biochemistry of Human Brain Tissue (*Riederer, P., Usdin, E.,* Hrsg.), S. 291. London: Macmillan. 1981b.
Nagatsu, T., Yamaguchi, T., Rahman, K., Trocewicz, K., Oka, K., Nagatsu, I., Narabayashi, H., Kondo, T., Iizuka, R.: Catecholamine-Related Enzymes and the Biopterin Cofactor in Parkinson's Disease. Abstract, VII Int. Symp. Parkinson's Disease. Frankfurt, 1982, S. 82.
Nakajima, T., Kakimoto, Y., Sani, I.: Formation of β-phenylethylamine in mammalian tissue and its effect on motor activity. J. Pharmacol. Exp. Ther. *143,* 319 (1964).
Narabayashi, H., Kondo, T., Hayashi, A., Suzuki, T., Nagatsu, T.: L-threo-3,4-dihydroxyphenylserine treatment for akinesia and freezing of parkinsonism. Proc. Japan. Acad. B *57,* 351–354 (1981).
Neal, M. J., Iversen, L. L.: Subcellular distribution of endogenous and ^{3}H-gamma-aminobutyric acid in rat cerebral cortex. J. Neurochem. *16,* 1245 (1969).

Neff, N. H., Yang, H.-Y. T., Fuentes, J. A.: Neuropsychopharmacology of Monoamines and Their Regulatory Enzymes (*Usdin, H.*, Hrsg.), S. 49. New York: Raven Press. 1974.
Nilsson, G., Hökfelt, T., Pernow, B.: Distribution of substance P-like immunoreactivity in the rat central nervous system as revealed by immunohistochemistry. Med. Biol. 52, 424 (1974).
Nittner, K.: Die Auswirkungen stereotaktischer Eingriffe beim Auftreten von Hyperkinesien unter L-DOPA-Behandlung. In: Langzeitbehandlung des Parkinson-Syndroms (*Fischer, P.-A.*, Hrsg.), S. 189. Stuttgart-New York: Schattauer. 1978.
Nutt, J. G., Woodward, W. R., Hammerstad, J. P., Carter, J. H., Anderson, J. L.: The on-off phenomenon in Parkinson's disease. New Engl. J. Med. 310, 483-488 (1984).
O'Carrol, A. M., Fowler, C. J., Phillips, J. P., Tobbia, I., Tipton, K. F.: The deamination of dopamine by human brain monoamine oxidase. Naunyn Schmiedeberg's Arch. Pharmacol. 322, 198-202 (1983).
Olszewski, J., Baxter, D.: Cytoarchitecture of the Human Brainstem. Basel-New York: S. Karger. 1954.
Oppolzer, R.: Ein Fall von Paralysis agitans. Wien. med. Wschr. 2, 249 (1861).
Otsuka, M., Iversen, L. L., Hall, Z. W., Kravitz, E. A.: Release of gamma-aminobutyric acid from inhibitory nerves of lobster. Proc. Natl. Acad. Sci. (Wash.) 56, 1110 (1966).
Ott, E., Fazekas, F., Marguc, K., Lechner, H.: Gehirndurchblutung bei Morbus Parkinson. In: Pathophysiologie, Klinik und Therapie des Parkinsonismus (*Gänshirt, H.*, Hrsg.), S. 235-239. Basel: Editiones Roche. 1983.
Papavasiliou, P. S., Cotzias, G. C., Duby, S. E.: Levodopa in parkinsonism: Potentiation of central effects with a peripheral inhibitor. New Engl. J. Med. 285, 8 (1972).
Pare, C. M. B., Young, D. P. H., Price, K., Stacey, B. S.: 5-Hydroxytryptamine, noradrenaline and dopamine in brainstem, hypothalamus, and caudate nucleus of controls and patients committing suicide by coal gas poisoning. Lancet II, 133 (1969).
Parkes, J. D.: Treatment of Parkinson's disease with amantadine and levodopa. Lancet 7709 (1971).
Parkes, J. D.: Bromocriptine in the treatment of Parkinsonism. Drugs 17, 365 (1979).
Parkes, J. D., Schachter, M., Marsden, C. D., Smith, B., Wilson, A.: Lisuride in Parkinsonism. Ann. of Neurology 9, 48 (1981).
Parkinson, J.: Essay on the shaking palsy, S. 47. London: Sherwood, Neely and Jones. 1817.
Perry, T. L., Hansen, S.: Sustained drug-induced elevation of brain GABA in the rat. J. Neurochem. 21, 1167 (1973).
Perry, T. L., Hansen, S., Kloster, M.: Huntington's chorea: Deficiency of γ-aminobutyric acid in brain. New Engl. J. Med. 288, 337 (1973).
Pileblad, E., Nissbrandt, H., Carlsson, A.: Biochemical and functional evidence for a marked dopamine releasing action of n-methyl-4-phenyl-1,2,3,6-tetrahydropyridine (NMPTP) in mouse brain. J. Neural Transm. 60, 199-203 (1984).

Pletscher, A., Gey, K. F., Zeller, P.: Monoaminoxydase-Hemmer. In: Fortschritte der Arzneimittelforschung (*Jucker, E.,* Hrsg.), Bd. 2, S. 417. Basel: Birkhäuser. 1961.

Podiwinsky, H., Mentasti, M., Riederer, P., Birkmayer, W.: Zur Behandlung des Parkinson-Syndroms mit Kombinationspräparaten von L-Dopa mit Dekarboxylase-Hemmern (Carbidopa, Benserazid). Wien. klin. Wschr. *91,* 322 (1979).

Poewe, W., Gerstenbrand, F., Ransmayr, G., Plörer, S.: Premorbid personality of Parkinson patients. J. Neural Transm., Suppl. 19, S. 215–224 (1983).

Poirier, L. J.: Experimental and histological study of midbrain dyskinesias. J. Neurophysiol. *24,* 534 (1960).

Poirier, L. J., Sourkes, T. L., Bouvier, G., Boucher, R., Carabin, S.: Striatal amines, experimental tremor and the effect of harmaline in the monkey. Brain *89,* 37 (1966).

Poirier, L. J., McGeer, E. G., Larochelle, L., McGeer, P. L., Bédard, P., Boucher, R.: The effect of brainstem lesions on tyrosine and tryptophan hydroxylase in various structures of the telencephalon of the cat. Brain Res. *14,* 147 (1969).

Poirier, L. J., Filion, M., Larochelle, L., Péchadre, J.-C.: Physiopathology of tremor and rigidity. In: Advances in Parkinsonism (*Birkmayer, W., Hornykiewicz, O.,* Hrsg.), S. 217. Basel: Editiones Roche. 1976.

Portin, R., Raininko, R., Rinne, U. K.: Neuropsychological disturbances and cerebral atrophy determined by computerized tomography in parkinsonian patients with long-term levodopa treatment. In: Advances in Neurology, Vol. 40 (*Hassler, R. G., Christ, J. F.,* Hrsg.), S. 219–227. New York: Raven Press. 1984.

Pozo, E. del, Re, V. L. del: The inhibition of prolactin secretion in man by CB 154 (2-Br-α-ergocryptine). J. Clin. Endocrinol. Metab. *35,* 768 (1972).

Purpura, D. P., Girado, M., Smith, T. G., Gomez, J. A.: Synaptic effects of systemic α-aminobutyric acid in cortical regions of increased permeability. Proc. Soc. Exp. Biol. Med. *97,* 348 (1958).

Quik, H., Sourkes, T. L.: Central dopaminergic and serotoninergic systems in the regulation of cerebral tyrosine hydroxylase. J. Neurochem. *28,* 137 (1977).

Quik, M., Spokes, E. G., Mackay, A. V. P., Bannister, R.: Alterations in (^{3}H)spiperone binding in human caudate nucleus, substantia nigra and frontal cortex in the Shy-Drager syndrome and Parkinson's disease. J. Neurol. Sci. *43,* 429–437 (1979).

Quinn, N., Illas, A., Lhermitte, F., Agid, Y.: Bromocriptine and domperidone in the treatment of Parkinson's disease. Neurology *31,* 662 (1981).

Quinn, N., Marsden, C. D., Schachter, M., Thompson, C., Lang, A. E., Parkes, J. D.: Intravenous lisuride in extrapyramidal disorders. In: Lisuride and Other Dopamine Agonists (*Calne, D. B., Horowski, R., McDonald, R. J., Wuttke, W.,* Hrsg.), S. 383–393. New York: Raven Press. 1983.

Racagni, G., Bruno, F., Iuliano, E., Longiave, D., Mandelli, V., Berti, F.: Comparative in vitro and in vivo studies between morphine and methionine-encephalin: genotype dependent response in two different

strains of mice. In: Adv. Biochem. Psychopharmacol. (*Costa, E., Trabucchi, M.,* Hrsg.), S. 289. New York: Raven Press. 1978.
Rahman, M. K., Nagatsu, T., Nagatsu, I., Iizuka, R., Narabayashi, H.: Aromatic l-amino acid decarboxylase activity in brains from normal human subjects and from patients with extrapyramidal diseases. Biomed. Res. 2, 560–566 (1981).
Reichhardt, M.: Hirnstamm und Psychiatrie. Mschr. Psychiol. Neurol. 68, 470 (1928).
Reid, J. L., Calne, D. B.: Cardiovascular effects of levodopa in parkinsonism. In: Advances in Neurology (*Calne, D. B.,* Hrsg.), Vol. 3, S. 223. New York: Raven Press. 1973.
Reid, J. L., Greenacre, J. K., Teychenne, P. F.: Cardiovascular actions of L-dopa and dopaminergic agonists in parkinsonism. In: Advances in Parkinsonism (*Birkmayer, W., Hornykiewicz, O.,* Hrsg.), S. 566. Basel: Editiones Roche. 1976.
Reisine, T. D., Fields, J. Z., Yamamura, H. I., Bird, E. D., Spokes, E., Schreiner, P. S., Enna, S. J.: Neurotransmitter receptor alterations in Parkinson's disease. Life Sci. 21, 335–344 (1977).
Reisine, T. D., Rossor, M., Spokes, E., Iversen, L. L., Yamamura, H. I.: Alterations in brain opiate receptors in Parkinson's disease. Brain Res. 173, 378–382 (1979).
Reynolds, G. P., Riederer, P., Sandler, M., Jellinger, K., Seemann, D.: Amphetamine and 2-phenylethylamine in post-mortem parkinsonian brain after (-)deprenyl administration. J. Neural Transm. 43, 271 (1978).
Riederer, P., Birkmayer, W., Neumayer, E., Ambrozi, L., Linauer, W.: The daily rhythm of HVA, VMA (VA), and 5-HIAA in depression syndrome. J. Neural Transm. 35, 23 (1974).
Riederer, P., Wuketich, S.: Time course of nigrostriatal degeneration in Parkinson's disease. J. Neural Transm. 39, 257 (1976).
Riederer, P., Birkmayer, W., Seemann, D., Wuketich, S.: Brain-noradrenaline and 3-methoxy-4-hydroxyphenylglycol in Parkinson's syndrome. J. Neural Transm. 41, 241 (1977).
Riederer, P., Rausch, W. D., Birkmayer, W., Jellinger, K., Seemann, D.: CNS modulation of adrenal tyrosine hydroxylase in Parkinson's disease and metabolic encephalopathies. J. Neural Transm., Suppl. 14, S. 121. Wien-New York: Springer. 1978a.
Riederer, P., Rausch, W. D., Birkmayer, W., Jellinger, K., Danielczyk, W.: Dopamine-sensitive adenylate cyclase activity in the caudate nucleus and adrenal medulla in Parkinson's disease and in liver cirrhosis. J. Neural Transm., Suppl. 14, S. 153. Wien-New York: Springer. 1978b.
Riederer, P., Youdim, M. B. H., Rausch, W. D., Birkmayer, W., Jellinger, K., Seemann, D.: On the mode of action of L-deprenyl in the human central nervous system. J. Neural Transm. 43, 217 (1978c).
Riederer, P.: L-Dopa competes with tyrosine and tryptophan for human brain uptake. Nutrition and Metabolism 24, 417–423 (1980).
Riederer, P., Birkmayer, W.: A new concept: brain area specific imbalance of neurotransmitters in depression syndrome–human brain studies. In:

Enzymes and Neurotransmitters in Mental Disease (*Usdin, E., Sourkes, T. L., Youdim, M. B. H.*, Hrsg.), S. 261. New York: J. Wiley. 1980.

Riederer, P., Reynolds, G. P., Birkmayer, W., Youdim, M. B. H., Jellinger, K.: (-)Deprenyl has a band of selectivity for therapeutic action. In: Monoamine Oxidases and Their Selective Inhibition (*Magyar, K.*, Hrsg.), S. 133–137. Budapest: Akadémiai Kiadó. 1980.

Riederer, P., Jellinger, K.: Morphological and biochemical changes in the aged brain: pathophysiological and possible therapeutic consequences. In: Physiol. Pathophysiol. Aspects of the Aging Brain (Exp. Brain Res., Suppl. 5) (*Hoyer, S.*, Hrsg.), S. 158. Berlin-Heidelberg-New York: Springer. 1982.

Riederer, P., Toifl, K., Kruzik, P.: Excretion of biogenic amine metabolites in anorexia nervosa. Clin. Chim. Acta *123*, 27 (1982).

Riederer, P., Reynolds, G. P., Danielczyk, W., Jellinger, K., Seemann, D.: Desensitization of striatal spiperone binding sites by dopaminergic agonists in Parkinson's disease. In: Lisuride and Other Dopamine Agonists: Basic and Endocrine and Neurological Effects (*Calne, D. B., Horowski, R., McDonald, R., Wuttke, W.*, Hrsg.), S. 375–381. New York: Raven Press. 1983.

Riederer, P., Jellinger, K.: Morphologie und Pathobiochemie der Parkinson-Krankheit. In: Pathophysiologie, Klinik und Therapie des Parkinsonismus (*Gänshirt, H.*, Hrsg.), S. 31–50. Basel: Editiones Roche. 1983.

Riederer, P.: Das vegetative Nervensystem bei der Parkinson-Krankheit: Neurochemische Aspekte. In: Vegetativstörungen beim Parkinson-Syndrom (*Fischer, P.-A.*, Hrsg.), S. 63–73. Basel: Editiones Roche. 1984.

Riederer, P., Jellinger, K.: Differential effects of dopaminergic agonists in Parkinson's disease? Clin. Neuropharmacol. 7, Suppl. 1, 946–947 (1984a).

Riederer, P., Jellinger, K.: Dopaminergic agonists and the biogenic amines in Parkinson's disease – Theoretical approaches and clinical notes. In: Regulation of Transmitter Function: Basic and Clinical Aspects (*Vizi, E. S., Magyar, K.*, Hrsg.), S. 369–372. Budapest: Akadémiai Kiadó. 1984b.

Riederer, P., Beckmann, H., Brücke, T.: Aktuelle biochemische Hypothesen der endogenen Depression. Wien. klin. Wschr. *96*, 190–196 (1984a).

Riederer, P., Jellinger, K.: Morphological and biochemical changes of aging and degenerative brain disorders: A synopsis of current evidence. Proc. E.N.E.A. 1985 (in Druck).

Riederer, P., Jellinger, K., Gabriel, E.: ^{3}H-Spiroperidol binding in depression syndrome. In: Neuropharmacology '85. Budapest: Akadémiai Kiadó. 1985a (in Druck).

Riederer, P., Kopp, N., Pearson, J.: Pathophysiological aspects of alcoholism. In: Human Neurotransmission in Health and Disease (*Kopp, N., Pearson, J.*, Hrsg.). Oxford: Univ. Press. 1985b (in Druck).

Riederer, P., Ulm, G., Danielczyk, W., Reynolds, G. P.: Bromocriptine in Parkinson's disease: efficacy of treatment, plasma-catecholamines and urinary excretion of biogenic amine metabolites. Symposiums-Proceedings. 1985c (in Druck).

Ringborg, U.: Composition of RNA in neurons of rat hippocampus at different ages. Brain Res. 2, 296–298 (1966).
Ringwald, E., Hirt, D., Markstein, R., Vigouret, J. M.: Dopaminrezeptoren-Stimulatoren in der Behandlung der Parkinsonkrankheit. Nervenarzt 53, 67–71 (1982).
Rinne, U. K., Sonninen, V., Riekkinen, P., Laaksonen, H.: Dopaminergic nervous transmission in Parkinson's disease. Med. Biol. 52, 208 (1974).
Rinne, U. K., Siirtola, T., Sonninen, V.: L-Deprenyl treatment of on-off phenomena in Parkinson's disease. J. Neural Transm. 43, 253 (1978).
Rinne, U. K., Sonninen, V., Laaksonen, H.: Responses of brain neurochemistry to levodopa treatment in Parkinson's disease. In: Advances in Neurology, Vol. 2 *(Poirier, L. J., Sourkes, T. L., Bedards, P. J.,* Hrsg.), S. 259. New York: Raven Press. 1979.
Rinne, U. K., Koskinen, V., Lönnberg, P.: Neurotransmitter receptors in the parkinsonian brain. In: Parkinson's Disease–Current Progress, Problems and Management *(Rinne, U. K., Klingler, M., Stamm, G.,* Hrsg.), S. 93. Amsterdam: Elsevier/North-Holland. 1980.
Rinne, U. K., Lönnberg, P., Koskinen, V.: Dopamine receptors in the parkinsonian brain. J. Neural Transm. 51, 97 (1981).
Ruberg, M., Ploska, A., Javoy-Agid, F., Agid, Y.: Muscarinic binding and choline acetyltransferase activity in Parkinsonian subjects with reference to dementia. Brain Res. 232, 129 (1982).
Rinne, U. V.: New ergot derivatives in the treatment of Parkinson's disease. In: Lisuride and Other Dopamine Agonists *(Calne, D. B., Horowski, R., McDonald, R. J., Wuttke, W.,* Hrsg.), S. 431–442. New York: Raven Press. 1983.
Rinne, U. K.: Problems associated with long-term levodopa treatment of Parkinson's disease. Acta Neurol. Scand., Suppl. 95, S. 19–26 (1983).
Rinne, U. K., Rinne, J. O., Rinne, J. K., Laakso, K., Laihinen, A., Lönnberg, P.: Brain Receptor changes in Parkinson's disease in relation to the disease process and treatment. J. Neural Transm., Suppl. 18, S. 279–286. Wien-New York: Springer. 1983.
Rinne, U. V., Rinne, J. K., Rinne, J. O., Laakso, K., Tenovuo, O., Lönnberg, P. Koskinen, V.: Brain enkephalin receptors in Parkinson's disease. J. Neural Transm., Suppl. 19, S. 163–171. Wien-New York: Springer. 1983.
Roberts, E., Kuriyama, K.: Biochemical-physiological correlation in studies of the γ-aminobutyric acid system. Brain Res. 8, 1 (1968).
Rolf, L. H., Rath, E. M., Brune, G. G.: 4-Prolaktin beim Parkinsonismus unter Berücksichtigung der klinischen Symptomatik. In: Pathophysiologie, Klinik und Therapie des Parkinsonismus *(Gänshirt, H.,* Hrsg.), S. 245–250. Basel: Editiones Roche. 1983.
Ross, S. B., Renyi, A. L., Ögren, S. O.: A comparison of the inhibitory activities of iprindole and imipramine on the uptake of 5-hydroxytryptamine and noradrenaline in brain slices. Life Sciences 10, 1267 (1971).
Rüther, E., Bindig, R.: Psychotrope Wirkung von L-DOPA. In: Langzeitbehandlung des Parkinson-Syndroms *(Fischer, P.-A.,* Hrsg.), S. 231. Stuttgart: Schattauer. 1978.

Salganicoff, L., De Robertis, E.: Subcellular distribution of the enzyme of the glutamic acid, glutamine and gamma-aminobutyric acid cycles in rat brain. J. Neurochem. *12,* 287 (1965).
Sandler, M., Ruthven, C. R. J., Goodwin, B. L., Hunter, K. R., Stern, G. M.: Variation of levodopa metabolism with gastrointestinal absorption site. Lancet *I,* 238–240 (1974).
Scarpalezos, S.: Sur la notion d'hérédité similaire dans la maladie de Parkinson. Rev. neurol. *80,* 184 (1948).
Schachter, M., Blackstock, J., Dick, J. P. R., George, R. J. D., Marsden, C. D., Parkes, J. D.: Lisuride in Parkinson's disease. Lancet *II,* 1129 (1979).
Schachter, M., Bedards, P., Debono, A. G., Jenner, P., Marsden, C. D., Price, P., Parkes, J. D., Keenan, J., Smith, B., Rosenthaler, J., Horowski, R., Dorow, R.: The role of D-1 and D-2 receptors. Nature *286,* 157 (1980).
Schildkraut, J.: The catecholamine hypothesis of affective disorders. Amer. J. Psychiat. *122,* 509 (1965).
Schneider, E., Fischer, P.-A., Jacobi, P., Becker, H.: Zur Relevanz extranigraler Hirnläsionen bei Parkinson-Kranken. In: Langzeitbehandlung des Parkinson-Syndroms *(Fischer, P.-A.,* Hrsg.), S. 115. Stuttgart: Schattauer. 1978.
Schneider, E., Fischer, P.-A., Jacobi, P., Becker, H., Beyer, M.: Cerebral atrophy and long-term response to levodopa in Parkinson's disease. J. Neurol. *222,* 37–43 (1979).
Schneider, E., Fischer, P.-A.: Bromocriptin in der Behandlung der fortgeschrittenen Stadien des Parkinson-Syndroms. Dtsch. med. Wschr. *107,* 175 (1982).
Schneider, E., Fischer, P.-A., Jacobi, P., Becker, H.: Demenz beim Parkinson-Syndrom. In: Psychopathologie des Parkinson-Syndroms *(Fischer, P.-A.,* Hrsg.), S. 93–114. Basel: Editiones Roche. 1982.
Schneider, E., Hubener, V., Fischer, P.-A.: Treatment of Parkinson's disease with 8-alpha-amino-ergoline CU-32-085. Neurology *33,* 468–472 (1983).
Schneider, E., Hubener, K., Fischer, P.-A.: Therapeutic results with a new ergoline derivate (8-alpha-amino-ergoline, CU-32 085) in parkinsonian patients. In: Advances in Neurology, Vol. 40 *(Hassler, R. G., Christ, J. F.,* Hrsg.), S. 527–529. New York: Raven Press. 1984a.
Schneider, E., Fischer, P.-A., Clemens, R., Balzereit, F., Fünfgeld, E. W., Haase, H. J.: Wirkungen oraler Memantin-Gaben auf die Parkinson-Symptomatik. Dtsch. med. Wschr. *109,* 987–990 (1984b).
Schwab, R. S., Amadori, L. V., Lettvin, J. Y.: Apomorphine in Parkinson's disease. Trans. Amer. Neurol. Assoc. *76,* 251 (1951).
Schwab, R., Zieper, I.: Effects of mood motivations, stress and alertness on the performance in Parkinson's disease. Psychiat. et Neurol. (Basel) *150* 345 (1965).
Schwab, R. S., England, A. C., Poskanzer, D. C., Young, R. R.: Amantadine in the treatment of Parkinson's disease. J. Amer. med. Assoc. *208,* 1168 (1969).
Schwartz, J. C., Pollard, H., Llorens, C., Malfroy, B., Gros, C., Pradelles, P., Dray, F.: Endorphins and endorphin receptors in striatum: Relationships

with dopaminergic neurons. In: Adv. Biochem. Psychopharmacol. (*Costa, E., Trabucchi, M.*, Hrsg.), Vol. 18, 2. 245. New York: Raven Press. 1978.
Seeman, P.: Brain dopamine receptors. Pharmacological Reviews *32,* 229 (1980).
Selby, G.: Parkinson's disease. In: Handbook of Clinical Neurology, Vol. 6, S. 173. Amsterdam: Vinken-Bruyn. 1968.
Sgaragli, G. P., Pavan, F.: Effects of aminoacid compounds injected into cerebrospinal fluid spaces, on colonic temperature, arterial blood pressure and behaviour of the rat. Neuropharmacology *11,* 45 (1972).
Shaw, M. D., Camps, F. E., Eccleston, E.: 5-Hydroxytryptamine in the hindbrains of depressive suicides. Brit. J. Psych. *113,* 1407 (1967).
Sheridan, J. J., Sims, K. L., Pitts, F. N.: Brain gamma-aminobutyrate−α-oxoglutarate transaminase. II. Activities in twenty-four regions of human brain. J. Neurochem. *14,* 571 (1967).
Shibuya, M.: Dopamine sensitive adenylate cyclase activity in the striatum of Parkinson's disease. J. Neural Trans. *44,* 287 (1979).
Shoulson, I., Chase, T. N., Roberts, E., van Balgooy, J. N. A.: Huntington's disease: Treatment with imidazole-4-acetic acid. New Engl. J. Med. *293,* 504 (1975).
Siegfried, J.: Die Parkinsonsche Krankheit und ihre Bedeutung, S. 61. Wien-New York: Springer. 1968.
Siegfried, J., Klaiber, R., Perret, E., Ziegler, W. H.: Behandlung des Morbus Parkinson mit L-DOPA in Kombination mit einem Dekarboxylasehemmer. Dtsch. med. Wschr. *94,* 2678 (1969).
Siegfried, J., Dubuis, R.: Attempt to minimize fluctuations in performance and on-off phenomenon in parkinsonian patients by mean of a controlled-release formulation of L-DOPA and benserazide. In: First ENEA Symp., Basel 1984, Academic Press in Press.
Sigwald, J., Bovet, D., Dumont, G.: Le traitement de la maladie de Parkinson par le chlorhydrate de diéthylaminoéthyl-N-thiodiphénylalanine. Rev. neurol. *78,* 581 (1946).
Simantov, R., Snyder, S. H.: Morphine-like peptides in mammalian brain: Isolation, structure elucidation, and interactions with the opiate receptor. Proc. Natl. Acad. Sci. U.S.A. *73,* 2515 (1976).
Snider, S. R., Hutt, C., Stein, B.: Correlation of behavioural inhibition or excitation produced by bromocryptine with changes in brain catecholamine turnover. J. Pharm. Pharmacol. *28,* 563 (1976b).
Snider, S. R., Fahn, S., Isgreen, W. P., Cote, L. J.: Primary sensory symptoms in parkinsonism. Neurology *26,* 423 (1976).
Spatz, H.: Physiologie und Pathologie des Hirnstamms. In: Handbuch der normalen und pathologischen Physiologie, Vol. 10, S. 318, 1927.
Spector, S., Sjördsma, A., Udenfriend, S.: Blockade of endogenous norepinephrine synthesis by alphamethyl tyrosine an inhibitor of tyrosinhydroxylase. J. Pharmacol. Exp. Ther. *147,* 86 (1965).
Spokes, G. S., Bannister, R.: Catecholamines and dopamine receptor binding in parkinsonism. In: Research Progress in Parkinson's Disease (*Rose, F. C., Capildeo, R.*, Hrsg.), S. 195. London: Pitman Medical. 1981.

Stahl, W. L., Swanson, P. D.: Biochemical abnormalities in Huntington's chorea. Neurology 24, 813 (1974).

Steck, H.: Le syndrome extrapyramidal et diencéphalique au cours des traitements au largactil et au serpasil. Ann. méd. psychol. 2, 737 (1954).

Steg, G.: Efferent muscle innervation and rigidity. Acta physiol. Scand. 61, Suppl. 225 (1964).

Steg, G.: Biochemical aspects of rigidity. In: Parkinson's Disease (*Siegfried, J.,* Hrsg.), Vol. 1, S. 47. Bern: H. Huber. 1972.

Steinbrecher, W.: Zur Pathogenese, elektromyographischen Analyse und Behandlung des extrapyramidalen Tremors. Wien. klin. Wschr. 73, 679 (1961).

Stern, G. M., Lees, A. J., Sandler, M.: Recent observations on the clinical pharmacology of (–)deprenyl. J. Neural Transm. 43, 245 (1978).

Stern, G., Lees, A., Shaw, K.: Ergot Derivatives without Levodopa in Parkinsonism (International Symposium Series, Vol. 31) (*Fuxe, K., Calne, D. B.,* Hrsg.), S. 337. Oxford-New York: Pergamon Press. 1979.

Stern, G. M., Lees, A. J., Shaw, K. M., Lander, C. M.: The Role of Bromocriptine in the Treatment of Parkinson's Disease, S. 267. New York: Raven Press. 1980.

Stochdorph, O.: Altern und Alterskrankheiten in der Sicht des Pathologischen Anatomen, Abstract, 19. Neuropsych. Symp. Pula, Jugoslawien, 12.–17. Juni 1979, S. 102.

Stoof, J. C., Kebabian, J. W.: Opposing roles for D-1 and D-2 dopamine receptors in efflux of cyclic AMP from rat neostriatum. Nature 294, 366–368 (1981).

Strömbom, U.: Effects of low doses of catecholamine receptor agonists on exploration in mice. J. Neural Transm. 37, 229 (1975).

Struppler, A., Velbo-Groneberg, P., Claussen, M.: Clinic and pathophysiology of tremor. In: Advances in Parkinsonism (*Birkmayer, W., Hornykiewicz, O.,* Hrsg.), S. 287. Basel: Editiones Roche. 1976.

Suzuki, T., Sadoyoshi, H., Sakoda, S., Hayashi, A., Yamamura, Y., Takaba, Y., Nakajima, A.: Orthostatic hypotension in familiar amyloid polyneuropathy: Treatment with DL-threo-3,4-dihydroxyphenylserine. Neurology 31, 1323–1326 (1981).

Suzuki, T., Higa, S., Sakoda, S., Ueji, M., Hayashi, A., Takaba, Y., Nakajima, A.: Pharmacokinetic studies of oral L-threo-3,4-dihydroxyphenylserine in normal subjects and patients with familiar amyloid polyneuropathy. Europ. J. Clin. Pharmacol. 23, 463–468 (1982).

Sved, A. F., Fernstrom, J. D., Wurtman, R. J.: Tyrosine administration reduces blood pressure and enhances brain norepinephrine release in spontaneously hypertensive rats. Proc. Natl. Acad. Sci. U.S.A. 76, 3511–3514 (1979).

Svensson, T. H.: Dopamine release and direct dopamine receptor activation in the central nervous system by D-145, an amantadine derivative. Europ. J. Pharmacol. 23, 232 (1973).

Talland, G. A.: Cognitive function in Parkinson's disease. J. Nerv. Ment. Dis. 135, 196 (1962).

Talland, G. A., Schwab, R.: Performance with multiple sets in Parkinson's disease. Neuropsychologia 2, 45 (1964).
Tanner, C. M., Klawans, H. L.: Pergolide mesylate-new therapy for Parkinson's disease. Ann. Int. Med. 96, 522 (1982).
Terenius, L., Wahlström, A.: Morphine-like ligand for opiate receptors in human CSF. Life Sciences 16, 1759 (1975).
Teychenne, P. F., Bergsrud, D., Racy, A., Vern, B.: Low dose bromocriptine therapy in Parkinson's disease. Res. Clin. Forums 3, 37 (1981).
Teychenne, P. F., Ziegler, M. G., Lake, C. R., Enna, S. J.: Low CSF GABA in parkinsonian patients who respond poorly to therapy or suffer from the on-off phenomenon. Ann. Neurol. 11, 76 (1982).
Thorner, M. O.: Dopamine is an important neurotransmitter in the autonomic nervous system. Lancet I, 662 (1975).
Tissot, R., Gaillard, J. M., Guggisberg, M., Gauthier, G., Ajuriaguerra, J. de: Thérapeutique du syndrome de Parkinson par la L-DOPA associée à un inhibiteur de la décarboxylase. Presse méd. 77, 616 (1969).
Tower, D. B.: The administration of gamma-aminobutyric acid to man: Systemic effects and anticonvulsant action. In: Inhibitions of the Nervous System and γ-Aminobutyric Acid (*Roberts, E.,* Hrsg.), S. 562. New York: Pergamon Press. 1960.
Tretiakoff, C.: Contribution à l'étude de l'anatomie pathologique du locus niger de Sömmering avec quelques déductions relatives à la pathogénie des troubles du tonus musculaire et de la maladie de Parkinson. Thèse méd. no 293, Paris, 1919.
Uemura, E., Hartmann, H. A.: Quantitative studies of neuronal RNA on the subiculum of demented old individuals. Brain Res. Bull. 4, 301–305 (1979).
Uhl, G. R., Whitehouse, P. J., Price, D. L., Tourtelotte, W. W., Kuhar, M. J.: Parkinson's disease: Depletion of substantia nigra neurotensin receptors. Brain Res. 308, 186–190 (1984).
Ulm, G.: Erweiterte therapeutische Möglichkeiten bei der Behandlung des Parkinson-Syndroms durch den Einsatz von Bromocriptin. Nervenarzt 52, 116 (1981).
Ulm, G.: Experience with Lisuride in the treatment of Parkinson's disease. In: Lisuride and Other Dopamine Agonists (*Calne, D. B., Horowski, R., McDonald, R. J., Wuttke, W.,* Hrsg.), S. 463–472. New York: Raven Press. 1983.
Ulus, I. H., Hirsch, M. J., Wurtman, R. J.: Trans-synaptic induction of adrenomedullary tyrosine hydroxylase activity by choline: Evidence that choline administration can increase cholinergic transmission. Proc. Natl. Acad. Sci. U.S.A. 74, 798 (1977).
Umbach, W., Baumann, D.: Die Wirksamkeit von L-DOPA bei Parkinson-Patienten. Arch. Psychiat. Z. Neurol. 205, 281 (1964).
Ungerstedt, U.: Postsynaptic supersensitivity after 6-hydroxydopamine induced degeneration of the nigro-striatal dopamine system. Acta Physiol. Scand., Suppl. 367, S. 69–93 (1971).
Volavka, J., Mallya, A., Baig, S., Perez-Cruet, J.: Naloxone in chronic schizophrenia. Science 196, 1227 (1977).

Völler, G. W.: Ein Beitrag zur biochemischen Therapie akinetischer Formen des Parkinson-Syndroms. Med. Welt *19,* 338 (1968).

Völler, G. W., Ulm, G.: Bromocriptin beim Parkinson-Syndrom. Med. Welt *30,* 1930 (1979).

Waksman, A., Roberts, E.: Purification and some properties of mouse brain gamma-aminobutyric–α-ketoglutaric acid transaminase. Biochemistry *4,* 2132 (1965).

Walcher, W.: Die larvierte Depression. Wien: Verlag Hollinek. 1969.

Waldmeier, P. C., Felner, A. E.: Deprenil: loss of selectivity for inhibition of B-type MAO after repeated treatment. Biochem. Pharmacol. *27,* 801 (1978).

Walker, A. E., Jablon, S.: A follow-up study of head wounds in world war II, S. 202. (V. A. Medical Monograph.) Washington: US Government Printing Office. 1961.

Wallach, D. P.: Studies on the GABA-paythway. I. The inhibition of gamma-aminobutyric acid–alpha-ketoglutaric acid transaminase in vitro and in vivo by U-7524 (aminooxyacetic acid). Biochem. Pharmacol. *5,* 323 (1961).

Walters, J. R., Roth, R. H.: Effects of gamma-hydroxybutyrate on dopamine and dopamine metabolites in the rat striatum. Biochem. Pharmacol. *21,* 2111 (1972).

Ward, A. A.: Physiology of basal ganglion. In: Handbook of Clinical Neurology *(Vinken, P. J., Bruyn, G. F.,* Hrsg.). Amsterdam: North-Holland. 1968.

Weiser, M., Riederer, P., Kleinberger, G.: Human cerebral free amino acids in hepatic coma. J. Neural Transm., Suppl. 14, S. 95. Wien-New York: Springer. 1978.

Wesemann, W., Dette-Wildenhahn, G., Fellehner, H.: In vitro studies on the possible effects of 1-aminoadamantanes on the serotonergic system in M. Parkinson. J. Neural Transm. *44,* 263 (1979).

Wesemann, W., Sturm, G., Fünfgeld, E. W.: Distribution and metabolism of the potential anti-parkinson drug memantine in the human. J. Neural Transm., Suppl. 16, S. 143. Wien-New York: Springer. 1980.

Wesemann, W.: Aspekte zum Wirkmechanismus von Amantadinen. In: Amantadin-Workshop *(Danielczyk, W., Wesemann, W.,* Hrsg.), S. 15–23. (Edition Materia Medica.) Gräfelfing: Socio-Medico Verlag. 1984.

Winkler, M. H., Berl, S., Whetseel, W. O., Yahr, M. D.: Spiroperidol binding in the human caudate nucleus. J. Neural Transm., Suppl. 16, S. 45. Wien-New York: Springer. 1980.

Woert, M. H. v., Heninger, G., Ratkey, M., Bowers, M. B.: L-DOPA in senile dementia. Lancet *I,* 573 (1970).

Woods, A. C., Glaubiger, G. A., Chase, T. N.: Sustained-release levodopa. Lancet *I,* 1391 (1973).

Wuketich, S., Riederer, P., Jellinger, K., Ambrozi, L.: Quantitative dissection of human brain areas: relevance to transmitter analyses. J. Neural Transm., Suppl. 16, S. 53. Wien-New York: Springer. 1980.

Wurtman, R. J., Larin, F., Mostafapour, S., Fernstrom, J. D.: Brain catechol synthesis: Control by brain tyrosine concentration. Science *185,* 183 (1974).

Yahr, M. D., Duvoisin, R. C., Schear, M. J., Barret, R. E., Hoelm, M. M.: Treatment of parkinsonism with levodopa. Arch. Neurol. (Chic.) *21*, 343 (1969).

Yahr, M. D.: Overview of present day treatment of Parkinson's disease. J. Neural Transm. *43*, 227 (1978).

Yahr, M. D.: Physiopathology and management of akinesia. In: The Extrapyramidal System and its Disorders (Advances in Neurology, Vol. 24) (*Poirier, J.*, Hrsg.). New York: Raven Press. 1979.

Yahr, M. D.: Pharmacological treatment of Parkinson's disease in early and late phases. In: Research Progress in Parkinson's Disease (*Rose, F. C., Capildeo, R.*, Hrsg.), S. 233. London: Pitman Medical. 1981.

Yang, H. Y. T., Neff, N. H.: β-Phenylethylamine: a specific substrate for type B monoamine oxidase of brain. J. Pharmacol. Exp. Ther. *187*, 365 (1973).

Youdim, M. B. H., Bakhle, Y.: Unveröffentlichte Resultate (1976).

Youdim, M. B. H., Holzbauer, M.: Physiological and pathological changes in tissue monoamine oxidase activity. J. Neural Transm. *38*, 193 (1976).

Youdim, M. B. H., Riederer, P., Birkmayer, W., Mendlewicz, J.: The functional activity of monoamine oxidase: the use of deprenyl in the treatment of Parkinson's disease and depressive illness. In: Monoamine Oxidase: Structure, Function, and Altered Function (*Sacher, E.*, Hrsg.), S. 477. Academic Press. 1979.

Youdim, M. B. H., Finberg, J. P. M.: Monoamine oxidase inhibitor antidepressants. In: Psychopharmacology I (*Grahame-Smith, D. G.*, Hrsg.), S. 38–70. Amsterdam: Excerpta Medica. 1982.

Zeller, A. A., Barsky, J.: In vivo inhibition of liver and brain monoamine oxidase by 1-isonicotinyl-2-isopropylhydrazine. Proc. Soc. Exp. Biol. Med. *81*, 459 (1952).

Sachverzeichnis

Abnützungsarthrose 65
Adaptationsfähigkeit 81, 118
Adenylatcyclase 39, 40, 146
Affekt 78, 79, 83, 94
Affektreize 64
Agitiertheit 193
Agonist (Muskel) 60
Akinesie 4, 30, 50, 73–84, 113, 120, 132
–, End-of-dose 96
Akinetische Krisen 32, 82, 83, 95, 135, 174, 175
Akineton 122, 169, 172
Aktionsstromanalysen 60
Alarmstimmung 193
Alerting 193
Alival (Nomifensin) 107, 171–176, 183, 188
Alkoholismus 209
Alpha-Hyperaktivität 67
Alpträume 193
Amantadin 137, 138, 174, 175
Ameisenlaufen 100
Amimie 79
Aminosäuredekarboxylase 13, 34
Amphetaminsucht 209
Anastomosen, arteriovenöse 97
Angst 70, 78, 112, 188, 193
Antagonist (Muskel) 60
Anticholinergika 64, 67, 73, 83, 119–122, 169
Antidepressiva 107, 112, 171, 173, 188
Antriebsmangel 109
Aphonie 78
Apomorphin 20, 83
Appetitlosigkeit 96
Arousal reaction 69, 70
– –, affektive 69–71

– –, kortikale 69, 70
– –, spinale 70
– –, vegetative 70, 71
Arrhythmien, kardiale 171, 182
Artane 122, 172
„Athetose, eingefrorene" 72
Aufmerksamkeitsschwäche 113
Autorezeptoren 20
–, dopaminerge 36, 37
Azetylcholin 10–13, 67, 106, 115

Bahnen, kortikofugale 64
–, nigroretikulospinale 67
–, retikulospinale 69, 70, 72
–, rubrospinale 72
Balance, biochemische 96, 100, 101, 103, 189, 209
„Balance der biogenen Amine" 195, 207
Behandlungsschema der Nebenwirkungen 197
Beinödeme 96, 99
Belladonna 121
Benserazid 82, 110, 119, 127–137, 181, 188, 197
Betarezeptorenblocker 166, 182
Beugehaltung 72
Bewegungsblockade 81, 83, 94
Bewegungssturm 63
Bewegungstherapie 176–178
Bewertungsskalen 85–91
BH_4 (Tetrahydrobiopterin) 167
Biotonus 65
Bradyphrenie 113, 114, 171
Bromocriptin 38, 82, 94, 101, 112, 155–166, 172
„Burning feet" 100
Buronil 197

Sachverzeichnis

Carbidopa 82, 127–137, 182, 197
Cholecystokinin-8 (CCK-8) 28, 29
Cholin 10, 12, 122
Cholinacetyltransferase (CAT) 115
Cholinerge Aktivität 67
Chorea Huntington 56, 57, 67
Cisordinol 197
Clorgylin 139–141
„Competition effect" 98
Computertomographie 3, 194, 195
Contenton 138

Datenerfassung 92
Darmulzera 181
Degeneration, progressive 121, 135
Dekarboxylasehemmer 83, 127–136
Dekompensationen
  (Funktionsstörungen)
–, psychische 101–112
–, –, Therapie 171, 172
–, vegetative 96–101
–, –, Therapie 169–171
„Delir, toxisches" 113
Delirien 112, 193
Demenz 3, 113–117
– und Anticholinergika 115, 122
Denervierungssubsensitivität von
  Dopaminrezeptoren 43–45
Denervierungsüberempfindlichkeit
  von Dopaminrezeptoren 43–45
Deprenyl (Selegilin) 81, 83, 110,
  138–155, 172–175
Depression
–, hirnkernspezifische Imbalance
  108
–, Klinik, Biochemie 101–112
–, larvierte 101
–, Therapie 171, 172, 188, 189
Diarrhoe 181
Dihydergot 197
Disability 89, 172–175, 179
Distanz, biologische 118
Dixeran 171, 175
Domperidon 166
D-Dopa 123
L-Dopa 8, 48, 81, 82, 93–96, 98, 99,
  106, 112–114, 122–137, 172–175

– und Dekarboxylasehemmer
  127–136
–, Laborkontrollwerte 130
–, Nebenwirkungen 179–197
–, Psychose 106, 112, 113, 190
–, Spiegel im Plasma 125–129
–, Verteilung in Hirnarealen 134,
  191
Dopamin
–, Agonisten 37, 38, 45, 155–166
–, Antagonisten 166
– bei der Parkinson-Krankheit
  29–33
– im Gehirn 18, 104, 105, 131, 134,
  191
– im Nucl. caudatus in Abhängigkeit
  von Krankheitsdauer und Alter
  31, 102
–, Mangel 63, 72, 79, 81, 95, 96, 101,
  102, 107, 130, 177
–, neuronale Funktion 18
–, Rezeptoren 36–45, 189
–, Synthese 13
–, System 78
Dopamin-β-Hydroxylase 13
Dopaminerge Neurotransmission
  und Neuropeptide 26–29
– Systeme 18
DOPS 93, 124, 183, 197
Drehschwindel 184
Dysarthrie der Sprache (Palilalie) 79
„Dyskinesie, tardive" 6, 120

EEG 69, 195
EMG-Analysen 60, 65, 69
Eminentia mediana 18
Encephabol forte 172
End-of-dose 96, 187
Enkephaline 52, 53
Entspannung 75
Enzymerschöpfung 81
Erbrechen 181
Exacerbation, affektive 64
Extrasystolen 182

Fallneigung 79
Feed-back-Regulation 101, 119, 120,
  180, 208

Filmanalysen 60
Fließgleichgewicht 101
Flimmerrhythmik 61
Fluktuation der Akinesie 95
Flush 96, 97
Flüstersprache 79
Formatio reticularis 68, 71, 115, 193
Freezing-Effekt 63, 77, 78, 94
Freßsucht 99
Funktionsstörungen
  (Dekompensationen)
–, psychische 101–112
–, –, Therapie 171, 172
–, vegetative 96–101
–, –, Therapie 169–171
Funktionskreis,
  nigro-retikulo-rubraler 72

GABA
– bei der Parkinson-Krankheit
  53–55, 185
–, neuronales System 24–26
–, Post-mortem-Veränderungen 53, 54
–, Rezeptor-Bindung 55
Gamma-Aktivität 71, 72, 80, 90, 91
–, Hyperaktivität 67, 77, 94
–, Hypoaktivität 67, 75, 80, 90
–, Schleife 67–69, 72, 107
–, Spastik 67
–, Zellen 66, 67
Ganglienzellen 67
Gelenkschmerzen 65, 100, 176
Gewichtsabnahme 96
Gleichgewichtsstörung 79, 184
Globus pallidus 26, 28, 63
Gyrus cinguli 207

Haemodynamic-high-risk-Parkinsonismus (HHR-Parkinsonismus)
  4, 92
Haldol (Haloperidol) 120, 185, 187, 197
Halluzination 112, 193
Haltung 90, 107
Haltungstremor 64
Harn, blutiger 181

Harnverhaltung 181
Hemmer der Wiederaufnahme von
  Transmittern 107
Heterorezeptoren, dopaminerge 36
High-speed-Kamera 60
Hippocampus 12
Hitzegefühle 100
Homovanillinsäure (HVA) 14, 15, 63, 109
5-Hydroxyindolessigsäure
  (5-HIAA, 5-HIES) 22, 23, 49, 63, 104, 105, 109, 110
5-Hydroxytryptamin (5-HT) siehe
  unter Serotonin
5-Hydroxytryptophan (5-HTP) 22, 23, 28, 93, 98, 99, 124, 125, 174, 195, 197
5-Hydroxytryptophan-
  Dekarboxylase 23, 63
Hypästhesie 100
Hyperaktivität, dopaminerge 120, 121, 185
Hyperkinesien 63, 82, 93, 120, 184–187, 199
– der Atmungsmuskulatur 186
Hyperpathie 100
Hyperthermie 97
Hypoaktivität, dopaminerge 121
Hypodyn 197
Hypokinesie 65
Hypotension, orthostatische 182, 183, 197
Hypothalamus 12, 18, 26

„Imbalance, hirnkernspezifische"
  108, 113, 189
„Inaktivitätsschablone" 72
Indocid 176
Indolaminstoffwechsel 103–109
Instinkt 205
Intentionstremor 60
Interneuronen, cholinerge 12
Iprindol 107
Iproniacid 138
Ischialgie 101
Items 91

Katechol-O-methyltransferase
  (COMT) 15, 135
Katecholamine 13–16, 103–109
–, Biosynthese 13
–, Katabolismus 15
–, Rezeptoren 15
–, Transmission 16
Kemadrin 122, 172
Kernkettenfasern 66
Kernsackfasern 66
Kinesie 73
„Kinesie, paradoxe" 83, 94
Kleinschrittigkeit 78
Kombination Dopa plus Benserazid
  bzw. Carbidopa 127–137
–, Madopar/Sinemet (Nacom) plus
  Iumex 138–155
–, Madopar plus Umprel (Parlodel,
  Pravidel) plus Iumex 172–175
Kompensationsmechanismen,
  neuronale 29
„Konfusion, agitierte" 112
„Konfusion, gehemmte" 112
Konzentrationsstörung 113
Kopfschmerz 107
Krämpfe 100
Krankheitsverlauf 198–204
Kribbeln 100
Krise, akinetische 32, 82, 83, 95, 135,
  174, 175

Larodopa 138, 172, 174, 175
Lebenserwartung 202, 203
Leponex 187, 197
Lergotril 157
Lexotanil 171, 173, 197
Lisurid 159, 163, 166
Locus caeruleus 21, 42, 46–48, 78,
  183
Ludiomil 171, 188
Lustlosigkeit 109, 111

Madopar 127–136, 172–175, 187
Magenulzera 181
Magersucht 99
Maskengesicht 79
Melanostatin (MIF) 166

Memantine 137
Meniere-Anfall 184
Metabolismus 15, 25, 108
Metaboliten 46, 103, 109
3-Methoxy-4-Hydroxyphenylglykol
  (MHPG) 14, 46, 103
3-Methoxytyrosin
  (3-O-Methyldopa) 124
α-Methyl-p-tyrosin 28, 63, 123, 132,
  185
Mianserin 107
Mimik 83, 90
Minussymptome 60, 94
Mitbewegungen 78
Monoaminoxidase (MAO) 15, 34,
  35, 131, 135
–, MAO A 139, 140, 144
–, MAO B 81, 139–142, 144
–, Biochemie, Therapie mit
  Deprenyl 138–155
–, Psychosen 127
–, Tagesrhythmus 35
Monoaminoxidasehemmer
  (MAO-I) 83, 107, 138–155
Morbus Wilson 61
Multiple Dopaminrezeptoren 36
Muskeltonus 67–70, 91
Myokardschaden 183

Nacom (Sinemet) 127–136,
  172–175, 187
Nausea 181
Nebenwirkungen 179–197
–, Behandlungsschema 197
–, Depressionen 188
–, Dopa-Psychosen 190
–, gastrointestinale (Erbrechen,
  Schleimhautblutungen) 181
–, kardiale, orthostatische
  Hypotension 182
–, motorische, Hyperkinesien 184
–, Schlafstörungen 188
–, Streckspasmen 187
Neuralgien, radikuläre 72
Neuromodulation 13
Neuronen, dopaminerge 77
Neuropeptide 26–29

Neurotransmission 13
–, dopaminerge, Neuropeptide 26–29
Neurotransmitter (siehe auch Transmitter) 30
Nomifensin 107, 171–176, 183, 188
Non responders 179
Noradrenalin 13–15, 21, 22, 78, 93, 94, 102, 107
– im Gehirn 18, 19, 131, 191
–, Metabolismus: Parkinson 46
–, neuronale Funktion 21, 22
–, Verhaltenssteuerung 21
Nootropil (Normabrain) 172
Nortrilen 188
Noveril 171, 175, 176
Nucleus accumbens 18
– arcuatus 18
– basalis Meynert 3, 12, 29, 117, 122
– caudatus 2, 21, 26, 28, 30, 102
– interpeduncularis 26
– raphes dorsalis 117
– ruber 72, 79, 102, 107, 115, 193, 206
– subthalamicus 26
Nutritionsstörungen 100

Obstipation 96, 98, 181
On-off-Phasen 32, 34, 81–83, 95, 174, 200
–, Beeinflussung durch Deprenyl 81
Orientierungsstörung 122

Palilalie 79
Parachlorphenylalanin 111
Pargylin 139, 140
Parkinson-Krankheit
–, Altersabhängigkeit 30, 31
–, benignen, malignen 100, 121, 198, 199
–, Bewertungsskala nach Birkmayer und Neumayer 89
–, Dauer der Erkrankung 2, 3
–, Differentialdiagnose 4
–, Dokumentationsbogen der Österr. Parkinsongesellschaft 85
–, Genetik 6, 7

–, Hauptformen 4
–, HHR-Parkinsonismus 4
–, Krankheitsverlauf 198–204
–, Milieufaktoren 7
–, Nomenklatur 2
Parkinsonoid 5
Parlodel (Pravidel, Umprel) 38, 82, 94, 101, 155–166, 172–175, 180
Paspertin 182, 197
Pendelbewegung 75
Perseveration 113
L-Phenylalanin 110, 123
Physiognomie 79
Physiological-acceleration-transducer 84
Physostigmin 67, 185
Piribedil 83, 157
P.K. Merz 83, 138, 172, 174, 175
Plexusneuralgie 101
Plussymptome 60, 94, 119
Pollakisurie 181
Postsynaptischer Rezeptor 20, 36
–, dopaminerger D_1-Rezeptor 16, 37
–, – D_2-Rezeptor 16, 37
Postural-Tremor 64
Präsynaptischer Rezeptor 16, 20
– –, dopaminerger 36
Pravidel (Parlodel, Umprel) 38, 82, 94, 101, 155–166, 172–175, 180
Prognose 199–202
Prolaktin 19
Propulsion 77
Psychische Dekompensationen 101–112
– –, Therapie 171, 172
Psychoanalyse 209, 210
Psychose 120
Psychosen, pharmakotoxische 112, 113, 190
Putamen 2, 26, 102, 146
Pyramidenbahn 67

Radfahren 178
Raphe 28, 207
Rating scale 85, 89, 111, 115, 116
Reaktionsfähigkeit 80
Regelkreisblockade 64

Sachverzeichnis

Regelkreisstörung 64
Registrierung, stroboskopische 73, 74
Rehabilitation 176, 177
Releaseeffekt 102
Religion 209
Remission, abendliche 109
REM-Phase 64, 188
Reserpin 8, 102, 185
Resting tremor 64
„Restless legs" 100
Reuptake 12, 15, 107, 108
Rezeptoren, dopaminerge 36–45
Rezeptorenblockade 120
Rigor 4, 30, 50, 65–73, 79, 91, 113, 119, 122, 137
Rigor-Akinese-Tremor-Typ (RAT-Typ) 4
Rigor-Akinese-Typ (RA-Typ) 4
Rohypnol 197
Ruhetremor 60, 64

Salbengesicht 96
Salivation 96, 107, 122, 169
Saroten 171, 173, 175, 188
SCAG-Skala 115, 116
Schablone, motorische 72
Schlafstörungen 107, 110, 188, 206
Schleife, kortiko-thalamo-kortikale 64
–, rubro-olivo-cerebello-rubrale 63
Schleimhautblutung 181
Schrift 79, 90
Schweißausbrüche 96, 98, 122, 169
Schwerkraft 72, 75, 77, 80, 91, 177
Schwimmen 80, 177
Schwindel 107, 182–184
Seborrhoe 96, 122, 169
Selegilin (Deprenyl) 138–155
Serotonin 78, 96, 98, 99, 102, 104, 105, 110
–, neuronale Funktion 22
–, Parkinson, Gehirn 48, 50, 131
–, Peripherie 24
Sinemet (Nacom) 127–136, 172–175, 187
Sormodren 122, 169, 172

Speichelfluß 96, 107, 122, 169
Sprache 79, 89
Springen 89
Start 75, 80, 83, 90
Stereotaktische Operation 64, 83, 186
Stimulierung der retikulären Formation 69–71
Störungen, gastrointestinale 107
Stoßbewegung 73–75, 84, 89
Streckspasmen 187
Streichmassage 178
Streß 7, 77, 81
Stretch-Reflex 78, 90
Striatum 2, 9, 12, 18, 28–30, 32, 50, 67, 71, 78, 107, 115, 120, 185
Stuhl, blutiger 181
Sturz 80
Substantia nigra 2, 3, 9, 18, 21, 26, 29, 30, 32, 33, 42, 46, 71, 78, 117, 185
Substanz P 21, 26, 96
Sucht 196
Symmetrel 138
System, aszendierendes retikuläres aktivierendes (ARAS) 12
–, cholinerges 56–58
–, GABA-erges 58
–, limbisches 100, 117
–, mesolimbisches 33
–, nigrostriäres 18
–, parasympathisches 99
–, retikuläres 68, 71, 115, 193
–, tuberoinfundibuläres 18

Tavor (Temesta) 171, 173, 187, 197
Tegmentum 33
Tegmentumläsion 65
Temesta (Lorazepam) 171, 173, 187, 197
Temperaturregelung 97, 98
Tendonreflex (T-Reflex) 67, 68, 71
Terminalphase 83
Tetrahydrobiopterin (BH_4) 166
Thalamus 12, 63

Therapie, praktische Durchführung 172–176
–, Behandlungsschema 175
–, Nebenwirkungen 179–196
–, –, Behandlung 181–197
–, Physiotherapie 176–179
Tiapridex 197
Todesursachen 203
Todeszeit 204
Tofranil 171, 175, 176, 183
Tonus 67–70, 91
–, Anomalien 72, 101
–, Regulierung 67, 72
Torecan 184, 197
Totstellreflex 63, 78
Transmitter 10, 12, 15, 30, 96, 101, 106, 206, 207
–, falsche 16, 17, 81
Transmitterdefizit 82
Tranylcypromin (Parnate) 107, 139, 140, 183
Trasicor 146
Träume 193
Tremor 4, 30, 50, 60–65, 91, 119, 122, 172, 198
Tremordominanz-Typ (T-Typ) 4
Tryptizol 171, 175, 188
L-Tryptophan 22, 49, 51, 82, 93, 94, 99, 104, 105, 108–110, 124, 169, 172, 182, 188, 191–193, 195, 197
Tryptophanhydroxylase 22, 63, 111
Typ, benigner 121, 198
–, maligner 121, 198
–, RA 4
–, RAT 4
–, T 4
Tyrosin 13, 51, 104, 105, 123, 131, 191

Tyrosinhydroxylase 13, 33, 34, 42, 63, 81, 99, 111, 123, 132, 166, 167
Umprel (Parlodel, Pravidel) 38, 82, 94, 101, 155–166, 172–175, 180
Unlust, vitale 111, 189
Untersuchung, stroboskopische 73, 74
Unterwassertherapie 72, 177, 178
Valium 187, 197
Valproinsäure (Convulex, Ergenyl, Leptilan) 186
Vanillinmandelsäure (VMA) 14, 15, 109
Vasomotorenfunktion 97
Vegetative Dekompensationen 96–101
– –, Therapie 169–171
Vererbung 6, 7
Verhalten, menschliches 205–210
Verlaufsform, benigne 100, 121, 198, 199
–, maligne 100, 121, 198, 199
Verlustsymptome 109
Verstimmung, morgendliche 109
Vertirosan 184
Verwirrtheit 112, 113, 193
Vigilität 80
„Vivid dreams" 188
Volon A 40 176
Voltaren 176
Vorderhorn 67

Wahnideen 113, 193
Wetterabhängigkeit 65, 80, 81, 96

Yo-Yoing 95

„Zappelphilipp" 206
Zungenartikulation 90

MIX
Papier aus verantwortungsvollen Quellen
Paper from responsible sources
FSC® C105338

If you have any concerns about our products,
you can contact us on
ProductSafety@springernature.com

In case Publisher is established outside the EU,
the EU authorized representative is:
**Springer Nature Customer Service Center GmbH
Europaplatz 3, 69115 Heidelberg, Germany**

Printed by Libri Plureos GmbH
in Hamburg, Germany